轻松上手IT技术日文译丛

わかりやすいパターン認識
（第2版）

人人可懂的模式识别

（原书第2版）

[日] 石井健一郎　上田修功　前田英作　村濑洋 ◎著

申富饶　于僡 ◎译

Original Japanese Language edition
WAKARIYASUI PATTERN NINSHIKI (DAI 2 HAN)
by Kenichiro Ishii, Naonori Ueda, Eisaku Maeda, Hiroshi Murase

Published by Ohmsha, Ltd.

Chinese translation rights in simplified characters by arrangement with Ohmsha, Ltd. through Japan UNI Agency, Inc., Tokyo.

北京市版权局著作权合同登记　图字：01-2021-3029 号。

图书在版编目（CIP）数据

人人可懂的模式识别 : 原书第 2 版 / (日) 石井健一郎等著 ; 申富饶 , 于僡译 . -- 北京 : 机械工业出版社 , 2024. 6. -- (轻松上手 IT 技术日文译丛). -- ISBN 978-7-111-75989-8

Ⅰ. TP18

中国国家版本馆 CIP 数据核字第 2024DS6404 号

机械工业出版社（北京市百万庄大街 22 号　邮政编码 100037）

策划编辑：王　颖　　责任编辑：王　颖

责任校对：梁　园　李　杉　　责任印制：郜　敏

三河市宏达印刷有限公司印刷

2024 年 7 月第 1 版第 1 次印刷

170mm × 230mm · 13.5 印张 · 209 千字

标准书号：ISBN 978-7-111-75989-8

定价：99.00 元

电话服务

客服电话：010-88361066
010-88379833
010-68326294

网络服务

机　工　官　网：www.cmpbook.com
机　工　官　博：weibo.com/cmp1952
金　书　网：www.golden-book.com
机工教育服务网：www.cmpedu.com

PREFACE

前　　言

本书为1998年出版的わかりやすいパターン認識（以下称“初版”）的修订版。初版以初次学习模式识别的读者为对象，将涉及的主题锁定为模式识别的基础知识，并进行了通俗易懂的讲解。初版自出版以来不断重印，至今已印刷了26次，得到了广大读者的认可。

自初版出版以来，开发出了支持向量机、核方法、深度学习等许多新方法，提出了许多新概念。读者可能期待本书增加了这些新内容。但是，本书所涉及的主题范围与初版一致。

初版的主题是作者之间反复探讨，并经过深思熟虑后而精选的，包含了学习模式识别方面极为基本的内容，到现在仍然没有过时。当前，虽然出现了许多新技术，但要理解这些新技术，掌握本书的基本内容是必不可少的。

本书的着眼点是回应初版出版以来读者提出的意见和要求。其中之一就是，希望能介绍关于非监督式学习的相关知识。

读者对初版提出的反馈意见有两点：一是希望引入更多的具体例子和实验例子；二是希望设置有助于理解正文的练习题。这些都是合理的意见，也是作者将初版作为教科书使用的经历中深切体会到的需改进之处。因此，本版将作者在讲义中使用的补充资料、实验例子、习题等编入其中。习题放在各章末尾。另外，由于篇幅的限制，也有一些原本应在正文中说明的内容，以习题及其解答的形式进行了解说。它们在题号上用*号作了区分，可将其解答作为本书的补充资料阅读。

本书的章节结构与初版一致，引入了更多的具体例子和实验例子，保留了“心得”并添加了附录，以方便读者阅读。此外，还对初版中不易理解的地方，以及认为需要改善的地方进行了补充和修正。

最后，想谈一下作者在授课过程中产生的忧虑。那就是对线性代数（重要的工具）不擅长的初学者在学习模式识别的过程中以“不擅长线性代数”为由，对本书的数学公式敬而远之。根据作者的经验，线性代数只有接触大量的具体应用实例，才能理解其功能和效用。因此，缺乏这样的经验，不擅长线性代数的初学者，希望通过本书能尽可能多地接触应用实例，以重新学习线性代数的心态来进行研究。

但愿本书和初版一样能得到广大读者的支持。

作者

2019 年 10 月

TO THE FIRST EDITION

初版前言

模式识别的研究在 20 世纪 50 ～ 60 年代达到顶峰，可以说如今被称为识别和学习理论的基本框架几乎都是在这期间建立起来的。之后的 20 世纪 70 ～ 80 年代，计算机的性能有了飞跃性的提高，通过大规模模拟的实证性研究和应用研究，模式识别得到了大力发展。围绕以文字读取装置为代表的实用机的开发和各种特征提取法也是在这个时期出现的。然而，虽然识别和学习理论是经过系统整理而形成的体系学问，但特征提取依赖于识别对象，它是启发式的且带有随意性，也难以体系化。遗憾的是，有不少人认为特征提取这种研究方法是模式识别的本质。另外，随着 20 世纪 80 年代后半期第二次神经网络热潮的到来，人们普遍认为模式识别理论已经不再值得学习。作者认为，现在模式识别被轻视的背后，就是因为存在这种对模式识别的误解。

本书就是在这样的情况下，为了使人们正确理解模式识别，重新认识其重要性而撰写的。

为了便于初学者自学，本书使用了简明易懂的表述方式，以让读者能够快速掌握本书内容。因此，本书重点阐述统计模式识别，将不太实用的部分果断省略或简化说明，详细讲解在统计模式识别的基础上产生的重要概念。另外，还将作者的经验和技巧以“心得”为标题呈现给读者。

由于作者能力有限，可能会造成一些错误。如果能收到大家宝贵的意见将不胜感激。

希望本书能使更多的人对模式识别产生兴趣。

作者

1998 年 5 月

符号一览表[⊖]

类数	c
第 i 个类	ω_i
类 ω_i 的模式数	n_i
模式总数	$n=\sum_{i=1}^{c} n_i$
类 ω_i 的模式集合	$\mathcal{X}_i$
模式集合	$\mathcal{X}=\bigcup_{i=1}^{c}\mathcal{X}_i$
特征空间的维度	d
特征向量	$\boldsymbol{x}=(x_1,\cdots,x_d)^t$
权重向量	$\boldsymbol{w}=(w_1,\cdots,w_d)^t$
扩展特征向量	$\mathbf{x}=(x_0,x_1,x_2,\cdots,x_d)^t=\begin{pmatrix}x_0\\ \boldsymbol{x}\end{pmatrix},\ x_0\equiv 1$
扩展权重向量	$\mathbf{w}=(w_0,w_1,\cdots,w_d)^t=\begin{pmatrix}w_o\\ \boldsymbol{w}\end{pmatrix}$
线性识别函数	$g(\boldsymbol{x})=w_0+\sum_{j=1}^{d} w_j x_j=\mathbf{w}^t\mathbf{x}$
对于类 ω_i 模式的监督向量	$\mathbf{t}_i$
对于第 p 个模式 $\boldsymbol{x}_p$ 的监督向量	$(b_{1p},b_{2p},\cdots,b_{cp})^t$
类 ω_i 的平均向量	$\mathbf{m}_i$
所有模式的平均向量	$\mathbf{m}$
类 ω_i 的协方差矩阵	$\boldsymbol{\Sigma}_i$
全模式的协方差矩阵	$\boldsymbol{\Sigma}$
类内协方差矩阵	$\boldsymbol{\Sigma}_W$

⊖ 本书是日文翻译版，书中的符号、变量等均遵照日文原书，与我国标准有差异，特此说明。——编辑注

类间协方差矩阵	$\boldsymbol{\Sigma}_B$
全协方差矩阵	$\boldsymbol{\Sigma}_T$
类内变动矩阵	$\mathbf{S}_W$
类间变动矩阵	$\mathbf{S}_B$
全变动矩阵	$\mathbf{S}_T$
自相关矩阵	$\mathbf{R}$
先验概率	$P(\omega_i)$
后验概率	$P(\omega_i\|\boldsymbol{x})$
条件概率密度	$p(\boldsymbol{x}\|\omega_i)$
$\boldsymbol{x}$ 的概率密度	$p(\boldsymbol{x})$

CONTENTS

目　录

CHAPTER 1

第 1 章

模式识别概述

1.1 模式识别系统的构成

模式识别是指将观测到的模式对应于多个预先确定好的概念中的一个的处理方式。这里的“概念”被称为类[⊖]。例如字母的识别，就是将输入的字母（模式）对应于 26 个字母（类别）中的某一个（类别）的处理。说到模式，首先会想到的是人的视觉的二维模式，但模式识别所涉及的对象更广。例如，对语音这一类的时间序列信号进行处理，使其对应五十音或单词的语音识别是模式识别的一个领域，分析心电图的波形来判断是否有异常也属于模式识别的领域。此外，除了视觉和听觉之外，利用嗅觉和触觉等各种传感器来判断状况也可称为模式识别。

人具有高度的模式识别能力，而用机器实现这种智能功能的尝试，自计算机出现以来，一直是研究人员的核心课题之一。但是，随着研究的进展，也逐渐发现，情况与当初的期待相反，这个问题并不像看起来那么简单。虽然对模式识别的研究本身也有过质疑的阶段，但这个领域的研究依然活跃，这除了得益于人们对通过机器来实现智能的纯粹的知识兴趣之外，还因为模式识别具有潜在的较高实用价值。以文字、声音、图像为对象的识别装置虽然多少还有些限制，但已能够实现实用化，被广泛应用于各个领域。此外，人们对模式识别的要求和期待也在不断提高，今后模式识别的研究也将越来越活跃。

⊖ 有时也称为类别。

模式识别系统的构成通常如图 1.1 所示。输入模式后，首先由预处理部分进行去噪、规范化等处理。接着是特征提取部分，从具有庞大信息的原模式中只提取识别所需的本质特征。基于这一特征，在识别部分进行识别处理。识别处理是通过将多个类别中的一个与输入模式相对应来进行的。为此，需要事先准备好识别词典，在识别运算部分中将提取的特征与该词典进行对照，从而输出输入模式所属的类别。本书将词典对照的部分称为“识别”，将从输入模式到输出模式的预处理、特征提取处理、识别处理统称为识别。

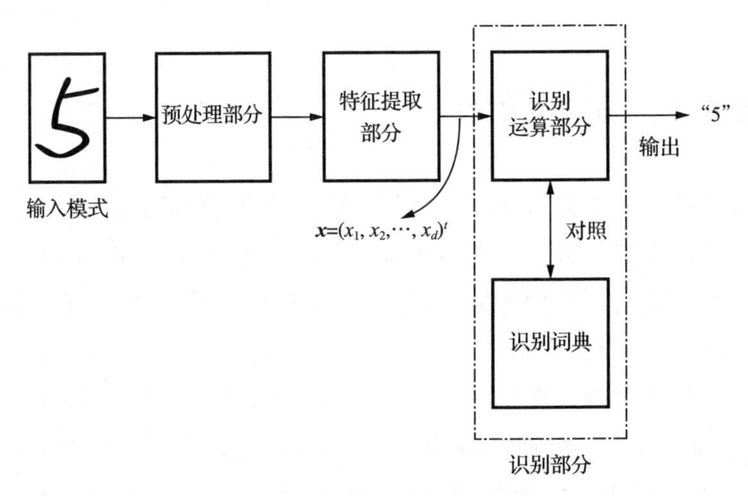

图 1.1 模式识别系统的构成

1.2 特征向量与特征空间

(1) 特征向量

如图 1.1 所示，为了进行识别，必须从原模式中提取本质特征。在识别系统中，特征提取是左右识别性能的极其重要的处理。一直以来，特征提取主要依靠人的直觉这种启发式方法，但基于深度学习的自动化方法也在不断发展。

可以提取各种各样的东西作为特征。例如在进行文字识别时，文字笔划的倾斜度、宽度、曲率、面积、循环数等是经常使用的特征。每个特征用数值表示，通常使用将它们组合起来的向量。若使用 d 个特征，则模式表示为下式的 d 维向量 $\boldsymbol{x}$：

$$\boldsymbol{x}=(x_1,x_2,\cdots,x_d)^t \tag{1.1}$$

式中，t 表示转置。上式的向量称为特征向量，由特征向量构成的空间称为特征空间。因此，模式如图 1.2 所示的 $\boldsymbol{x}$，可以被表示为特征空间上的 1 个点。另外，作为对象的类的总数设为 c，用 $\omega_1,\omega_2,\cdots,\omega_c$ 表示。属于同一类的模式彼此相似，在特征空间上，模式可作为一个类别的集合（见图 1.2）来进行观测。这些集合被称为簇。

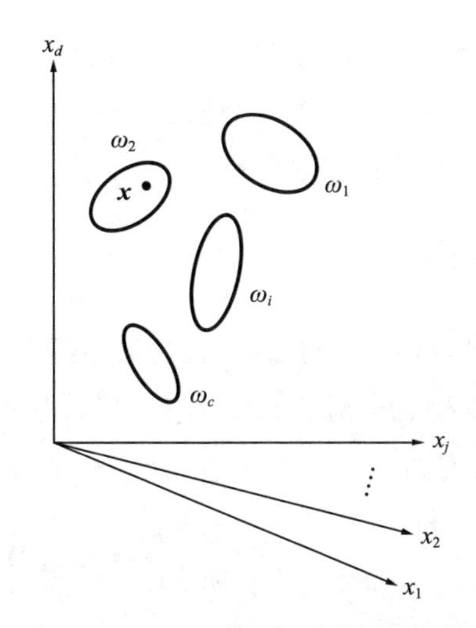

图 1.2 特征空间中类的模式的分布

在这里，我们考虑具有二维扩展模式的识别，如识别文字、根据 X 光照片判断病变等。例如图 1.3a 是具有灰度信息的二维模式的例子。针对这种模式，考虑以下简单的特征。首先，将灰度值限制为有限个级别，并将实际值置换为其中最接近的级别（见图 1.3 b）。另外，将模式图划分为如图 1.3c 所示的网格状，用某个灰度值来代表各网格。假设第 j 个网格的灰度为 x_j，则可以用式（1.1）的向量来描述模式。其中，维度 d 等于网格总数。假设灰度的等级数为 q，则式（1.1）可描述的模式的全部为 q^d。图 1.3c 是通过这一处理得到的模式图。

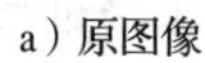

a）原图像

（灰度等级数q=8）

b）量化

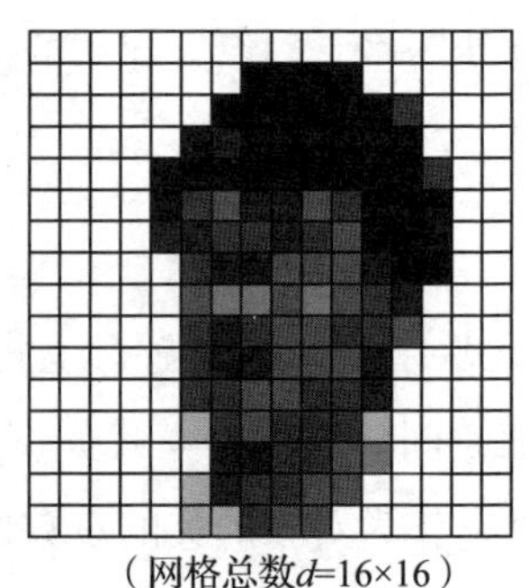

（网格总数d=16×16）

c）量化+样本化

图 1.3　具有灰度信息的模式的量化和样本化

在上述处理中，前半部分是量化处理，后半部分是样本化处理。因此，上述处理与其说是特征提取处理，不如说是单纯的数字化处理。在这里将这种情况也包括在内，视为特征提取，不作特别区分。

(2) 特征向量的多样性

下面试着将这些特征应用于手写数字的识别。类别数为 10(c=10)。将输入的模式图用 5 × 5 的 25 个网格 (d=25) 进行样本化。字符基本上是黑白的二值模式，所以特征向量的要素是二值的：

$$\begin{cases} x_j = 1 & (\text{黑色：文字部分}) \\ x_j = 0 & (\text{白色：背景部分}) \end{cases} (j = 1, \cdots, d) \tag{1.2}$$

因为 q=2，所以用 25 网格可表示的模式为 2^{25} = 33 554 432 种。图 1.4a ～图 1.4g 所示为模式的示例。从图 1.4 中可以看出，5 × 5 网格对于数字的表示来说是相当粗糙的样本化。

最简单的识别系统的构成方法是，将 33 554 432 类所有模式连同其类名一起作为识别词典进行存储。这等价于制作了给 25 位数据中的每一个都分配了类名的参照表。在这个例子中，图 1.1 中的识别词典对应于参照表，识别运算部分对应于参照表进行对照处理。由于特征提取部分样本化的模式必须与识别词典中的某一个模式一致，所以输出一致模式的类作为识别结果。但是，从图 1.4 可以明显看出，识别词典中的 33 554 432 类模式也包含了很多没有数字意义的模式。对于这些模式，可以作为第 11 个类并提前划分为剔除对象[㊀]即可。图 1.5 所示为作为数字的模式可能存在的区域和由剔除区域构成的特征空间，该空间的每个点对应于 33 554 432 类模式中的某一个[㊁]。

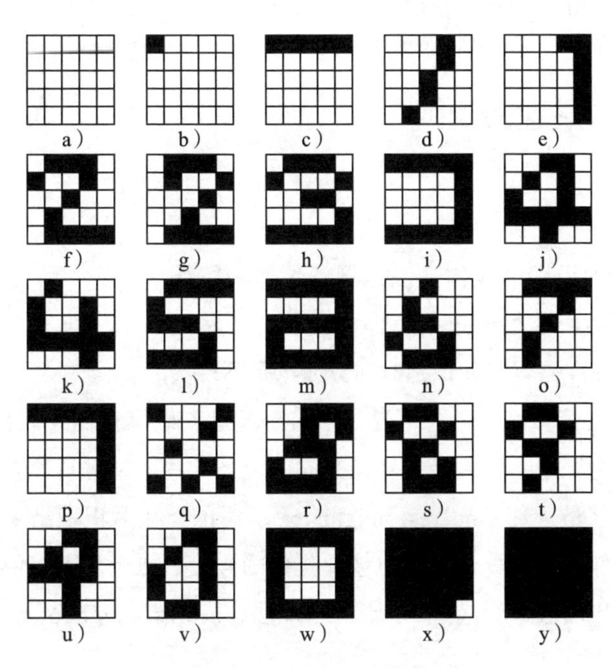

图 1.4　5 × 5 网格的二值模式的例子

那么，编写这本识别词典需要花费多少时间呢？这个识别词典的制作本身是不能自动化的。因为给每个模式分配类名的工作本身就是识别处理。结果，编写识别词典只能靠人工操作。假设一个人输入 1 个模式类名需要 1s，每天持续工作 8h，为了将 33 554 432 类的所有类名输入完毕，粗略计算需要花 3 年 2 个月

㊀ 剔除有两种。一种是被判定为不属于任何类时的剔除，这里所提出的例子便属于这一种。另一种是多个类被列为候选，但难以判定为其中任何一个时的剔除。例如，图 1.4u 很难判定是“4”还是“9”，因此不得不进行剔除。参考习题 1.1、习题 1.2。

㊁ 但是，这里处理的特征是二值，所以模式占据了特征空间上的超立方网格点。该图没有采用离散表示方式，是考虑到扩展到特征具有连续值的一般情况，今后该图也将采用连续表示方式。

的时间。以上是 5×5 网格的粗略样本化的估计，这表示为数字模式时，则至少需要 50×50 个网格。由此如果网格数增加，再加上灰度增加的话，制作识别词典的工作时间就会变成天文数字。这里只考虑了网格的黑白这一简单的特征，但即使使用其他特征，情况也是一样的。

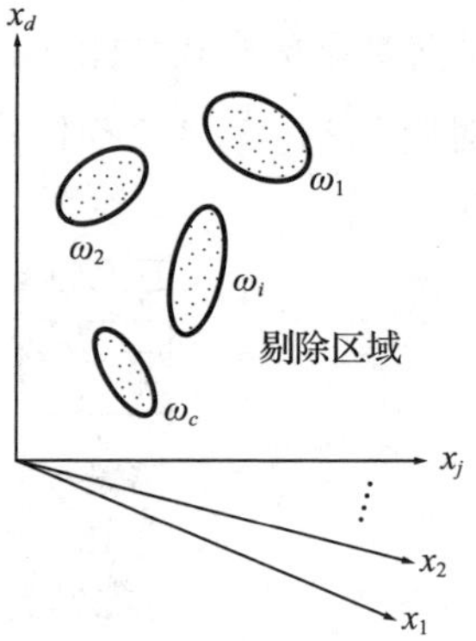

图 1.5　特征空间与剔除区域

1.3　原型与最近邻规则

（1）原型

上面所述的识别词典构造法是网罗了作为特征向量发生的所有可能性并进行存储的方法，虽然理论上可行，但在存储容量和识别时间方面也是不现实的。

作为次优之策，可以考虑不囊括所有可能性，而只存储代表性模式的方法。这种模式被称为原型。输入模式在特征空间上与这些原型进行比较，输出距离最近的原型，即将最近邻（nearest neighbor）所属的类作为识别结果。这是基于特征空间上相互邻近的模式的性质也彼此相似的假设。在距离上多使用欧几里得距离。这种识别方法被称为最近邻规则（NN 法，nearest neighbor rule）。在此，先将 NN 法公式化。

现在，给出 n 个模式与其所属的类 $(\boldsymbol{x}_1, \theta_1), (\boldsymbol{x}_2, \theta_2),\cdots,(\boldsymbol{x}_n, \theta_n)$。对于，

$$\theta_p \in \{\omega_1, \omega_2, \cdots, \omega_c\} \quad (p=1,\cdots,n) \tag{1.3}$$

NN 法可以写成：

$$\min_{p=1,\cdots,n} \{D(\boldsymbol{x}, \boldsymbol{x}_p)\} = D(\boldsymbol{x}, \boldsymbol{x}_k) \quad \Rightarrow \quad \boldsymbol{x} \in \theta_k \tag{1.4}$$

这里，

$$\boldsymbol{x}_k \in \{\boldsymbol{x}_1, \boldsymbol{x}_2, \cdots, \boldsymbol{x}_n\} \tag{1.5}$$

$$\theta_k \in \{\theta_1, \theta_2, \cdots, \theta_n\} \tag{1.6}$$

式中，$D(\boldsymbol{x}, \boldsymbol{x}_p)$ 表示 $\boldsymbol{x}$ 与 $\boldsymbol{x}_p$ 之间的距离。可知，式（1.4）中的 $\boldsymbol{x}_k$ 是 $\boldsymbol{x}$ 的最近邻。

更普遍的方法是，取最接近输入模式的 k 个原型，将其中占最多比重的类 k 作为识别结果输出。这被称为 k-NN 法。上面叙述的 NN 法相当于 1-NN 法。

图 1.6 所示为 NN 法的处理。在图 1.6 中用椭圆表示了属于各类模式的存在区域。另外，原型用白色圆圈表示。例如，输入模式 1，因其最近邻属于类 ω_1，所以被判定为类 ω_1。如果与最近邻的距离太大，有可能是没有文字意义的模式，所以要进行剔除。例如，输入模式 2，如果忠实地应用 NN 法，则被判定为类 ω_2，但被判定模式存在于椭圆的外侧，距离超过事先规定的阈值，所以被判定为需剔除。为了实现这样的处理方法，和前面的方式一样，为特征空间上的所有点都分配了类名。图 1.7 是数字原型的例子。

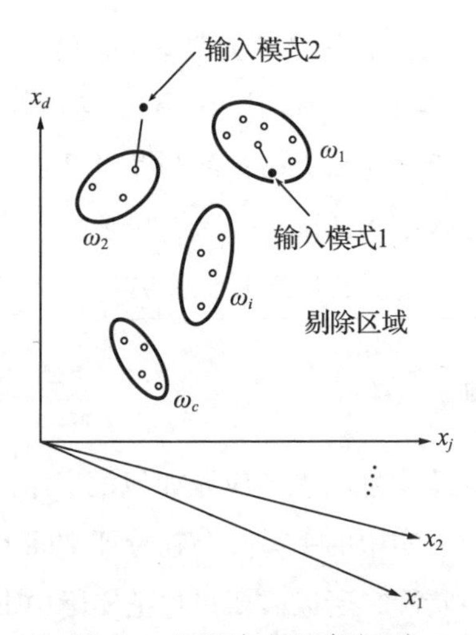

图 1.6 原型与最近邻规则

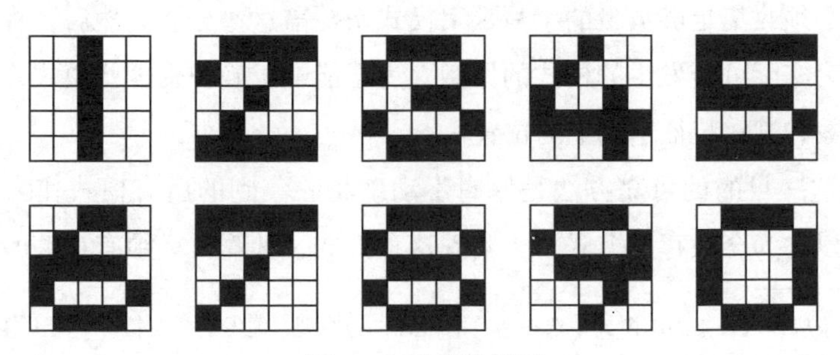

图 1.7 原型的例子

NN法只需要处理原型即可，因此大大减轻了编写识别词典的工作量，还解决了存储容量和识别时间的问题，这与前面的方式比起来要高效得多。该方法具有举一反三的功能，即根据基本的内容来类推以解决问题，这种方法在人类的智力活动中也是常见的策略。

心得

重新评价NN法

NN法虽没有什么特别之处，但它在统计意义上具有非常有趣的性质（参见5.4节（1））。因此，它一直以来都是模式识别研究者喜欢讨论的主题，也发表了数量庞大的关于NN法的论文（文献[Das91]介绍了NN法相关的论文）。不过，在当时计算机的处理能力和存储容量都不足的情况下，NN法被认为只是具有模式识别的理论意义，其实用价值并未得到认可。反过来说，正因为这种情况，才有很多研究者致力于研究强大而简练的学习算法。然而，在计算机性能飞跃发展的今天，可以说进入了NN法就进入了实用性的阶段。比如，在机器翻译等领域有引入NN法并取得成功的报道[佐藤97]。

（2）特征空间的分割

为了使计算机具备模式识别功能，应该如何设定原型呢？以刚才的手写数字识别为例，首先需要知道现实中的手写数字在特征空间上是如何分布的。由于不能直接求出其严格的分布状况，所以需要采集把实际中书写的数字作为反映现实分布的数据。在手写数字中，由于人的个性不同，会体现为各种各样的字体的形态，所以必须收集足够数量的手写数字模式来覆盖这些形态。然后，将收集的字体模式视为实际可能发生的模式的原型。为了能够正确识别这些模式，需要决定原型的个数和其在特征空间上的位置[⊖]。

实现这一目的的可靠方法是原封不动地将收集到的所有模式作为原型。这一方法可以称为全数存储方式，要实现这种方式，计算机必须有足够的处理能力

⊖ 本来应该从采集到的模式中选择适合的模式作为原型，但像这样在特征空间上移动原型能进行更为细致的设计。

和存储容量。但必须注意的是，即使采用全数存储方式，也只能覆盖可能出现的实际模式的极小部分。与全数存储方式相比，更有效的方法是将少数模式设定为原型。善于学习的人会设法把要记忆的事项控制在最小限度。与之类似，在极端情况下，这种方法会对每个类使用 1 个原型。在这种情况下，合理的方法是选择该类的分布重心作为代表此类的原型。图 1.8 所示为选择重心作为原型来完全分离所收集模式的例子。在这个例子中，讨论了在二维的特征空间 (d=2) 上存在 3 个类 (c=3)$\omega_1,\omega_2,\omega_3$ 的情况。应用 NN 法时，将类间分离的边界设为与两个原型等距离的线，即垂直平分线。在图 1.8 中用粗线表示这个边界。这个边界叫作决策边界（decision boundary），一般在 d 维特征空间中是（d−1）维超平面（hyper plane）。另外，图 1.8 中剔除区域用灰色表示，各类和剔除区之间的决策边界用粗线表示。这样，特征空间就被超平面分割成 3 个类和剔除区（由超球面设定）的 4 个区域。根据输入模式在这些区域的位置的不同，识别结果也有所不同。另外，上面所使用的超平面一词以后还会经常使用，所以在此作简单说明。

当维度 d 为 3 时，特征空间为三维，（d−1）维超平面就是通常的二维平面。所谓超平面，是将这个二维平面推广到其他维度的一个概念。也就是说，图 1.8 所示的例子是二维特征空间，所以超平面是一维超平面，即直线。另外，四维特征空间的超平面变为三维超平面。

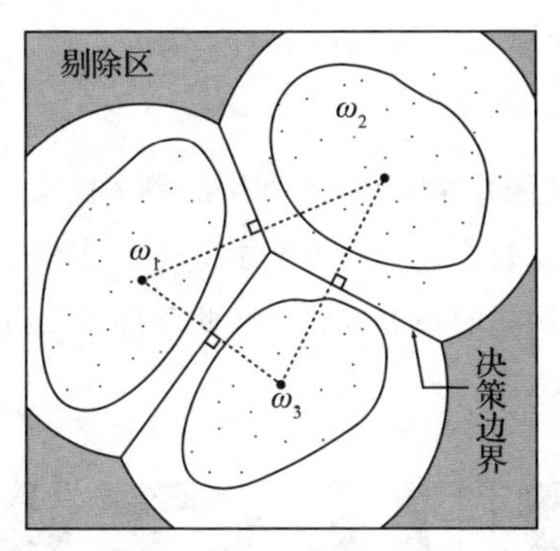

图 1.8 通过每个类别一个原型来划分特征空间

如上所述，超平面是 d 维空间的（d−1）维子空间的称呼。子空间指的是由特征空间的向量（的组）所组成的线性空间。通常其维度小于原始特征空间的维度。严格的定义请参考线性代数的教科书。

心得

特征提取

在文字识别研究活跃的1970年前后，提出了各种识别文字的特征提取方法。但是，无论哪一种方法都各有优劣，不能成为决定性的方法。当时，人们认为特征提取法应该是由人根据直觉和经验，通过不断试错设计出来的。本书初版的"心得"(coffee break) 也以"特征提取没有王道"为题表示："特征提取是靠人的经验和直觉说话的世界，不能用计算机实现自动化。"

但是，自从深度学习问世以来，这种想法就需要进行修正了。这是因为已经得到的结果表明，只要提供大量的学习模式，就可以通过计算机自动化提取特征。但是，对于通过深度学习获得的特征，无法明确说明究竟要提取出什么样的特征，以及其高性能的起因。另一方面，古典的特征提取法，如附录A.3所示，特征的意义和目标是明确的，与深度学习得到的特征形成了对比。

尽管深度学习被寄予了巨大的期待，但是实现特征提取的完全自动化仍需要一段时间。

习题

1.1　使用最近邻规则（NN法），识别5×5网格的数字模式。模式根据式（1.2）变换为25维的二值特征向量。每个类只有1个原型，采用图1.7所示的模式。但是，在识别时，将采用考虑到剔除的判定方法。在此条件下，识别图1.9所示的模式 $\boldsymbol{x}_1, \boldsymbol{x}_2, \boldsymbol{x}_3, \boldsymbol{x}_4$，并写出其结果。

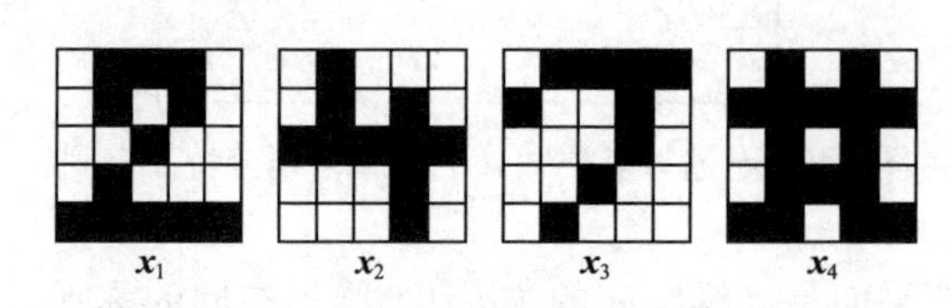

图1.9　需要识别的输入模式

1.2 作为用于识别字符模式的特征，考虑以下几点。首先，将二值化后的模式在纵轴方向及横轴方向上投影，求出黑色网格的直方图。图 1.10 是以图 1.7 所示原型的数字“2”为例而求出的直方图结果。

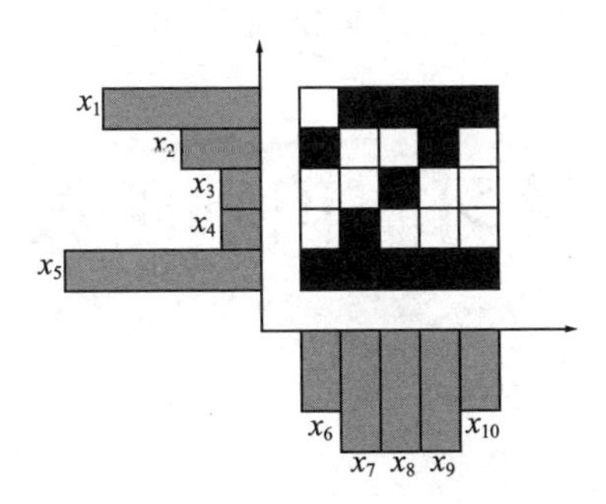

图 1.10 基于直方图的特征

如本例所示，模式为 5 × 5 网格时，直方图如图 1.10 所示，10 维向量，可以表示为

$$\begin{aligned}\boldsymbol{x} &= (x_1, x_2, \cdots, x_{10})^t \\ &= (4,2,1,1,5,2,3,3,3,2)\end{aligned}$$

以十维向量为特征，在与习题 1.1 相同的条件下识别图 1.9 的 4 种模式。

CHAPTER 2

第2章 学习与识别函数

2.1 学习的必要性

第 1 章介绍了如何通过将特征空间分割成对应于各个类的多个区域的方法来实现模式识别。在使用 NN 法作为识别方法时，在类之间进行分离的决策边界是根据将原型设定在特征空间上的某个位置来确定的。第 1 章介绍了使原型与类的分布重心相一致的方法。

现在考虑图 2.1 的例子。如图 2.1a 所示，如果选择各类的重心作为原型，则不能进行正确的分割。为了正确分离类，必须将原型从重心上移开一些，如图 2.1b 所示。但是在多维空间上，无法像在二维空间上那样直观地确定原型的位置。那么，下面讲述如何通过学习[⊖]来自动求出图 2.1b 所示的原型的正确位置。

第 1 章所讲述的用于设计识别单元而收集的模式，可称为学习模式、训练模式、设计模式等。本书后面将使用“学习模式”这一术语。另外，为了对设计后的识别单元进行评价，需要采用独立于学习模式的模式，这些模式称为测试模式。

学习模式反映了现实中发生的模式的倾向，通过学习这种学习模式可设计识别单元。前面说明过，识别单元的设计就是对特征空间进行分割。因此，学习可以说是使用学习模式找出能够正确识别所有学习模式的类间分离面。也许有人会认为，将学习一词套用在前面所说的全数存储方式上可能并不恰当。但是，根据

⊖ 也称为训练。另外，强调的是通过“计算机学习”，也称为机器学习。

上面的定义，全数存储方式也是很好的学习方法。例如，可以将在统计模式识别方面的学习，理解为是通过设定原型来分割特征空间的方法。

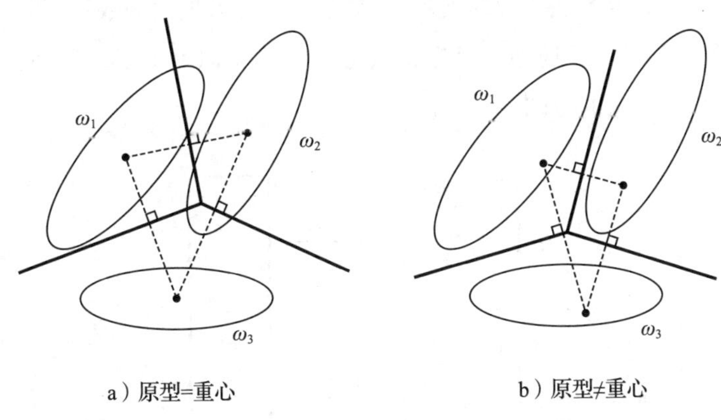

a）原型=重心　　b）原型≠重心

图 2.1　原型的设定方法和类间分离的关系

2.2　最近邻规则和线性识别函数

在讨论学习相关的话题之前，先将每类 1 个原型的 NN 法[⊖]进行公式化，从而为后续学习做准备。

假设现在分别选择 d 维向量 $\mathbf{p}_1, \mathbf{p}_2, \cdots, \mathbf{p}_c$ 作为 c 个类 $\omega_1, \omega_2, \cdots, \omega_c$ 的原型。假设输入模式为 $\boldsymbol{x}$[⊜]，通过 NN 法可求出使 $\boldsymbol{x}$ 与 $\mathbf{p}_i$ 的距离最小的 i：

$$\|\boldsymbol{x}-\mathbf{p}_i\|^2=\|\boldsymbol{x}\|^2-2\mathbf{p}_i^t\boldsymbol{x}+\|\mathbf{p}_i\|^2 \quad (i=1,\cdots,c) \tag{2.1}$$

注意式（2.1）中的 $\|\boldsymbol{x}\|^2$ 是相同的，令 $\|\boldsymbol{x}-\mathbf{p}_i\|$ 的值最小，等价于使

$$g_i(\boldsymbol{x})\overset{\text{def}}{=}-\frac{1}{2}\|\mathbf{p}_i\|^2+\mathbf{p}_i^t\boldsymbol{x} \tag{2.2}$$

的值最大。结果，识别法可用下式表示[⊜]：

⊖ 以每类 1 个原型进行距离计算的识别法称为最小距离识别法，有时也与 NN 法区别开来，但在此视为 NN 法的一种形式。

⊜ 以后也有 $\boldsymbol{x}$ 不称为特征向量，而称为模式的情况。

⊜ 将模式 $\boldsymbol{x}$ 属于类 ω_k，记为 $\boldsymbol{x} \in \omega_k$。

$$\max_{i=1,\cdots,c}\{g_i(\boldsymbol{x})\}=g_k(\boldsymbol{x}) \quad\Rightarrow\quad \boldsymbol{x}\in\omega_k \tag{2.3}$$

将函数 $g_i(\boldsymbol{x})(i=1,\cdots,c)$ 分别对应于每个类，根据 $g_i(\boldsymbol{x})$ 的值来判定模式 x 所属类的方法称为识别函数法，此时使用的函数 $g_i(\boldsymbol{x})$ 称为识别函数⊖。最具代表性的方法是，像式（2.3）那样输出函数值最大的类作为识别结果，后面会介绍该识别方法。识别函数法的框图如图 2.2 所示。

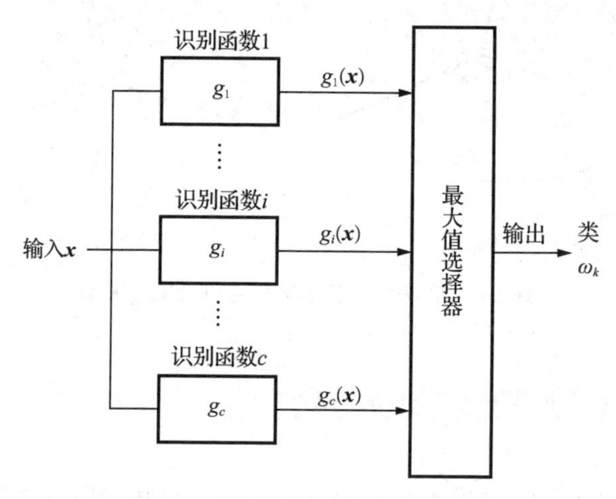

图 2.2　运用识别函数法进行识别

特别是如式（2.2）那样对 $\boldsymbol{x}$ 的线性的识别函数可称为线性识别函数（Linear Discriminant Function）。后述的感知器就是典型的例子。也就是说，线性识别函数可以表示为

$$g(\boldsymbol{x})=w_0+\sum_{j=1}^{d}w_jx_j \tag{2.4}$$

式中，$w_0, w_1,\cdots, w_d$ 是权重系数，如果使用向量标记的话，写为

$$g(\boldsymbol{x})=w_0+\boldsymbol{w}^t\boldsymbol{x} \tag{2.5}$$

其中，

$$\boldsymbol{w}=(w_1,w_2,\cdots,w_d)^t \tag{2.6}$$

⊖ 有时也称为判别函数，但不太常见（中文文献中判别函数更常见——译者注）。

$\boldsymbol{w}$ 称为权重向量。这里，

$$\mathbf{x}=(x_0,x_1,\cdots,x_d)^t=\begin{pmatrix}x_0\\ \boldsymbol{x}\end{pmatrix},\quad x_0\equiv 1 \tag{2.7}$$

$$\mathbf{w}=(w_0,w_1,\cdots,w_d)^t=\begin{pmatrix}w_0\\ \boldsymbol{w}\end{pmatrix} \tag{2.8}$$

如果使用 $(d+1)$ 维向量 $\mathbf{x},\mathbf{w}$，则式（2.5）可以进一步简化为

$$g(\boldsymbol{x})=\mathbf{w}^t\mathbf{x} \tag{2.9}$$

将新定义的 $\mathbf{x}$, $\mathbf{w}$ 分别称为扩展特征向量和扩展权重向量⊖。

设类 ω_i 的线性识别函数为 $g_i(\boldsymbol{x})(i=1,\cdots,c)$，则式（2.9）写为

$$g_i(\boldsymbol{x})=\sum_{j=0}^{a}w_{ij}x_j \tag{2.10}$$

$$=w_{i0}+\boldsymbol{w}_i^t\boldsymbol{x} \tag{2.11}$$

$$=\mathbf{w}_i^t\mathbf{x} \tag{2.12}$$

式中，$\boldsymbol{w}_i,\mathbf{w}_i(i=1,\cdots,c)$ 分别是类 ω_i 的权重向量和扩展权重向量，有

$$\boldsymbol{w}_i=(w_{i1},\cdots,w_{id})^t \tag{2.13}$$

$$\mathbf{w}_i=(w_{i0},w_{i1},\cdots,w_{id})^t \tag{2.14}$$

线性识别函数的框图如图 2.3 所示。在式（2.11）中设

$$\boldsymbol{w}_i=\mathbf{p}_i \tag{2.15}$$

$$w_{i0}=-\frac{1}{2}\|\mathbf{p}_i\|^2 \tag{2.16}$$

就能得到式（2.2），由此可知，每一个类 1 个原型的 NN 方法是基于线性识别函数的识别方法（习题 2.1）。在使用线性识别函数的识别系统中，在图 1.1 的识别词典中存储了权重系数，在识别运算单元中会进行式（2.10）的运算以及最大值的选择处理。

如图 2.3 所示，由输入的线性和与最大值选择构成的识别系统可称为感知器。感知器是 1957 年由 Frank Rosenblatt 提出的具有学习功能的类似人脑的模型。

⊖ 也可以用“增强”一词代替“扩展”，比如也有增强特征向量、增强权重向量的说法。

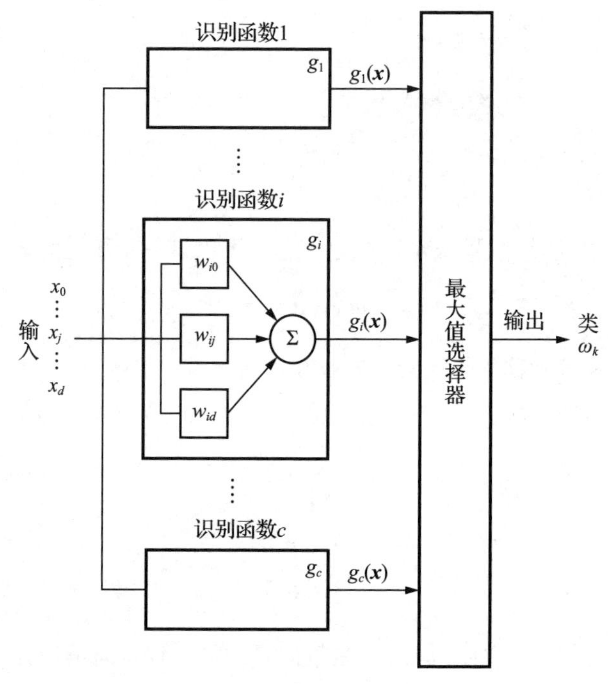

图 2.3　线性识别函数

2.3　感知器的学习规则

（1）权重空间和解域

如果用集合 $\boldsymbol{\mathcal{X}}$ 表示整个学习模式，用 $\boldsymbol{\mathcal{X}}_i(i=1,\cdots,c)$ 表示属于类 ω_i 的学习模式的集合，那么线性识别函数的学习是：对于属于 $\boldsymbol{\mathcal{X}}_i$ 的所有 $\boldsymbol{x}$，通过确定下式可得到权重 $\mathbf{w}_i(i=1,\cdots,c)$。

$$g_i(\boldsymbol{x})>g_j(\boldsymbol{x})\quad(j=1,\cdots,c,j\neq i)\tag{2.17}$$

当至少存在 1 组权重 $\mathbf{w}_i$ 时，称 $\boldsymbol{\mathcal{X}}$ 为线性可分离，否则称 $\boldsymbol{\mathcal{X}}$ 为线性不可分离。这里，$g_i(\boldsymbol{x})=g_j(\boldsymbol{x})$ 表示类 ω_i, ω_j 之间的决策边界。

首先，为了简单起见，考虑 2 个类 (c=2) 的情况时不考虑识别函数 $g_1(\boldsymbol{x})$ 和 $g_2(\boldsymbol{x})$ 的大小，而只要考察如下的一个识别函数的符号即可：

$$g(\boldsymbol{x}) = g_1(\boldsymbol{x}) - g_2(\boldsymbol{x}) = (\mathbf{w}_1 - \mathbf{w}_2)^t \mathbf{x} \tag{2.18}$$

$$= \mathbf{w}^t \mathbf{x} \tag{2.19}$$

这里，

$$\mathbf{w} \stackrel{\text{def}}{=} \mathbf{w}_1 - \mathbf{w}_2 \tag{2.20}$$

所以扩展权重向量可以只有 1 个。基于这个识别函数得到的识别法如下：

$$\begin{cases} g(\boldsymbol{x}) = \mathbf{w}^t \mathbf{x} > 0 \quad \Rightarrow \quad \boldsymbol{x} \in \omega_1 \\ g(\boldsymbol{x}) = \mathbf{w}^t \mathbf{x} < 0 \quad \Rightarrow \quad \boldsymbol{x} \in \omega_2 \end{cases} \tag{2.21}$$

另外，

$$g(\boldsymbol{x}) = \mathbf{w}^t \mathbf{x} = 0 \tag{2.22}$$

式（2.22）是 2 个类（c=2）的决策边界[一]。因此，在学习中使下式成立可求出 $\mathbf{w}$：

$$\begin{cases} g(\boldsymbol{x}) = \mathbf{w}^t \mathbf{x} > 0 \quad (\text{对于所有属于}\mathcal{X}_1\text{的}\boldsymbol{x}) \\ g(\boldsymbol{x}) = \mathbf{w}^t \mathbf{x} < 0 \quad (\text{对于所有属于}\mathcal{X}_2\text{的}\boldsymbol{x}) \end{cases} \tag{2.23}$$

为此，需要如上所述的权重向量[二]$\mathbf{w}$ 是存在的，即 $\mathcal{X}$ 是线性可分离的。

这里，考虑 $\mathbf{w}$ 张成的 $(d+1)$ 维空间，即所谓权重空间。在权重空间中，$\mathbf{w}$ 是以权重系数为坐标值的空间中的一点表示。对于任意模式[三]$\mathbf{x}$，$\mathbf{w}^t\mathbf{x}=0$ 在权重空间内确定一个通过原点的超平面。由这个超平面分割的权重空间有两个域，其中的一个是使 $g(\boldsymbol{x})$ 为正的 $\mathbf{w}$ 的存在域（正半区），另一个是使 $g(\boldsymbol{x})$ 为负的 $\mathbf{w}$ 的存在域(负半区)[四]。假设学习模式的总数为 n，则权重空间内存在与各学习模式对应的 n 个超平面。式（2.23）表示，对于由各学习模式决定的超平面，$\mathbf{w}$ 必须存在于该超平面的哪一侧。因此，式（2.23）通过 n 个超平面来指定权重空间中 $\mathbf{w}$ 所在的存在域。这个存在域称为解域。线性可分离意味着存在解域。

这里举个例子。图 2.4 是一维（d=1）的例子，特征空间为数轴，其中特征

[一] 识别时，当 $g(\boldsymbol{x})=\mathbf{w}^t\mathbf{x}=0$ 时，$\boldsymbol{x}$ 无法判定。

[二] 只要概念不混乱，省略“扩张”一词。

[三] 有时会使用模式这个词代替特征向量和扩展特征向量，但需要注意的是，它对应于 $\boldsymbol{x}$ 和 $\mathbf{x}$。

[四] 注意，这个超平面并没有决策边界。因为这个超平面被设定为权重空间，而不是特征空间。这一点与 1.3 节涉及的超平面不同。

不是向量，而是标量。为了避免混淆，以下将用向量 $\boldsymbol{x}$ 表示模式本身，而用标量 x 表示特征，即数轴上的坐标值。假设这条直线上分布着2个类（c=2）学习模式。模式数合计为 6(n=6)，$\boldsymbol{x}_1, \boldsymbol{x}_2, \boldsymbol{x}_3$ 属于类 ω_1，$\boldsymbol{x}_4, \boldsymbol{x}_5, \boldsymbol{x}_6$ 属于类 ω_2。从图2.4中可以明显看出，这些样本是线性可分离的。由于识别函数由两个权重系数 w_0, w_1 表示，所以权重空间为二维。图2.5所示为权重空间，显示了由各学习模式决定的6个超平面（直线）和由它们确定的解域（灰色部分）。

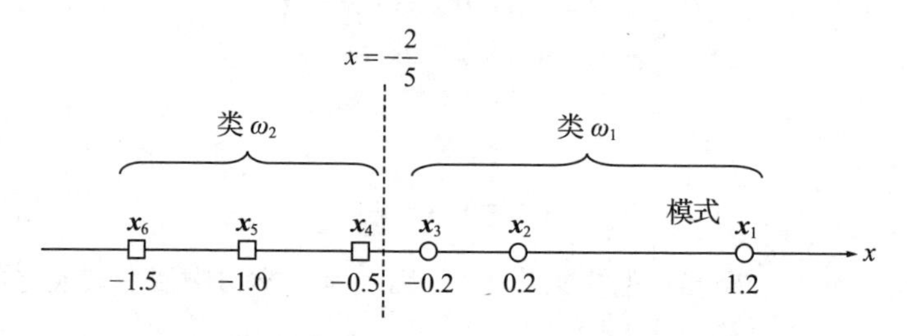

图2.4 一维特征空间（数轴）上的学习模式

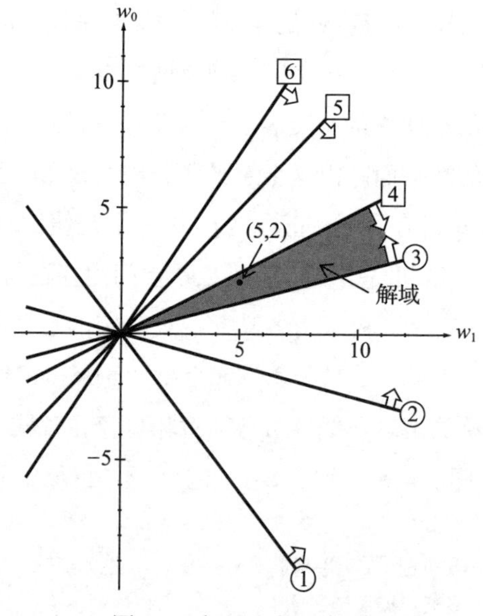

图2.5 权重空间和解域

为方便起见，在图2.5中将 w_1 设为横轴，将 w_0 设为纵轴。图中○和□分别

表示属于类 ω_1, ω_2 的模式，其中的编号与图 2.4 的模式编号对应，超平面上的箭头表示正确识别该模式的权重侧。存在于解域中的任意权重向量 **w** 给出了正确分离学习模式的识别函数。例如，解域中的点 $(w_1, w_0)=(5, 2)$ 对应于识别函数 $g(x)=w_0+w_1x=2+5x$。应用式（2.21）后得到

$$\begin{cases} x > -\dfrac{2}{5} & \Rightarrow \quad \boldsymbol{x} \in \omega_1 \\ x < -\dfrac{2}{5} & \Rightarrow \quad \boldsymbol{x} \in \omega_2 \end{cases} \tag{2.24}$$

通过与图 2.4 进行比较，可以确定这是正确的权重。

（2）感知器收敛定理

下面讲述一种通过学习来确定线性识别函数的权重的方法。下面介绍感知器学习法。这个方法的步骤如下所示。

步骤 1. 适当地设定权重向量 **w** 的初始值。

步骤 2. 从 $\mathcal{X}$ 中选择一种学习模式。

步骤 3. 利用识别函数 $g(\boldsymbol{x})=\mathbf{w}^t\mathbf{x}$ 进行识别，仅在不能正确识别时，才使用下式所示的修正权重向量 **w**，并生成新的权重向量 **w**′㊀：

$$\mathbf{w}' = \mathbf{w} + \rho \cdot \mathbf{x} \quad (\boldsymbol{x} \in \omega_1, \text{当} g(\boldsymbol{x}) \leqslant 0 \text{时}) \tag{2.25}$$

$$\mathbf{w}' = \mathbf{w} - \rho \cdot \mathbf{x} \quad (\boldsymbol{x} \in \omega_2, \text{当} g(\boldsymbol{x}) \geqslant 0 \text{时}) \tag{2.26}$$

步骤 4. 对 $\mathcal{X}$ 的所有模式重复上面步骤 2、3 的。

步骤 5. 如果能正确识别 $\mathcal{X}$ 的全部模式则结束循环。否则返回步骤 2。

式（2.25）和式（2.26）中，ρ 是表示变化幅度的正数，称为学习系数。从上述步骤可以看出，在学习过程中，要多次反复使用 n 个学习模式来修正权重。当一轮学习模式全部使用完毕时，就完成了 1 回合的学习。

如图 2.6 所示，向量 **x** 与超平面 $\mathbf{w}^t\mathbf{x}=0$ 正交，所以式（2.25）和式（2.26）表示将权重向量 **w** 朝向与超平面正交的方向移动。也就是说，式（2.25）表示从超平面的负半区到正半区的垂直移动，式（2.26）表示从正半区到负半区的垂直

㊀ 注意，在 $g(\boldsymbol{x})=0$ 的情况下也需要对权重向量进行修正。

移动。如果学习系数 ρ 足够大，一次修正就能使 $\mathbf{w}^t\mathbf{x}$ 的符号反转[⊖]。如果学习模式 $\mathcal{X}$ 是线性可分离的，那么上面的算法只要重复有限次就能到达解域中的权重向量。这就是感知器收敛定理（证明参照附录 A.1）。这里所叙述的权重的学习可以扩展到更一般的函数。也就是说，关于 $\boldsymbol{x}$ 的任意函数 $\phi_1(\boldsymbol{x}),\phi_2(\boldsymbol{x}),\cdots,\phi_d(\boldsymbol{x})$ 的线性组合表示的函数称为 Φ 函数，众所周知，感知器收敛定理所述的学习可以适用于 Φ 函数的权重。另外，关于 Φ 函数，将在 4.3 节（3）中说明。

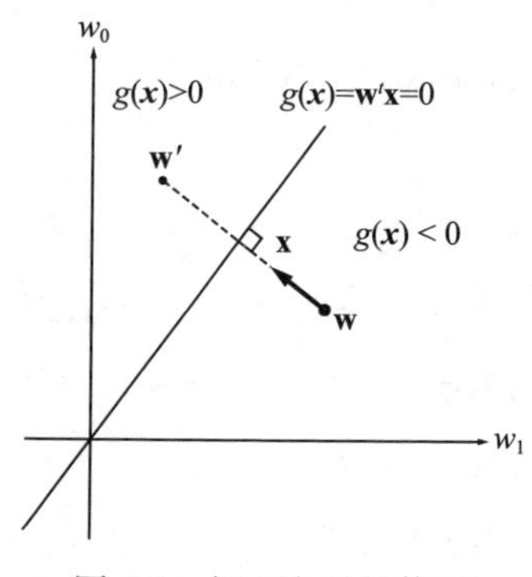

图 2.6　权重向量的修正

在图 2.7 中，用刚才的例子表示了权重向量在权重空间内移动的情况。在学习中，模式按 $\boldsymbol{x}_1, \boldsymbol{x}_2,\cdots, \boldsymbol{x}_6$ 的顺序给出，无论初始值和 ρ 的值如何，权重向量最终到达解域。例如，将初始权重设为 $(w_1, w_0)=(5, 11)$, $\rho=2.0$ 时，解域得到（10,3）（见图 2.7）。此时的决策边界为 $x=-w_0/w_1=-3/10$，从图 2.4 可以确认得到了正确的权重。如果学习系数 ρ 的值过小，则会重复进行小幅度的修正，因此效率较低，反之，值过大，则会一边振动一边收敛，因此效果不理想。上面叙述的学习法是固定 ρ 的值的方法，称为固定增量法。在学习的过程中，也提出了可以根据情况改变 ρ 值的方法，但是需要注意的是因方法不同，不能保证都能到达解域

⊖ 通过式（2.25）的修正，一定可以增大 $g(\boldsymbol{x})$。因为，假设修正前后的识别函数值分别为 $g(\boldsymbol{x})$ 和 $g'(\boldsymbol{x})$，则有：

$$g'(\boldsymbol{x})=\mathbf{w}'^t\mathbf{x}=(\mathbf{w}+\rho\cdot\mathbf{x})^t\mathbf{x}=\mathbf{w}^t\mathbf{x}+\rho\|\mathbf{x}\|^2>\mathbf{w}^t\mathbf{x}=g(\mathbf{x})$$

同样地，也可以确认通过式（2.26）的修正，必定可以使 $g(\boldsymbol{x})$ 的值减少。

（见参考文献 [Nil65]）。

向多类（$c>2$）的扩展，是当将属于 ω_i 的模式误识别为 ω_j 时，或者 ω_i 和 ω_j 都成为识别结果的候补时，可以根据下式进行权重向量的修正来实现：

$$\begin{cases} \mathbf{w}_i' = \mathbf{w}_i + \rho \cdot \mathbf{x} \\ \mathbf{w}_j' = \mathbf{w}_j - \rho \cdot \mathbf{x} \end{cases} \quad (i \neq j) \tag{2.27}$$

由于感知器的学习规则只在无法正确识别模式时进行权重的修正，所以称为纠错法。

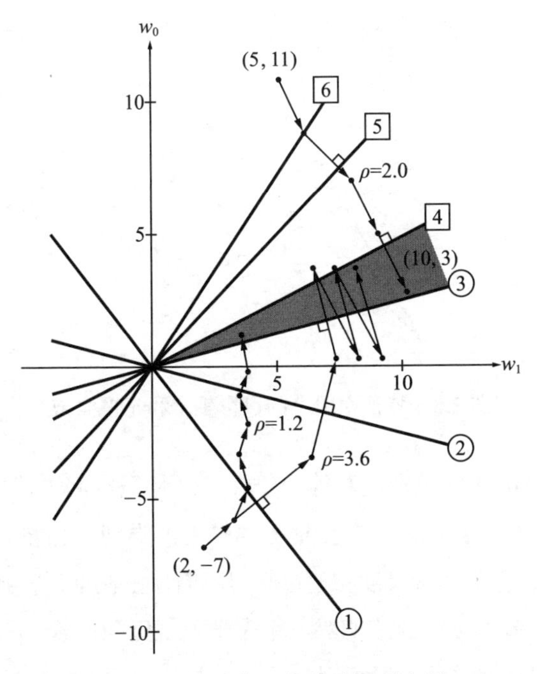

图 2.7　通过学习来移动权重向量

（3）线性识别函数和投影轴

线性识别函数可以理解为从 d 维特征空间到一维空间（直线）的投影。为了简单起见，这里处理 2 个类的问题。如前所述，在 2 个类的情况下，如式（2.21）所示，识别是基于 $g(\boldsymbol{x})=w_0+\boldsymbol{w}^t\boldsymbol{x} \gtrless 0$ 进行的，得到 $g(\boldsymbol{x})=0$，即：

$$w_0 + \boldsymbol{w}^t \boldsymbol{x} = 0 \tag{2.28}$$

式（2.28）是分离 2 个类的决策边界。

式（2.28）表示 d 维特征空间中的（$d-1$）维超平面，$\boldsymbol{w}$ 是该超平面的法向量。其中，$\boldsymbol{w}$ 被归一化为 $\|\boldsymbol{w}\|=1$。这里，经过原点 O，在超平面的法线方向上设定轴 y 的话，如图 2.8 所示，$\boldsymbol{w}^t\boldsymbol{x}$ 就是将 $\boldsymbol{x}$ 投影到 y 轴上时的坐标值（投影值）。有无数以向量 $\boldsymbol{w}$ 为法线的超平面，其中式（2.28）为表示 $-w_0$ 与 y 轴相交的超平面 $H(\boldsymbol{w}^t\boldsymbol{x}=-w_0)$。基于以上的几何结构，感知器的学习过程为：对各模式求出投影值 $\boldsymbol{w}^t\boldsymbol{x}$，在 y 轴上投影学习模式后，根据 $\boldsymbol{w}^t\boldsymbol{x}\gtreqless -w_0$ 关系式反复修改权重向量 $\boldsymbol{w}$ 和 w_0，直到全部学习模式被正确识别为止。

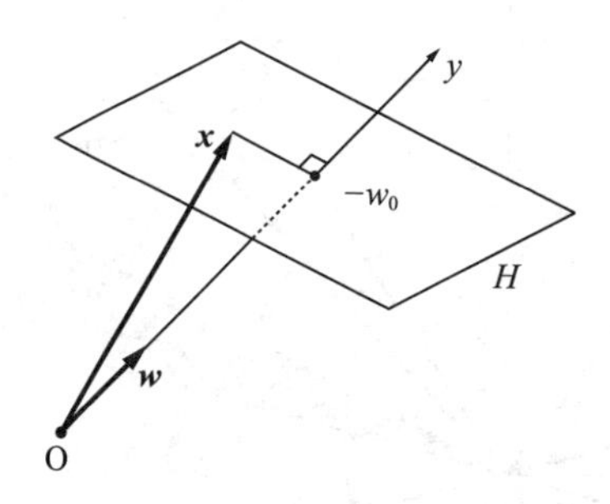

图 2.8　特征空间上的投影轴 y 和超平面 H

如上所述，确定线性识别函数等价于在 d 维特征空间上确定一维的投影轴。必须对该投影轴进行优化，以高精度地分离轴上的类别。感知器的学习规则使用错误识别模式数㊀，作为评价尺度，通过学习不断修正权重，直到错误识别模式数为零。在后续的章节中提到的威德罗 · 霍夫学习规则和费希尔方法，在求最佳投影轴这一点上也和感知器的学习规则相同，但是使用的评价尺度不同。

（4）学习与原型的移动

上述例子是在权重空间上观察了学习。图 2.9 所示的例子是在特征空间上观察在学习过程中决策边界如何变化的例子。这里讨论了二维特征空间 (d=2) 中 2 个类 (c=2) 的识别问题。图 2.9 中，○和□分别是类 ω_1, ω_2 的学习模式，显然它

㊀ 严格来说是“无法正确识别的模式数”。

们是线性可分离的。在初始状态（见图 2-9a）时，没有正确地分离 2 个类，但是在重复 4 次（见图 2.9e）时，可以发现得到了正确的决策边界。

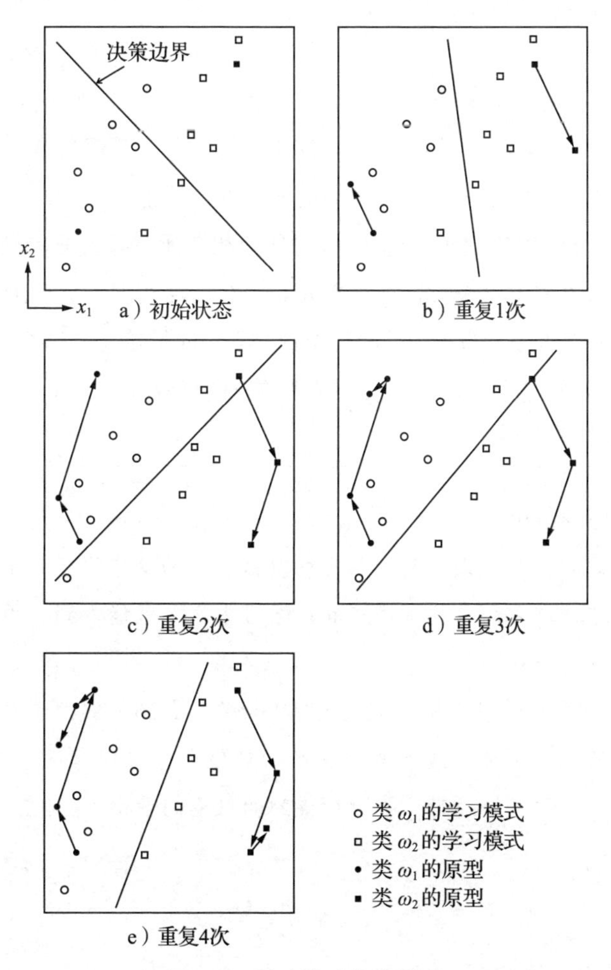

图 2.9　通过学习移动原型

如前文所述，在使用 NN 法时，决策边界与原型相关联。也就是说，规定决策边界的权重和原型是式（2.15）和式（2.16）的关系。从这些关系可以得到

$$w_{i0}=-\frac{1}{2}\|\boldsymbol{w}_i\|^2 \tag{2.29}$$

如果在权重向量中式（2.29）的关系成立，则决策边界等于将 $\mathbf{w}_i$ 视为特征空间上的原型的 NN 法决定的决策边界。因此，在维持式（2.29）的关系的情况下进行权重向量 $\mathbf{w}_i$ 的学习，$\mathbf{w}_i$ 的变化就可以直接作为原型在特征空间上的移动来观察⊖。

在图 2.9 中，分别用●和■表示学习过程中得到的原型 $\boldsymbol{w}_1, \boldsymbol{w}_2$，并且用箭头表示了原型在学习过程中的移动情况。这里的原型是为了确定作为垂直二等分线的决策边界，所以它们不一定在代表类的分布的位置上。

以上内容从权重空间上的权重向量的移动和特征空间上的原型的移动这两个方面说明了如何通过学习来设计识别单元。现在已经实现了 2.1 节所提出的目标，即自动求出用于类间分离的正确的原型位置。学习向量量化（LVQ，learning vector quantization）是通过学习将原型移动到期望位置的有效方法。详见文献 [Koh84]。

心得

从感知器到支持向量机

应用感知器的学习规则得到的权重向量被表示为从学习模式中选出的少数模式的线性和。这种权重向量构造法在其他学习方法中也能看到。用 2 个类（c=2）问题来确认一下这一点。

在表示感知器的学习规则的式（2.25）和式（2.26）中，学习系数 ρ 可以是任意的正数，所以设 ρ=1，权重向量 $\mathbf{w}$ 的初始值也可以任意设定，所以设 $\mathbf{w}$=0。于是，在使用 n 个学习模式时，收敛后得到的权重向量由式（2.25）和式（2.26）的形式为

$$\mathbf{w}=\sum_{p=1}^{n}\alpha_p\mathbf{x}_p \tag{2.30}$$

式中，的 α_p 为整数，$|\alpha_p|$ 表示 $\mathbf{x}_p$ 用于更新权重 $\mathbf{w}$ 的次数。因此，对于未被用于权重更新的 $\mathbf{x}_p$，有 $\alpha_p=0$。如果被用于更新时，$\boldsymbol{x}_p\in\omega_1$，则 $\alpha_p>0, \boldsymbol{x}_p\in\omega_2$，则 $\alpha_p<0$。根据式（2.30），收敛后得到的线性识别函数可由下式表示：

⊖ 为了在维持式（2.29）的关系下进行学习，ρ 必须可变。在这种情况下，虽然不能保证向解域收敛，但是为了将学习与原型的移动联系起来进行说明，特意采用了这种方法。

$$g(\boldsymbol{x})=\mathbf{w}^t\mathbf{x}=\sum_{p=1}^{n}\alpha_p\mathbf{x}_p{}^t\mathbf{x} \tag{2.31}$$

如果让感知器的学习规则运行的话，$\alpha_p \neq 0$ 的模式往往只是 n 个学习模式中的极小部分。结果，线性识别函数 $g(\boldsymbol{x})$ 被表示为 $\mathbf{x}$ 和 $\alpha_p \neq 0$ 时的少数 $\mathbf{x}_p$ 的内积 $\mathbf{x}_p{}^t\mathbf{x}$ 的线性组合，但是，哪一个 $\mathbf{x}_p(\alpha_p \neq 0)$ 被编入式（2.31）还不能唯一确定，而是取决于学习时给出的学习模式的顺序。因此，不能保证得到的线性识别函数是最优的。这是感知器学习规则的缺点之一。

支持向量机则克服了这个缺点。通过支持向量机获得的线性识别函数也以式（2.31）的形式表示。然而，与感知器不同的是，被选定的少数 $\mathbf{x}_p(\alpha_p \neq 0)$ 是唯一确定的，以优化决策边界。这些 $\mathbf{x}_p$ 称为支持向量。

如上所述，值得注意的是，支持向量机的基本构造方法与感知器相同。另外，本书不涉及支持向量机，请参考 [前田 01] 等文献。

2.4 感知器的学习实验

本节将针对具体例子进行感知器的学习实验，确认此前所述的感知器的功能。所使用的数据是分布在三维特征空间（d=3）上的以下 8 种学习模式：

$$\begin{aligned}&\boldsymbol{x}_1=(1,1,1)^t,\quad \boldsymbol{x}_2=(0,1,1)^t,\quad \boldsymbol{x}_3=(1,0,1)^t,\quad \boldsymbol{x}_4=(1,1,0)^t,\\ &\boldsymbol{x}_5=(0,0,0)^t,\quad \boldsymbol{x}_6=(1,0,0)^t,\quad \boldsymbol{x}_7=(0,1,0)^t,\quad \boldsymbol{x}_8=(0,0,1)^t\end{aligned} \tag{2.32}$$

式中，$\boldsymbol{x}_1, \boldsymbol{x}_2, \boldsymbol{x}_3, \boldsymbol{x}_4$ 属于类 ω_1，$\boldsymbol{x}_5, \boldsymbol{x}_6, \boldsymbol{x}_7, \boldsymbol{x}_8$ 属于类 ω_2。在图 2.10 中，类 ω_1, ω_2 的模式分别用●和○表示。从图 2.10 中可以看出，模式存在于单位立方网格的顶点，它们是线性可分离的。

这里，设定线性识别函数

$$g(\boldsymbol{x})=w_0+w_1x_1+w_2x_2+w_3x_3 \tag{2.33}$$

用感知器的学习规则，令

$$\begin{cases}g(\boldsymbol{x}_p)>0 & (\boldsymbol{x}_p\in\omega_1)\\ g(\boldsymbol{x}_p)<0 & (\boldsymbol{x}_p\in\omega_2)\end{cases}\quad (p=1,\cdots,8) \tag{2.34}$$

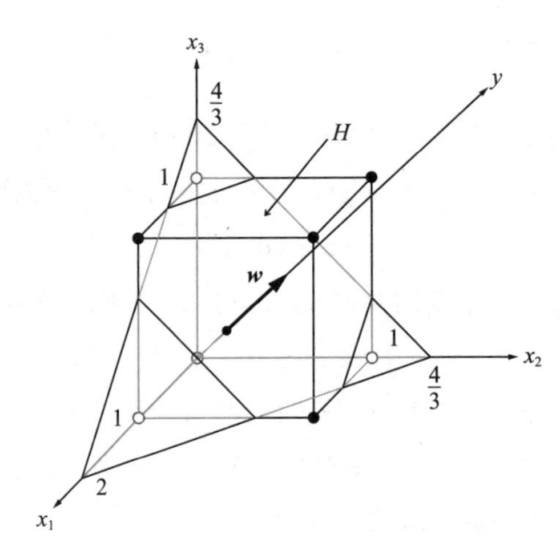

图 2.10　三维特征空间中的学习模式与决策边界

来确定权重 w_0, w_1, w_2, w_3。但这里将权重的初始值设为 $(w_0, w_1, w_2, w_3)=(-5, 1, 1, 1)$，学习系数设为 $\rho=1$。另外，学习模式按照从 $\boldsymbol{x}_1$ 到 $\boldsymbol{x}_8$ 的顺序反复提供。

学习结果如表 2.1 所示。在这个学习中，把 1 个模式的处理看作一次重复，将它记在表的第 2 列。由于学习模式为 8 种，所以 8 次重复相当于 1 个回合，这记在第 1 列中。

表 2.1 中的第 3 列和第 4 列分别表示了处理后的模式及其所属类。接着记录的是扩展特征向量和扩展权重向量的内容，前者是固定的，而后者在学习过程中会适当更新。扩展特征向量的 x_0 恒等为 1。

表 2.1 中的 $g(\boldsymbol{x})$ 是每次重复计算的线性识别函数的值，分别用○和 × 表示模式是否被正确识别。如果没有正确识别，则进行权重修正，修正后的权重作为新的权重 w_0', w_1', w_2', w_3'，记在表 2.1 的最后 4 列。

表 2.1　通过感知器学习权重的过程

回合	重复	模式	类	扩展特征向量				扩展权重向量				$g(\boldsymbol{x})$	正（○）误（×）	新的权重			
				x_0	x_1	x_2	x_3	w_0	w_1	w_2	w_3			w_0'	w_1'	w_2'	w_3'
1	1	$\boldsymbol{x}_1$	ω_1	1	1	1	1	−5	1	1	1	−2	×	−4	2	2	2
	2	$\boldsymbol{x}_2$	ω_1	1	0	1	1	−4	2	2	2	0	×	−3	2	3	3
	3	$\boldsymbol{x}_3$	ω_1	1	1	0	1	−3	2	3	3	2	○				
	4	$\boldsymbol{x}_4$	ω_1	1	1	1	0	−3	2	3	3	2	○				

（续）

回合	重复	模式	类	扩展特征向量				扩展权重向量				$g(x)$	正（○）误（×）	新的权重			
				x_0	x_1	x_2	x_3	w_0	w_1	w_2	w_3			w'_0	w'_1	w'_2	w'_3
1	5	$\boldsymbol{x}_5$	ω_2	1	0	0	0	−3	2	3	3	−3	○				
	6	$\boldsymbol{x}_6$	ω_2	1	1	0	0	−3	2	3	3	−1	○				
	7	$\boldsymbol{x}_7$	ω_2	1	0	1	0	−3	2	3	3	0	×	−4	2	2	3
	8	$\boldsymbol{x}_8$	ω_2	1	0	0	1	−4	2	2	3	−1	○				
2	9	$\boldsymbol{x}_1$	ω_1	1	1	1	1	−4	2	2	3	3	○				
	10	$\boldsymbol{x}_2$	ω_1	1	0	1	1	−4	2	2	3	1	○				
	11	$\boldsymbol{x}_3$	ω_1	1	1	0	1	−4	2	2	3	1	○				
	12	$\boldsymbol{x}_4$	ω_1	1	1	1	0	−4	2	2	3	0	×	−3	3	3	3
	13	$\boldsymbol{x}_5$	ω_2	1	0	0	0	−3	3	3	3	−3	○				
	14	$\boldsymbol{x}_6$	ω_2	1	1	0	0	−3	3	3	3	0	×	−4	2	3	3
	15	$\boldsymbol{x}_7$	ω_2	1	0	1	0	−4	2	3	3	−1	○				
	16	$\boldsymbol{x}_8$	ω_2	1	0	0	1	−4	2	3	3	−1	○				
3	17	$\boldsymbol{x}_1$	ω_1	1	1	1	1	−4	2	3	3	4	○				
	18	$\boldsymbol{x}_2$	ω_1	1	0	1	1	−4	2	3	3	2	○				
	19	$\boldsymbol{x}_3$	ω_1	1	1	0	1	−4	2	3	3	1	○				
	20	$\boldsymbol{x}_4$	ω_1	1	1	1	0	−4	2	3	3	1	○				
	21	$\boldsymbol{x}_5$	ω_2	1	0	0	0	−4	2	3	3	−4	○				
	22	$\boldsymbol{x}_6$	ω_2	1	1	0	0	−4	2	3	3	−2	○				

重复进行该处理后，在表 2.1 第 2 列重复的 15 ～ 22 记录了连续正确识别出 8 种模式，因此此时可以判定为收敛。也就是说，在第 3 回合的中途重复 22 次收敛⊖。最终得到的权重是

$$(w_0, w_1, w_2, w_3) = (-4, 2, 3, 3) \tag{2.35}$$

因此，根据式（2.28），决策边界在三维特征空间上的平面得到

$$-4 + 2x_1 + 3x_2 + 3x_3 = 0 \tag{2.36}$$

式（2.36）在图 2.10 中呈现为平面 H。图 2.10 中的 $\boldsymbol{w}$ 是平面 H 的法向量，y 是法线方向的投影轴。可以确定平面 H 是正确识别 2 个类 (c=2) 的决策边界。

⊖ 也可以在每一个回合结束时进行收敛判定。在这种情况下，该问题在 3 回合结束时，即在重复 24 中被判定为收敛。但是，重复 23、24 是模式 $\boldsymbol{x}_7$、$\boldsymbol{x}_8$ 的处理，这些已经被重复 15、16 中正确识别，所以不需要重复 23、24。

如表 2.1 所示，权重的修正共进行了 5 次，即表 2.1 第 2 列重复的 1、2、7、12、14，每次都得到了新的权重。学习过程如图 2.11 所示。图 2.11 中显示了初始状态的 y 轴以及权重修正后的 y 轴上各模式是如何投影的。不过，为了便于查看，投影后只移动 w_0，通过 y 轴上的值的正负来进行识别判定。在投影轴上的模式位置与模式名称 $\boldsymbol{x}_p$ 一起用●和○表示。可以观察到在图 2.10 的 y 轴上以零为阈值分离 2 个类（c=2）的过程。另外，●和○的合计与模式数 8 不一致，是因为投影值相同的模式在图 2.10 中有重叠。其他的实验案例可参见习题 2.2。

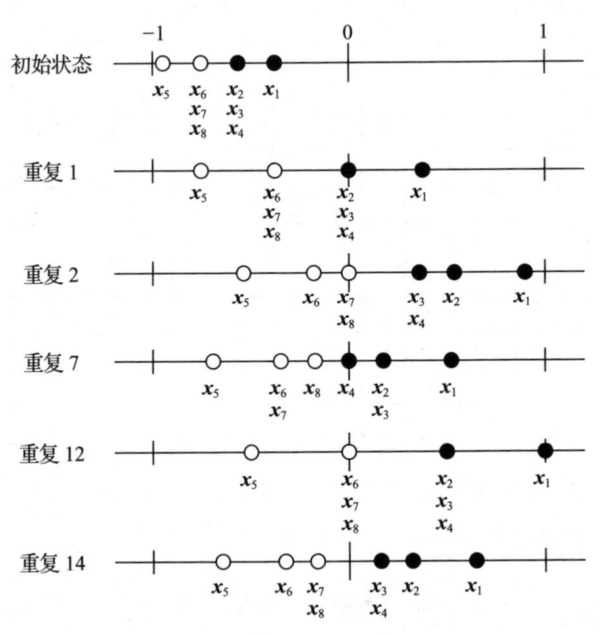

图 2.11　在投影轴上观察到的学习过程

2.5　分段线性识别函数

（1）分段线性识别函数的功能

到目前为止处理的是线性可分离的情况。图 2.12 是线性不可分离分布的示例 (d=2, c=3)。在这种情况下，用目前的线性识别函数无法进行类间分离。换句话说，如果每个类只有 1 个原型，那么无论将原型放在哪个位置，都无法通过 NN 法正确识别学习模式。

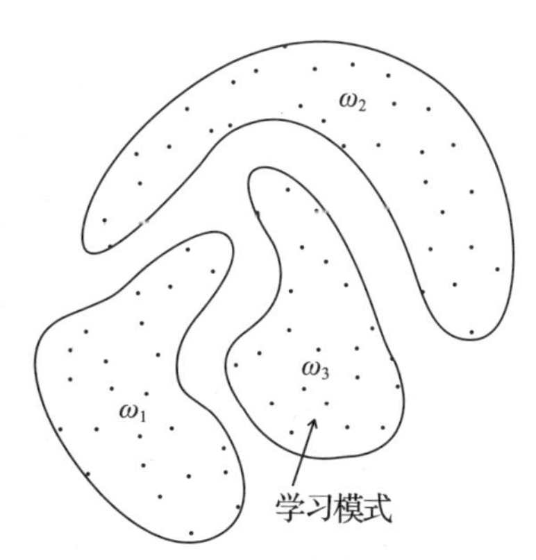

图 2.12　线性不可分离的分布

要解决这一问题，只需增加原型的数量即可。前面已经说过，极端的情况就是全数存储方式，即直接将所有学习模式作为原型的方法。图 2.13a 是每个类使用多个原型，通过 NN 法尝试类间分离的例子。如图 2.13 所示，特征空间被包含各原型的闭合区域（图中的虚线）进行了细致的分割。由某个原型规定的闭合区域表示了以该原型为最近邻的模式的存在范围。换句话说，各区域表示各原型所覆盖的范围。这种图被称为沃罗诺伊图（Voronoi diagram）。相邻的两个区域的原型属于不同类时，该区域的边界是分离类的决策边界（图中的粗线）[⊖]。

如果限于类间分离的目的，可以省略虽然代表模式的分布，但对决策边界的决定没有贡献的原型。图 2.13b 是将原型数量减少约一半的例子。图 2.13c 则将原型增加到全部学习模式，采用全数存储方式。可以看出，无论是哪种情况，都能正确地分离类，随着原型数量的增加，决策边界也会变得平滑。

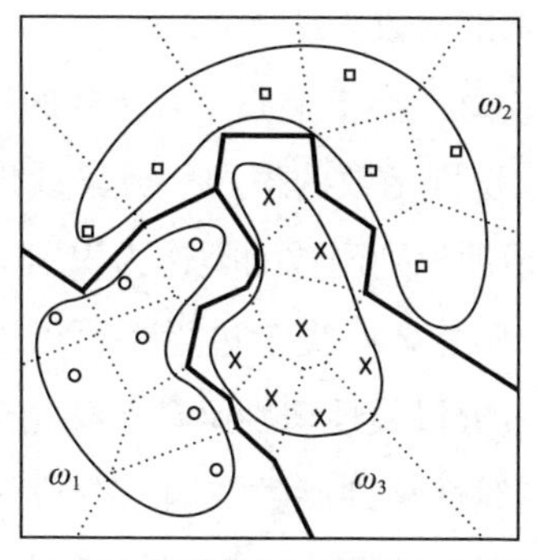

a）每个类别有多个（多数）原型

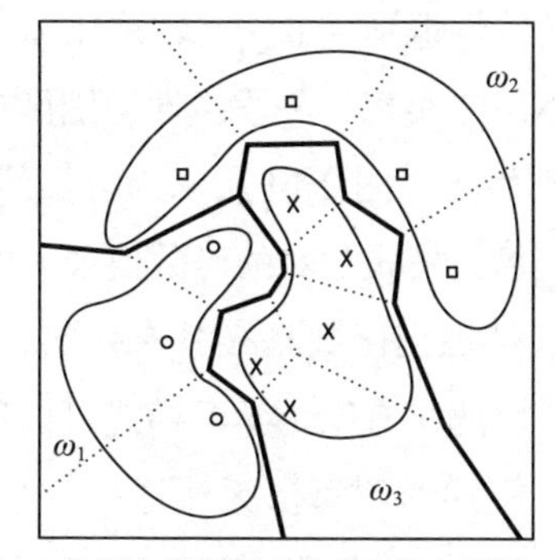

b）每个类别有多个（少数）原型

图 2.13　根据分段线性识别函数的类间分离

⊖ 在这个例子中，为了简单起见没有设置剔除区域。

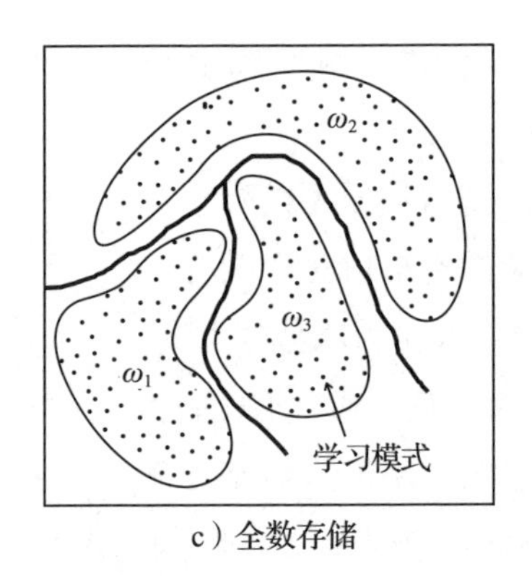

c）全数存储

图 2.13　根据分段线性识别函数的类间分离（续）

在上面的例子中也很明显，决策边界是由超平面的组合（在这个例子中是粗折线）构成的。考虑关于原型和线性识别函数的 2.2 节的讨论，可以知道这里使用的识别函数是由多个线性识别函数的组合来表示的。也就是说，类 ω_i 的识别函数 $g_i(\boldsymbol{x})$ 由 L_i 个线性识别函数 $g_i^{(l)}(\boldsymbol{x})(l=1,\cdots,L_i)$ 表示为

$$g_i(\boldsymbol{x}) = \max_{l=1,\cdots,L_i}\{g_i^{(l)}(\boldsymbol{x})\} \tag{2.37}$$

$$g_i^{(l)}(\boldsymbol{x}) = w_{i0}^{(l)} + \sum_{j=1}^{d} w_{ij}^{(l)} x_j \quad (i=1,2,\cdots,c) \tag{2.38}$$

式中，L_i 表示类 ω_i 的原型数。这种识别函数 $g_i(\boldsymbol{x})$ 称为分段线性识别函数。另外，将上式中的线性识别函数 $g_i^{(l)}(\boldsymbol{x})$ 称作辅助识别函数（习题 2.3）。

结果 NN 法实现了分段线性识别函数，每个类 1 个原型 $(L_i=1)$ 的特殊情况就是线性识别函数。图 2.14 所示为分段线性识别函数的框图。分段线性识别函数是将具有与输入模式相对的函数值最大的辅助识别函数的类作为识别结果输出。

分段线性识别函数是极其有效的，任何复杂的决策边界都可以以任意的精度来近似。因此，有限个学习模式可以通过分段线性识别函数按类完全分离。但遗憾的是，上述学习算法无法适用于分段线性识别函数。因为分段线性识别函数不是 Φ 函数。要想通过学习求出分段线性识别函数，就必须学习得出辅助识别函数的个数 L_i 和它们的权重。前者通过事先将 L_i 设定得较大，可以避免学习问题，但会造成很多浪费。如果辅助识别函数的总数受到限制，那么在类间移动

辅助识别函数的步骤也需要包含在学习中。分段线性识别函数的学习方法在文献 [Nil65] 中有介绍。如果将分段线性识别函数的学习理解为是原型配置的优化问题，就会变成前面提到的学习向量量化。关于分段线性识别函数还有很多需要探讨的部分，例如最优解的收敛条件等。

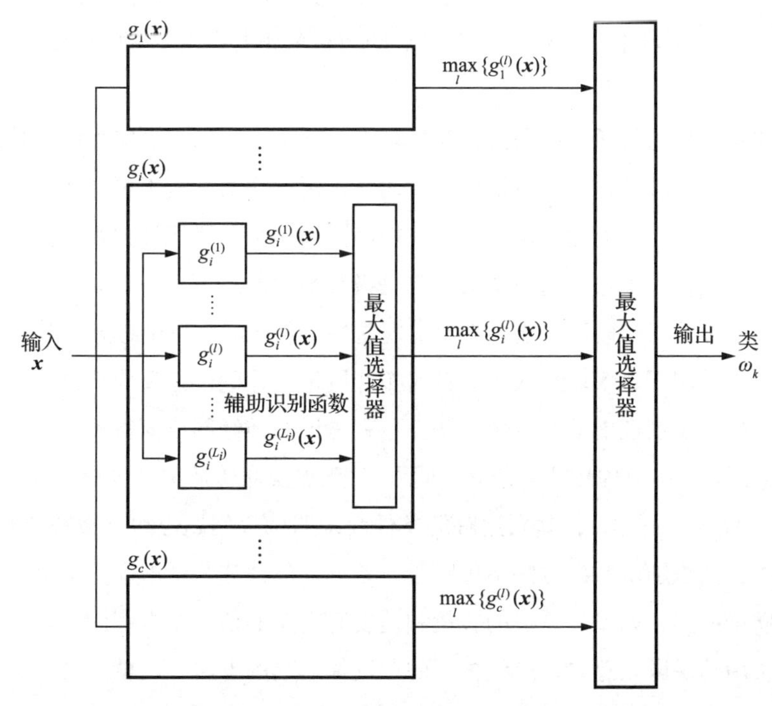

图 2.14　分段线性识别函数

（2）与神经网络的关系

关于神经网络的内容将在 3.3 ～ 3.5 节中进行详细介绍，在此仅对此前的讨论及其与神经网络的关系进行简单的说明。神经网络有各种形态，这里要介绍的是前馈型多层神经网络㊀。在本书中，说到神经网络，指的就是前馈型的多层神经网络。

实际上，神经网络已经被证明在极限下与分段线性识别率函数是等价的

㊀ 也被称为层状神经网络。

[Nil65][1]。考虑到神经网络实现了非线性识别函数，而分段线性识别函数可以在任意的精度下近似非线性识别函数，可以直观地看出两者是等价的。实际上，两者也有共同点。例如，采用神经网络时，在学习之前必须确定中间层的数量和神经元的数量，这与必须确定分段线性识别函数中辅助识别函数的数量（原型数）相同。另外，众所周知，随着中间层和神经元数量的增加，神经网络的识别能力也会提高，这相当于随着辅助识别函数的数量的增加，复杂的决策边界也随之建立。

如果神经网络等价于分段线性识别函数，那么两者的识别能力没有差异也是显而易见的。也就是说，仅就识别问题而言，用以往的方法不可能解决的问题在神经网络上也不一定就能解决。无论是神经网络还是分段线性识别函数，在能够以任意精度近似决策边界这一意义上都是极其强大的。不过，这只能说明两者的潜在识别能力较强，而能否通过学习实现这种识别性能则完全是另一个问题。

在这种情况下，实验证实了，针对神经网络设计的误差反向传播法是一种能够获得较好的识别性能的有效学习法。也就是说，神经网络值得关注的不是其识别能力，而是误差反向传播法的学习能力[2]。误差反向传播法可以看作是分段线性识别函数的学习法之一，其到达解的条件尚未明确等问题点也与以往方法相同。获得分段线性识别函数的方法不仅限于误差反向传播法。学习向量量化也是其中的一个候选方案，如果计算机的容量和速度有富余的话，全数存储方式也可以成为十分实用的手段。总之，应该根据问题选择适当的方法，也就是必须避免不考虑问题的性质而应用神经网络。

心得

感知器是学习模型的基础——被误解的明斯基

罗森布拉特1957年提出的感知器在计算机上实现了人类的智慧活动的“学习”而备受关注，成为第一次神经网络热潮的开端。但是，之后有人揭示了感知

[1] 但是，文献[Nil65]所介绍的神经网络是使用阈值函数作为非线性要素的古典神经网络，与使用Sigmoid函数的现代神经网络不同。但是，由于Sigmoid函数在极限下与阈值函数等价，所以可以认为这个结论在本质上也适用于现代神经网络。

[2] 此外，函数近似能力也值得注意，但本书不涉及。

器的局限性，人工智能的研究迎来了漫长的寒冬。一般认为其原因是马文·明斯基（Marvin Minsky）在其著作 [MP69] 中批评了感知器。但是，他自己对此进行了如下的反驳 [MP88]。

- 自著 [MP69] 中主张的是“感知器是能够轻松地解决某些问题的，但用感知器解决大规模的问题时计算代价极大”的内容，丝毫没有打算做出感知器并不重要的评价。
- 如果用一句话概括自著的内容，那就是可以将感知器的计算成本作为问题规模的函数明确地表示出来。
- 感知器在功能和架构方面富有启发性，通过感知器学到的很多东西今后也将继续有效。

不用等明斯基说也知道，感知器才是学习模型的根基，是研究模式识别和学习的人必须学习的基础。即使是深度学习中提到的多层神经网络，由最终层和前一层构成的也是感知器的结构本身。另外，正如前面的“心得”中提到的，支持向量机的构成方法也与感知器相同。实际上，可以认为研究人员在各种场合都深切体会到上述问题。

习题

2.1 在二维特征空间上分布着 3 个类 $\omega_1,\omega_2,\omega_3$ 的学习模式。这里，想实现以各类的平均向量为原型的最小距离识别法。各类的原型 $\mathbf{p}_1,\mathbf{p}_2,\mathbf{p}_3$ 如下：

$$\mathbf{p}_1=(4,16)^t,\quad \mathbf{p}_2=(12,6)^t,\quad \mathbf{p}_3=(12,18)^t$$

① 利用这些原型求出实现最小距离识别法的线性识别函数 $g_i(\boldsymbol{x})(i=1,2,3)$。

② 求出所有决策边界 $g_{ij}(\boldsymbol{x})\overset{\text{def}}{=}g_i(\boldsymbol{x})-g_j(\boldsymbol{x})=0(i<j)$，绘制在图表上，并标出判定为类 $\omega_1,\omega_2,\omega_3$ 的各区域。

③ 在上述学习模式的基础上，再加入类 ω_4 的学习模式，其原型 $\mathbf{p}_4$ 为 $\mathbf{p}_4=(2,4)^t$。与上面一样，求出实现基于原型的最小距离识别法的线性识别函数 $g_4(\boldsymbol{x})$。

④ 在图中追加标记决策边界 $g_{i4}(\boldsymbol{x})=0\ (i=1,2,3)$，并标出判定为类 $\omega_1\sim\omega_4$ 的各区域。

⑤ 给出根据识别函数 $g_{i4}(\boldsymbol{x})=0\ (i=1,2,3)$，对模式 $\boldsymbol{x}_1=(2,9)^t$ 和模式 $\boldsymbol{x}_2=(2,11)^t$ 进行识

别的结果。另外，通过在图上绘制模式来确认结果是否正确。

2.2　假设在二维特征空间上的 6 个学习模式 $\boldsymbol{x}_1, \boldsymbol{x}_2, \cdots, \boldsymbol{x}_6$ 给出如下：

$$\boldsymbol{x}_1 = (11,8)^t,\quad \boldsymbol{x}_2 = (10,10)^t,\quad \boldsymbol{x}_3 = (6,3)^t,$$
$$\boldsymbol{x}_4 = (6,5)^t,\quad \boldsymbol{x}_5 = (2,8)^t,\quad \boldsymbol{x}_6 = (1,2)^t$$

式中，$\boldsymbol{x}_1, \boldsymbol{x}_2, \cdots, \boldsymbol{x}_6$ 属于类 ω_1，$\boldsymbol{x}_4, \boldsymbol{x}_5, \boldsymbol{x}_6$ 属于类 ω_2。现在设线性函数为：

$$g(\boldsymbol{x}) = w_0 + w_1 x_1 + w_2 x_2$$

对于学习模式 $\boldsymbol{x}_p (p=1,\cdots,6)$，为了得到

$g(\boldsymbol{x}_p)>0$（当 $\boldsymbol{x}_p$ 属于类 ω_1 时）

$g(\boldsymbol{x}_p)<0$（当 $\boldsymbol{x}_p$ 属于类 ω_2 时）

要确定权重 w_0, w_1, w_2。

① 用感知器的学习规则计算权重 w_0, w_1, w_2。其中，设权重的初始值为 $(w_0, w_1\ w_2)=(-54, 13, -15)$，学习系数 $\rho=1$。另外，学习模式按照从 $\boldsymbol{x}_1$ 到 $\boldsymbol{x}_6$ 的顺序重复给出。

② 在二维特征空间上绘制学习模式，并且图示出由初始值设定的权重所确定的决策边界。

③ 图示出由应用感知器的学习规则获得的权重确定的决策边界。

2.3　在二维特征空间上给出了 8 个学习模式 $\boldsymbol{x}_1, \boldsymbol{x}_2, \cdots, \boldsymbol{x}_8$ 如下，$\boldsymbol{x}_1 \sim \boldsymbol{x}_4$ 属于类 ω_1，$\boldsymbol{x}_5 \sim \boldsymbol{x}_8$ 属于类 ω_2。

$$\boldsymbol{x}_1 = (3,0)^t,\quad \boldsymbol{x}_2 = (4,3)^t,\quad \boldsymbol{x}_3 = (6,4)^t,\quad \boldsymbol{x}_4 = (7,1)^t,$$
$$\boldsymbol{x}_5 = (1,2)^t,\quad \boldsymbol{x}_6 = (3,5)^t,\quad \boldsymbol{x}_7 = (4,6)^t,\quad \boldsymbol{x}_8 = (0,3)^t,$$

① 作为识别方法，采用全部 8 个学习模式作为原型，应用最近邻法（识别方法 1）。图示出由该识别法确定的分段线性识别函数的决策边界。

② 图示出应用最小距离识别法（识别法 2）时的决策边界，该最小距离识别法以每个类的学习模式的平均值为原型。

③ 分别表示用识别法 1、2 识别测试模式 $\boldsymbol{x}_9 = (3,3)^t$ 时的结果。

CHAPTER 3

第 3 章

基于误差评价的学习

3.1 平方误差最小化学习

（1）用于学习的评价函数

第 2 章介绍的感知器学习规则的缺点是线性可分离，即必须以存在使错误识别为 0 的线性识别函数为前提。对于线性不可分离的学习模式，无限重复纠错程序也不能达到解。如果判断出不存在收敛的可能性，即使中途停止重复，也不能保证此时得到的权重是最优的。Ho-Kashyap 算法 [DH73] 在学习的过程中能够检测出线性不可分离的方法，但通常很难事先确认是否可以线性分离。因此，下面将介绍适用于线性不可分离情况的一般学习算法，这个算法的基本框架基于定义出的评价函数并将其最小化的想法。非常重要的事实是，以下所述的学习算法都与贝叶斯判定准则密切相关。关于这一点，将在第 9 章详细说明。

假设学习模式由 n 个模式 $\boldsymbol{x}_1, \boldsymbol{x}_2, \cdots, \boldsymbol{x}_n$ 组成。现在，预先确定输入第 p 个模式 $\boldsymbol{x}_p(p=1,2,\cdots,n)$ 时，第 $i(i=1,2,\cdots,c)$ 个识别函数 $g_i(\boldsymbol{x}_p)$ 的期望输出值为 b_{ip}。b_{ip} 称为监督信号。此外，如果用向量 $(g_1(\boldsymbol{x}_p), g_2(\boldsymbol{x}_p), \cdots, g_c(\boldsymbol{x}_p))^t$ 表示 c 个识别函数的输出值，则与之对应的监督信号同样用向量表示为 $(b_{1p}, b_{2p}, \cdots, b_{cp})^t$。这种向量标记的监督信号称为监督向量。根据识别函数的特性，监督向量的各分量必须被设定为

$$b_{ip} > b_{jp} \quad (j \neq i, \boldsymbol{x}_p \in \omega_i) \tag{3.1}$$

如果对属于类 ω_i 的所有模式分配相同的监督向量 $\mathbf{t}_i$，那么准备 $\mathbf{t}_1,\mathbf{t}_2,\cdots,\mathbf{t}_c$ 这 c 个监督向量即可。作为监督向量 $\mathbf{t}_i$，比如选择只有第 i 个分量为 1 而其他为 0 的 c 维单位向量

$$\mathbf{t}_i=(\overset{1}{0},\cdots,0,\overset{i}{1},0,\cdots,\overset{c}{0})\quad(i=1,\cdots,c) \tag{3.2}$$

也是一种方法，即令

$$\boldsymbol{x}_p\in\omega_i\text{，若 }(b_{1p},b_{2p},\cdots,b_{cp})^t=\mathbf{t}_i \tag{3.3}$$

关于监督向量，我们将在 8.2 节及 9.1 节中再次提及。

输入模式 $\boldsymbol{x}_p$ 的实际输出与监督信号的误差 ε_{ip} 为：

$$\varepsilon_{ip}=g_i(\boldsymbol{x}_p)-b_{ip} \tag{3.4}$$

将式（3.4）的平方和定义为评价函数 J_p，则 J_p 作为权重向量 $\mathbf{w}_i$ 的函数，可写为如下形式[⊖]：

$$J_p(\mathbf{w}_1,\mathbf{w}_2,\cdots,\mathbf{w}_c)=\frac{1}{2}\sum_{i=1}^{c}\varepsilon_{ip}^2 \tag{3.5}$$

$$=\frac{1}{2}\sum_{i=1}^{c}(g_i(\boldsymbol{x}_p)-b_{ip})^2 \tag{3.6}$$

$$=\frac{1}{2}\sum_{i=1}^{c}(\mathbf{w}_i^t\mathbf{x}_p-b_{ip})^2 \tag{3.7}$$

式中，$\mathbf{x}_p$ 是与 $\boldsymbol{x}_p$ 对应的扩展特征向量。

所有模式的平方误差 J 为

$$J(\mathbf{w}_1,\mathbf{w}_2,\cdots,\mathbf{w}_c)=\sum_{p=1}^{n}J_p(\mathbf{w}_1,\mathbf{w}_2,\cdots,\mathbf{w}_c) \tag{3.8}$$

$$=\frac{1}{2}\sum_{p=1}^{n}\sum_{i=1}^{c}(g_i(\boldsymbol{x}_p)-b_{ip})^2 \tag{3.9}$$

$$=\frac{1}{2}\sum_{p=1}^{n}\sum_{i=1}^{c}(\mathbf{w}_i^t\mathbf{x}_p-b_{ip})^2 \tag{3.10}$$

⊖ 乘以系数 1/2 是为了简化式（3.14）的标记。

因此，最优的权重向量是求出可以使式（3.10）最小化的解。这种权重向量的优化方法被称为平方误差最小化学习。

（2）封闭形式的解

对于权重向量 $\mathbf{w}=(w_0,w_1,\cdots,w_d)^t$ 的函数 $J(\mathbf{w})$，用梯度向量定义为

$$\nabla J=\frac{\partial J}{\partial \mathbf{w}}=\left(\frac{\partial J}{\partial w_0},\frac{\partial J}{\partial w_1},\cdots,\frac{\partial J}{\partial w_d}\right)^t \tag{3.11}$$

此后，与类 ω_i 的权重向量 $\mathbf{w}_i$ 对应的梯度向量用 $\nabla_i J$ 或 $\partial J/\partial \mathbf{w}_i$ 表示。另外，关于向量的微分可参照附录 A.2（下同）。

求 $J(\mathbf{w}_1,\mathbf{w}_2,\cdots,\mathbf{w}_c)$ 的最小解的直接方法是求解

$$\frac{\partial J}{\partial \mathbf{w}_i}=\nabla_i J=\mathbf{0}\quad (i=1,2,\cdots,c) \tag{3.12}$$

即求式（3.10）的解：

$$\frac{\partial J}{\partial \mathbf{w}_i}=\sum_{p=1}^{n}\frac{\partial J_p}{\partial \mathbf{w}_i} \tag{3.13}$$

$$=\sum_{p=1}^{n}(\mathbf{w}_i^t\mathbf{x}_p-b_{ip})\mathbf{x}_p=\mathbf{0}\quad (i=1,2,\cdots,c) \tag{3.14}$$

现在将 $n\times(d+1)$ 型矩阵 $\mathbf{X}$ 和 n 维向量 $\mathbf{b}_i$ 定义如下：

$$\mathbf{X}\overset{\text{def}}{=\!=}(\mathbf{x}_1,\mathbf{x}_2,\cdots,\mathbf{x}_n)^t \tag{3.15}$$

$$\mathbf{b}_i\overset{\text{def}}{=\!=}(b_{i1},b_{i2},\cdots,b_{in})^t\quad (i=1,2,\cdots,c) \tag{3.16}$$

则表达式（3.10）和式（3.14）分别可以简化为⊖

$$J(\mathbf{w}_1,\mathbf{w}_2,\cdots,\mathbf{w}_c)=\frac{1}{2}\sum_{i=1}^{c}\|\mathbf{X}\mathbf{w}_i-\mathbf{b}_i\|^2 \tag{3.17}$$

$$\frac{\partial J}{\partial \mathbf{w}_i}=\mathbf{X}^t(\mathbf{X}\mathbf{w}_i-\mathbf{b}_i)=\mathbf{0}\quad (i=1,2,\cdots,c) \tag{3.18}$$

⊖ 请注意不要将式（3.16）的向量 $\mathbf{b}_i$ 与式（3.3）的监督向量 $(b_{1p}, b_{2p},\cdots, b_{cp})^t$ 混淆。向量所包含的元素都是监督信号 b_{ip}，前者是将 p 从 1 变化到 n 而得到的 n 维向量，后者是将 i 从 1 变化到 c 而得到的 c 维向量。

矩阵 $\mathbf{X}$ 称为模式矩阵。由式（3.18）可得

$$\mathbf{X}^t\mathbf{X}\mathbf{w}_i = \mathbf{X}^t\mathbf{b}_i \quad (i = 1, 2, \cdots, c) \tag{3.19}$$

这里，假设 $(d+1)\times(d+1)$ 型矩阵 $\mathbf{X}^t\mathbf{X}$ 是非奇异矩阵，则有

$$\mathbf{w}_i = (\mathbf{X}^t\mathbf{X})^{-1}\mathbf{X}^t\mathbf{b}_i \quad (i = 1, 2, \cdots, c) \tag{3.20}$$

如上所示，求 $\|\mathbf{X}\mathbf{w}_i - \mathbf{b}_i\|^2$ 的最小解 $\mathbf{w}_i = (\mathbf{X}^t\mathbf{X})^{-1}\mathbf{X}^t\mathbf{b}_i$ 的过程，与将 $\mathbf{x}_p$ 作为说明变量和将 b_{ip} 作为目的变量的多元回归分析的方法相同。这样求出的 $\mathbf{w}_i$ 是全局最优解，是唯一的最小的点。详细内容请参照习题 3.1。

式（3.2）表示不同的类使用不同的监督向量（相互更容易区别的）来对应。另外，最小化式（3.10）表示将属于同一类的模式集中在同一监督向量附近。因此，上述处理相当于在类间方差一定的情况下的类内方差的最小化，也可以解释为线性识别法的特殊情况。关于这一点将在 9.1 节再次论述。

（3）逐次近似解（威德罗 · 霍夫学习规则）

上述方法不能应用于 $\mathbf{X}^t\mathbf{X}$ 的奇异矩阵情况，而且在 d 值较大的情况下，求逆矩阵的计算量会很庞大，因此不太实用。作为替代方法，这里将介绍通过逐次近似来确定权重的方法。这种方法中最常用的是最速下降法，即权重向量由

$$\mathbf{w}_i' = \mathbf{w}_i - \rho \cdot \frac{1}{n} \cdot \frac{\partial J}{\partial \mathbf{w}_i} \tag{3.21}$$

$$= \mathbf{w}_i - \rho \cdot \frac{1}{n} \cdot \sum_{p=1}^{n} \frac{\partial J_p}{\partial \mathbf{w}_i} \quad (i = 1, 2, \cdots, c) \tag{3.22}$$

逐次更新，最终到达 J 的最小解。这里，ρ 是在式（2.25）、式（2.26）中已经导入的学习系数，是正的常数。

式（3.21）和式（3.22）表示在全部学习模式示出后，一并进行权重修正。这种学习方法被称为批量学习。在式（3.21）和式（3.22）中，为了不需要根据模式数调整 ρ，用 n 除 ρ。

另外，每次给出模式时也可进行修正，这种学习法被称为在线学习。在这种情况下权重的修改可由下式表示：

$$\mathbf{w}_i' = \mathbf{w}_i - \rho \frac{\partial J_p}{\partial \mathbf{w}_i} \quad (i=1,2,\cdots,c) \tag{3.23}$$

批量学习、在线学习的中间学习法是小批量学习。在这种学习方法中，将 n 个学习模式分为 m 组 $(1 \leqslant m \leqslant n)$，在各组的全部模式给出来后进行权重修正。也就是说，$m=1$ 时相当于批量学习，$m=n$ 时相当于在线学习。批量学习中每个回合进行 1 次权重修正，在线学习中每个回合进行 n 次权重修正，小批量学习中每个回合进行 m 次权重修正。

下面以在线学习为例进行说明。为了简单起见，将 $g_i(\boldsymbol{x}_p)$ 简略记为 g_{ip}，则有

$$\frac{\partial J_p}{\partial \mathbf{w}_i} = \frac{\partial J_p}{\partial g_{ip}} \cdot \frac{\partial g_{ip}}{\partial \mathbf{w}_i} \tag{3.24}$$

上式右边第 1 项可由式（3.6）得到

$$\frac{\partial J_p}{\partial g_{ip}} = g_{ip} - b_{ip} = \varepsilon_{ip} \tag{3.25}$$

第 2 项由 $g_{ip} = \mathbf{w}_i^t \mathbf{x}_p$ 得到

$$\frac{\partial g_{ip}}{\partial \mathbf{w}_i} = \mathbf{x}_p \tag{3.26}$$

因此式（3.24）可写为

$$\frac{\partial J_p}{\partial \mathbf{w}_i} = (g_{ip} - b_{ip})\mathbf{x}_p \tag{3.27}$$

$$= \varepsilon_{ip} \mathbf{x}_p \tag{3.28}$$

将式（3.28）代入式（3.23），就得到作为权重向量的修正法的表达式

$$\mathbf{w}_i' = \mathbf{w}_i - \rho \varepsilon_{ip} \mathbf{x}_p \tag{3.29}$$

$$= \mathbf{w}_i - \rho (g_{ip} - b_{ip}) \mathbf{x}_p \tag{3.30}$$

$$= \mathbf{w}_i - \rho (\mathbf{w}_i^t \mathbf{x}_p - b_{ip}) \mathbf{x}_p \quad (i=1,2,\cdots,c) \tag{3.31}$$

在批量学习的情况下，通过将式（3.28）代入式（3.22）可得

$$\mathbf{w}_i' = \mathbf{w}_i - \rho \cdot \frac{1}{n} \cdot \sum_{p=1}^{n} \varepsilon_{ip} \mathbf{x}_p \tag{3.32}$$

$$= \mathbf{w}_i - \rho \cdot \frac{1}{n} \cdot \sum_{p=1}^{n} (\mathbf{w}_i^t \mathbf{x}_p - b_{ip}) \mathbf{x}_p \quad (i = 1, 2, \cdots, c) \tag{3.33}$$

小批量学习的权重修正也可以同样执行。这被称为威德罗·霍夫的学习规则（Widrow-Hoff learning rule）。也被称为 delta 法则 [RM86]。

这种方法适用于学习模式线性可分离和不可分离的任何情况。在线性不可分离的情况下，当然不能实现零错误识别，也不能保证可最小化地实现错误识别模式的数量。而且，即使线性可分离，也不一定能实现零错误识别。因此，在使用这种方法时，需要注意到以下这些问题。

（4）2个类（c=2）的情况

识别对象为2个类 $(c = 2)$ 时，与式（2.19）相比，权重向量只需一个即可，可用下式代替式（3.7）

$$J_p(\mathbf{w}) = \frac{1}{2}(g(\boldsymbol{x}_p) - b_p)^2 = \frac{1}{2}(\mathbf{w}^t \mathbf{x}_p - b_p)^2 \tag{3.34}$$

式中，b_p 作为监督信号，比如可以考虑如下的设定方法：

$$b_p \begin{cases} +1 & (\boldsymbol{x}_p \in \omega_1) \\ -1 & (\boldsymbol{x}_p \in \omega_2) \end{cases} \quad (p = 1, \cdots, n) \tag{3.35}$$

平方误差 $J(\mathbf{w})$ 由式（3.8）和式（3.34）得到

$$J(\mathbf{w}) = \sum_{p=1}^{n} J_p(\mathbf{w}) \tag{3.36}$$

$$= \frac{1}{2}\sum_{p=1}^{n}(g(\boldsymbol{x}_p) - b_p)^2 = \frac{1}{2}\sum_{p=1}^{n}(\mathbf{w}^t \mathbf{x}_p - b_p)^2 \tag{3.37}$$

这里，把 $\mathbf{b}$ 定义为

$$\mathbf{b} \stackrel{\text{def}}{=} (b_1, b_2, \cdots, b_n)^t \tag{3.38}$$

向量 $\mathbf{b}$ 的各分量 $b_p (p = 1, \cdots, n)$ 服从式（3.35）。

作为封闭形式的解，它变形为

$$J(\mathbf{w}) = \frac{1}{2} \| \mathbf{X}\mathbf{w} - \mathbf{b} \|^2 \tag{3.39}$$

与式（3.18）一样，令 $\partial J/\partial \mathbf{w}=\mathbf{0}$，由此得到

$$\mathbf{w}=(\mathbf{X}^t\mathbf{X})^{-1}\mathbf{X}^t\mathbf{b} \tag{3.40}$$

另外，作为逐次近似法的威德罗·霍夫的学习规则是

$$\mathbf{w}'=\mathbf{w}-\rho(\mathbf{w}^t\mathbf{x}_p-b_p)\mathbf{x}_p \quad \text{（在线学习）} \tag{3.41}$$

$$\mathbf{w}'=\mathbf{w}-\rho\cdot\frac{1}{n}\cdot\sum_{p=1}^{n}(\mathbf{w}^t\mathbf{x}_p-b_p)\mathbf{x}_p \quad \text{（批量学习）} \tag{3.42}$$

（5）关于威德罗·霍夫学习规则的实验

下面通过简单的实验来确认上述的学习方法的过程及其有效性。所使用的数据与图 2.4 相同，均为一维特征空间，即分布在数轴上的 6 个学习模式 $\boldsymbol{x}_1 \sim \boldsymbol{x}_6$。不过，各模式的配置虽与图 2.4 相同，但 $\boldsymbol{x}_1,\boldsymbol{x}_2,\boldsymbol{x}_4$ 属于类 ω_1，$\boldsymbol{x}_3,\boldsymbol{x}_5,\boldsymbol{x}_6$ 属于类 ω_2。学习模式的位置和所属类如图 3.1 所示，它们明显是线性不可分离的。因此，不能适用第 2 章的感知器的学习规则。这里要讲的是 2 个类 $(c=2)$ 的识别问题，所以按本节（4）所讲的步骤来进行讲解。

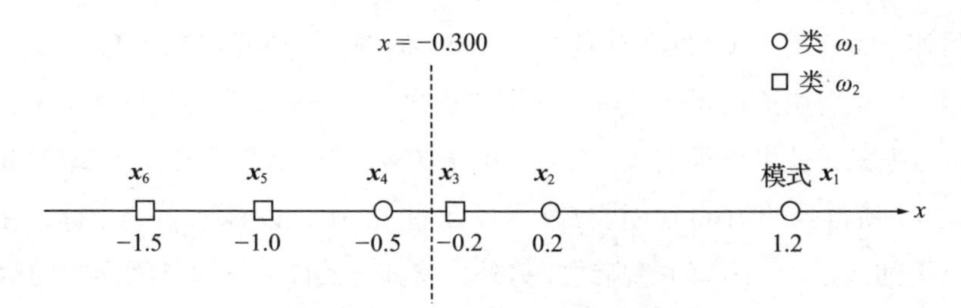

图 3.1　线性不可分离的学习模式

根据式（3.40），先求出封闭形式的解。模式矩阵 $\mathbf{X}^t$ 为

$$\mathbf{X}^t=\begin{pmatrix}1.0 & 1.0 & 1.0 & 1.0 & 1.0 & 1.0\\ 1.2 & 0.2 & -0.2 & -0.5 & -1.0 & -1.5\end{pmatrix} \tag{3.43}$$

$\mathbf{b}$ 由式（3.35）和式（3.38）可得

$$\mathbf{b}=(1,1,-1,1,-1,-1)^t \tag{3.44}$$

如果使用式（3.43），则有

$$(\mathbf{X}^t\mathbf{X})^{-1}\mathbf{X}^t = \begin{pmatrix} 0.267 & 0.200 & 0.173 & 0.153 & 0.120 & 0.086 \\ 0.335 & 0.112 & 0.022 & -0.045 & -0.156 & -0.268 \end{pmatrix} \tag{3.45}$$

由式（3.40）可得到

$$\mathbf{w} = (w_0, w_1)^t = (\mathbf{X}^t\mathbf{X})^{-1}\mathbf{X}^t\mathbf{b} \tag{3.46}$$

$$= (0.241, 0.804)^t \tag{3.47}$$

因为用于分离 2 个类 $(c=2)$ 的决策边界是

$$g(\boldsymbol{x}) = \mathbf{w}^t\mathbf{x} = w_0 + w_1 x = 0 \tag{3.48}$$

可求出

$$x = -\frac{w_0}{w_1} = -\frac{0.241}{0.804} = -0.300 \tag{3.49}$$

这个决策边界在图 3.1 中用虚线表示。由这一结果可见，模式 $\boldsymbol{x}_3$ 和 $\boldsymbol{x}_4$ 被错误识别。但是，在由线性识别函数得到的决策边界中，从为了使平方误差 J 最小化的意义上，这个决策边界是最优的。

另外，关于用式（3.20）代替式（3.40）的例子，参见习题 3.2。

接着，试着按逐次近似求解，即按照威德罗·霍夫的学习规则来求 **w**。只要给出学习模式，就可以根据式（3.39）确定 $J(\mathbf{w})$ 。将学习模式 $\boldsymbol{x}_1 \sim \boldsymbol{x}_6$ 和 **b** 代入式（3.39）所得到的 $J(\mathbf{w})$ 如图 3.2 所示。在图 3.2 中，以 (w_1, w_0) 为坐标，在二维平面上用细线表示 $J(\mathbf{w})$ 的等高线。另外，将式（3.47）作为封闭形式的解求出的 **w** 的最优值 $(w_1, w_0) = (0.804, 0.241)$ 用小黑点表示。如前所述，这个最优值是全局最优解，解是唯一确定的，所以得到的结果不依赖于初始值。这一点从图 3.2 中所示的 $J(\mathbf{w})$ 的形状也可见一斑。

在实验中，权重向量 **w** 的初始值设为在图 2.7 中也使用的 $(w_1, w_0) = (5, 11)$ 。在图 3.2 中，权重的初始值用标记 × 表示。实验针对批量学习和在线学习两方面进行，式（3.41）和式（3.42）的学习系数 $\rho = 0.1$ 。在循环的过程中，$J(\mathbf{w})$ 的变化小于预先设定的阈值 0.01 时判断为收敛，在图 3.2 中用粗线表示了直到收敛

为止的权重向量 **w** 的轨迹。此外，直到收敛为止的 $J(\mathbf{w})$ 值的变化如图 3.3 所示。

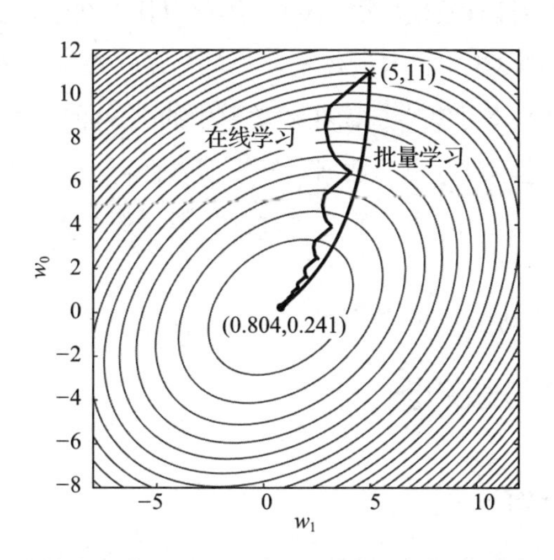

图 3.2 威德罗・霍夫的学习规则（线性不可分离的学习模式）

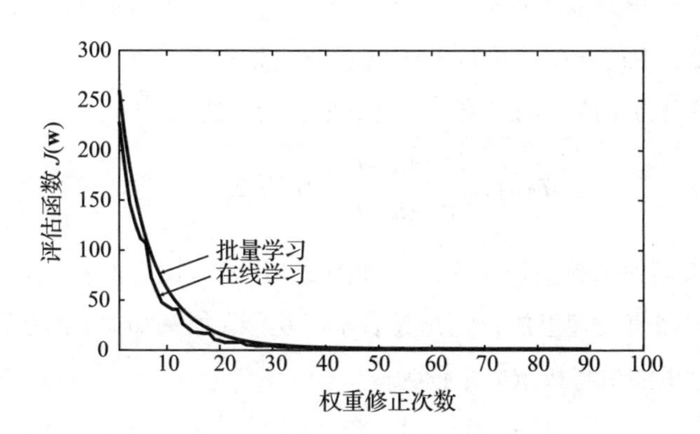

图 3.3 威德罗・霍夫学习规则的收敛过程（线性不可分离的学习模式）

收敛所需的权重修正次数为批量学习的 69 次（与回合数相同）、在线学习的 90 次（回合数 15）。通过图 3.2 可以确认，在批量学习和在线学习中，得到的权重都接近于作为封闭形式解得到的最优值 $(w_1, w_0) = (0.804, 0.241)$。

从图 3.2 可以看出，批量学习中的修正方向与等高线成直角的方向，即 $J(\mathbf{w})$ 的最速下降方向几乎一致。另一方面，在线学习中的个体的修正方向不一定与$J(\mathbf{w})$的最速下降方向一致[⊖]，但是最终大致达到了最优解处。在批量学习中，只需修改一次，就能最有效地减少$J(\mathbf{w})$，因此以比在线学习少的修改次数收敛。

两者的差异在图 3.3 中也有所体现。也就是说，批量学习中的反复修正的过程中，$J(\mathbf{w})$单调且平滑地减少，而在线学习中的$J(\mathbf{w})$的减少趋势缺乏平滑性。

以上，利用线性不可分离的数据对基于误差评价的学习进行了实验。即使将该方法应用于图 2.4 所示的线性可分离数据，得到的结果也不会有太大差异（习题 3.3）。

3.2　误差评价与感知器

（1）二值误差评价

下面对威德罗·霍夫的学习规则和前面提到的感知器的学习规则进行比较。式（3.29）的ε_{ip}项是监督信号与实际输出的差，它与权重的修正量是成比例的。现在，在图 2.3 中的$g_i(\boldsymbol{x}_p)$执行了阈值函数T_i的处理之后，将其重设为$g_i(\boldsymbol{x}_p)$，则$g_i(\boldsymbol{x}_p)$的输出为 1 或 0 的二值。但是，T_i被定义为

$$T_i(u)=\begin{cases}1 & (u>0)\\ 0 & (u<0)\end{cases}\quad (i=1,2,\cdots,c) \tag{3.50}$$

如此一来得到了新的识别系统，如图 3.4 所示。图 3.4 中的阈值逻辑单元由线性加权和与阈值处理组成，也是具有学习功能（如感知器）的多层网络的基本构成要素。这里如果将权重向量设为

$$\begin{cases}\mathbf{w}_i^t\mathbf{x}>0 & (\boldsymbol{x}\in\omega_i)\\ \mathbf{w}_i^t\mathbf{x}<0 & (\boldsymbol{x}\notin\omega_i)\end{cases}\quad (i=1,2,\cdots,c) \tag{3.51}$$

则有

$$\begin{cases}g_i(\boldsymbol{x})=1\\ g_j(\boldsymbol{x})=0\end{cases}\quad (i,j=1,2,\cdots,c,\ j\neq i) \tag{3.52}$$

⊖　与$J_p(\mathbf{w})$的最速下降方向一致。

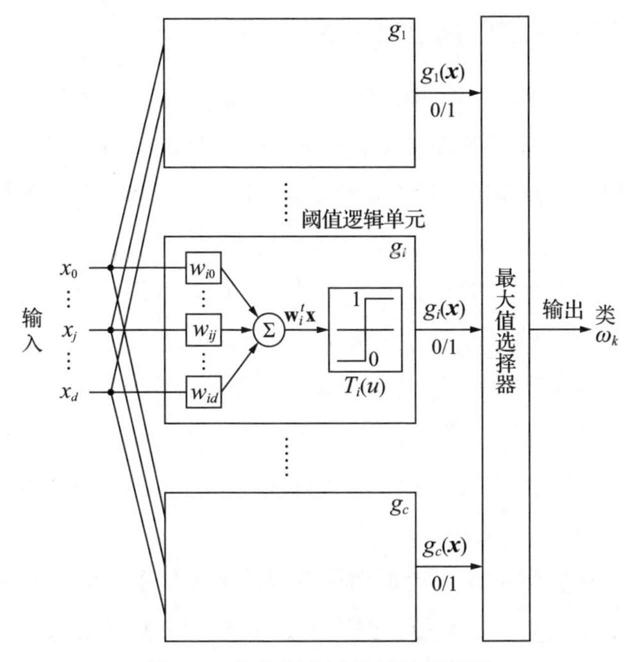

图 3.4　包含阈值函数的识别系统

由图 3.4 的最大值选择器进行识别，也就是将监督信号 b_{ip} 设为

$$b_{ip}=\begin{cases}1 & (\boldsymbol{x}_p\in\omega_i)\\ 0 & (\boldsymbol{x}_p\notin\omega_i)\end{cases}\quad(i=1,2,\cdots,c) \tag{3.53}$$

当将模式 $\boldsymbol{x}_p\in\omega_i$ 误识别为 ω_j 时得到

$$\begin{cases}g_i(\boldsymbol{x}_p)=0, & b_{ip}=1\\ g_j(\boldsymbol{x}_p)=1, & b_{jp}=0\end{cases}\quad(j\neq i)$$

式（3.30）为

$$\begin{cases}\mathbf{w}_i'=\mathbf{w}_i+\rho\cdot\mathbf{x}_p\\ \mathbf{w}_j'=\mathbf{w}_j-\rho\cdot\mathbf{x}_p\end{cases} \tag{3.54}$$

识别结果正确时，$g_i(\boldsymbol{x}_p)-b_{ip}=0$，因此不会发生修正。式（3.54）与式（2.27）相同，可以看出，威德罗・霍夫的学习规则在特殊情况下包含了感知器的学习规则⊖。

⊖ 本节所定义的 $g_i(\boldsymbol{x}_p)$ 由于包含阈值处理而不能微分，严格来说式（3.26）不成立。

(2)根据与超平面的距离进行评价

感知器的学习规则中，识别函数$g_i(\boldsymbol{x}_p)$和监督信号b_{ip}都是二值的，对所有学习模式反复修正权重，直到输出和监督信号一致为止。如果是线性可分离的，则该程序必定能到达错误识别数为0的权重，但在线性不可分离的情况下就不会收敛。

另一方面，威德罗·霍夫的学习规则的目的是将识别函数的输出设为连续值，使之与监督信号的平方误差的总和最小化。因此，对于个别的学习模式来说，根据所得到的权重产生的输出与监督信号之间的差异并不一定很小。即该方法在线性可分离的情况下和线性不可分离的情况下都能保证收敛，但在线性可分离的情况下得到的权重不一定是错误识别为0的权重。这一点与感知器的学习规则不同。

接下来，将感知器的学习规则推导为评估函数最小化的算法。为了简单起见，这里讨论2个类$(c=2)$问题。识别函数由式(2.19)得到$g(\boldsymbol{x})=\mathbf{w}^t\mathbf{x}$，识别方法由式(2.21)定义。

感知器的评价函数如下所述。首先，对模式$\boldsymbol{x}_p(p=1,\cdots,n)$定义函数$J_p(\mathbf{w})$为

$$J_p(\mathbf{w})=\frac{1}{2}(|\mathbf{w}^t\mathbf{x}_p|-b_p\mathbf{w}^t\mathbf{x}_p) \tag{3.55}$$

式中，$|\cdot|$表示绝对值，b_p是式(3.35)中定义的监督信号。对于模式$\boldsymbol{x}_p$，可以很容易地判断出下式成立[⊖]：

$$J_p(\mathbf{w})=\begin{cases}0 & (\text{当正确识别}\boldsymbol{x}_p\text{时})\\ -b_p\mathbf{w}^t\mathbf{x}_p\quad(>0) & (\text{当错误识别}\boldsymbol{x}_p\text{时})\end{cases} \tag{3.56}$$

这里将评价函数$J(\mathbf{w})$定义为

$$J(\mathbf{w})=\sum_{p=1}^{n}J_p(\mathbf{w}) \tag{3.57}$$

如式(3.56)所示，当正确识别所有学习模式$\boldsymbol{x}_1\sim\boldsymbol{x}_n$时，$J(\mathbf{w})=0$，得到最小值[⊜]。

⊖ 当模式$\boldsymbol{x}_p$处于决策边界时，$J(\mathbf{w})=0$，但在式(3.56)中除外。

⊜ 但是，从式(3.55)可以看出，如果$\mathbf{w}=\mathbf{0}$，$J(\mathbf{w})=0$总是成立，但是这个解没有意义，必须排除。

错误识别模式的集合如果用ε表示，很明显从式（3.56）可以得到

$$J(\mathbf{w}) = -\sum_{x_p \in \varepsilon} b_p \mathbf{w}^t \mathbf{x}_p \quad (>0) \tag{3.58}$$

$$= \sum_{x_p \in \varepsilon} | \mathbf{w}^t \mathbf{x}_p | \tag{3.59}$$

但是，如果ε不包含错误识别模式，则定义$J(\mathbf{w}) = 0$。

这里考虑权重空间内的超平面$g(x) = \mathbf{w}^t \mathbf{x} = 0$（见图2.6）。权重向量$\mathbf{w}$与超平面的距离$r$可以通过简单计算求得（习题3.4）：

$$r = \frac{|\mathbf{w}^t \mathbf{x}|}{\|\mathbf{x}\|} \tag{3.60}$$

假设现在错误识别了某个模式，则权重向量从超平面向错误的一侧偏离了r。即r值表示偏离权重向量的正确位置的程度。由式（3.60）得到$|\mathbf{w}^t \mathbf{x}| \propto r$，因此，式（3.59）中的$J(\mathbf{w})$作为感知器的评价函数是有效的，通过最小化$J(\mathbf{w})$，可以得到最佳的$\mathbf{w}$。

因此，可通过最速下降法将式（3.57）中定义的$J(\mathbf{w})$最小化。这里也使用在线学习。用$\mathbf{w}$对式（3.55）的$J_p(\mathbf{w})$进行偏微分，可以得到

$$\frac{\partial J_p(\mathbf{w})}{\partial \mathbf{w}} = \frac{1}{2}(\mathbf{x}_p \cdot \mathrm{sgn}(\mathbf{w}^t \mathbf{x}_p) - b_p \mathbf{x}_p) \tag{3.61}$$

式中的函数sgn(・)定义为

$$\mathrm{sgn}(u) = \begin{cases} 1 & (u > 0) \\ -1 & (u < 0) \end{cases} \tag{3.62}$$

将式（3.61）代入式（3.23），得出下式，权重向量$\mathbf{w}$被逐次修正为新的权重向量$\mathbf{w}'$[⊖]。

$$\mathbf{w}' = \mathbf{w} - \rho \frac{\partial J_p(\mathbf{w})}{\partial \mathbf{w}}$$

$$= \mathbf{w} - \frac{1}{2}\rho(\mathbf{x}_p \cdot \mathrm{sgn}(\mathbf{w}^t \mathbf{x}_p) - b_p \mathbf{x}_p) \tag{3.63}$$

$$= \begin{cases} \mathbf{w} + \rho \cdot \mathbf{x}_p & (x_p \in \omega_1 \text{对于} \mathbf{w}^t \mathbf{x}_p \leqslant 0 \text{时}) \\ \mathbf{w} - \rho \cdot \mathbf{x}_p & (x_p \in \omega_2 \text{对于} \mathbf{w}^t \mathbf{x}_p \geqslant 0 \text{时}) \\ \mathbf{w} & (\text{其他}) \end{cases} \tag{3.64}$$

⊖ 当$\mathbf{w}^t \mathbf{x}_p = 0$时，虽然不是错误识别，但需要修正权重向量。

很明显，式（3.64）与式（2.25）和式（2.26）相同。也就是说，感知器的学习规则等价于通过最速下降法将评价函数 $J(\mathbf{w})$ 最小化的步骤。

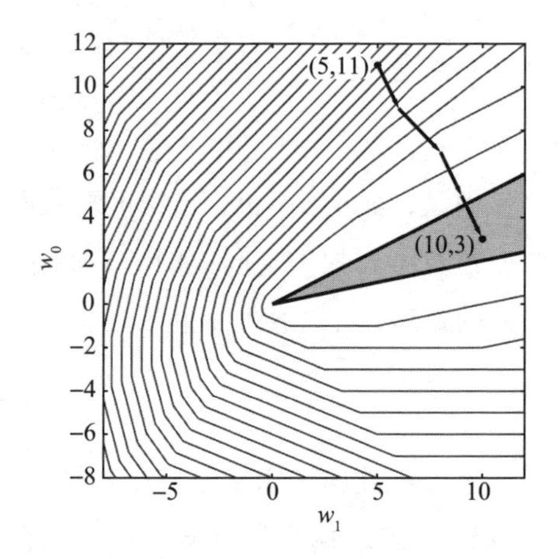

图 3.5　使用评价函数 $J(\mathbf{w})$ 的感知器的学习

图 2.4 所示为将以上所述的处理应用于一维特征空间上的学习模式的结果。首先，图 3.5 是式（3.57）的评价函数 $J(\mathbf{w})$ 的等高线图。图 3.5 中被粗线包围的灰色区域是 $J(\mathbf{w})$ 取最小值为 0 的解域，与图 2.5 所示的解域一致。另外，在图 3.5 中给出了初始值设定为 $(w_1, w_0) = (5,11)$ ，$\rho = 2.0$ ，而通过最速下降法求出 $J(\mathbf{w})$ 的最小解时的轨迹。

从图 3.5 中可以看出，$\mathbf{w}$ 收敛于 $(w_1, w_0) = (10,3)$ ，到达了解域。这些都与图 2.7 所示的内容相对应。收敛所需的重复数（处理模式数）是 16。到收敛为止 $J(\mathbf{w})$ 值的变化如图 3.6 所示。

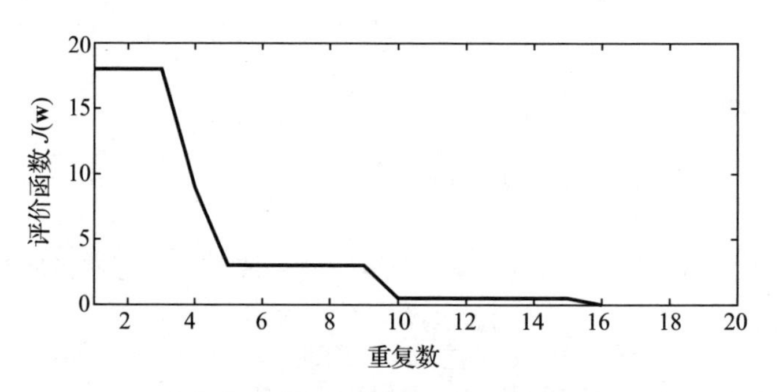

图 3.6　感知器学习规则的收敛过程

3.3　神经网络与误差反向传播法

图 3.7a 所示为从输入层到输出层排列了很多用 □ 和 ○ 表示的包含多个神经元的神经网络。存在于作为第一层的输入层和作为最终层的输出层之间的层被称

为中间层或隐藏层。图中□表示阈值逻辑神经元，○表示不从前一层输入，只向下一层输出的神经元。也就是说，输入层的 $(d+1)$ 个○是直接输出输入模式 $\mathbf{x}$ 的特征值 $x_0(=1), x_1, \cdots, x_d$ 的神经元，中间层的○是始终输出 1 的神经元。每层的神经元数不需要相等。神经元之间的连接只存在于相邻层之间，并且是从输入层到输出层的单向连接。

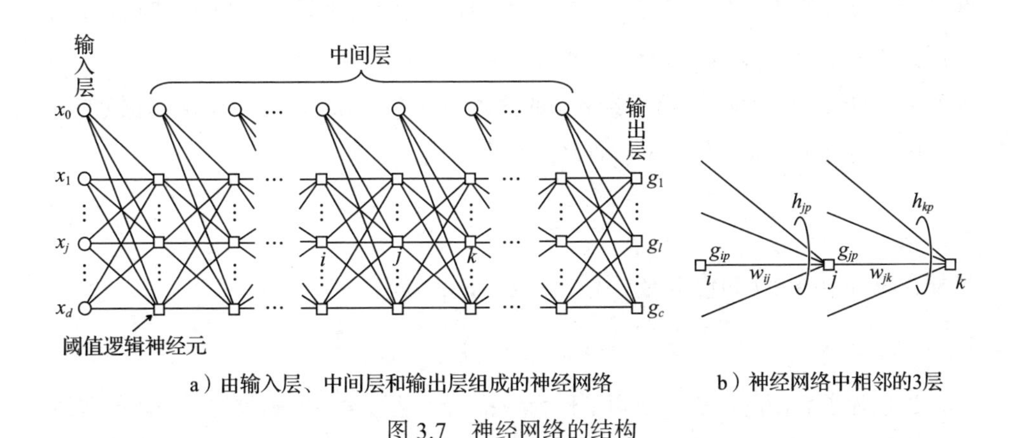

图 3.7　神经网络的结构

输出层的神经元数通常等于类数，为 c 个。识别时，将这 c 个神经元中输出值最大的神经元所对应的类作为识别结果。即，输出层的第 i 个神经元输出用 $g_i(i=1,\cdots,c)$ 表示时，输入模式 $\boldsymbol{x}$ 的识别处理用下式表示：

$$\max_i\{g_i(\boldsymbol{x})\} = g_k(\boldsymbol{x}) \Rightarrow \boldsymbol{x} \in \omega_k \tag{3.65}$$

学习时调整权重，使 c 个神经元输出 $(g_1,\cdots,g_c)^t$ 尽可能接近监督向量 $\mathbf{t}_i$。作为监督向量，通常使用式（3.2）的 $\mathbf{t}_i$。

感知器没有中间层，只是由输入层和输出层组成的 2 层网络。通过增加中间层形成多层，可以提高识别能力。但是，即使将线性函数串联起来，也只能得到线性函数，不能期待其识别能力的提高。多层化的优点只有在采用了以阈值函数为代表的非线性处理后才能得到发挥。这种网络被称为神经网络。

如在 2.5 节（2）中所述，神经网络等价于分段线性识别函数，尽管具有极高的识别能力，但在误差反向传播法出现之前，并没有发现有效的学习方法。在感知器中，只有最终层能通过学习规则学习，对于中间层的学习则无能为力。解决这种学习法的缺点，将学习的适用范围扩展到多层网络的就是以下所述的误差反向传播法。

如图 3.7b 所示，考虑神经网络中相邻的三个层。某层中的第 j 个神经元称为神经元 j，前一级层中的第 i 个神经元称为神经元 i，后一级层中的 k 个神经元称为神经元 k。另外，将神经元 i 到神经元 j 的连接的权重设为 w_{ij}，将神经元 j 到神经元 k 的连接的权重设为 w_{jk}。现在，输入第 p 个模式 $\boldsymbol{x}_p(p=1,2,\cdots,n)$ 时，将神经元 i 的输出设为 g_{ip}，将神经元 j 的输入设为 h_{jp}。h_{jp} 是与神经元 j 连接的前一层中的所有神经元的输出的线性和，可以写成

$$h_{jp}=\sum_i w_{ij}g_{ip} \tag{3.66}$$

另外，来自神经元 j 的输出用非线性函数 f_j 表示为

$$g_{jp}=f_j(h_{jp}) \tag{3.67}$$

这里为了后面的讨论，使用了作为其特殊情况包含阈值函数的更一般的非线性函数 f_j，f_j 也称激活函数。如果将输出层的第 l 个神经元设为神经元 l，将用于神经元 l 的监督信号设为 b_{lp}，则与实际输出的平方误差 J_p 为：

$$J_p=\frac{1}{2}\sum_{l=1}^{c}(g_{lp}-b_{lp})^2 \tag{3.68}$$

对所有学习模式的平方误差 J 为

$$J=\sum_{p=1}^{n}J_p \tag{3.69}$$

作为监督信号，使用式（3.2）中的 $\mathbf{t}_i$，即仅将与所属类相应的元素设为 1，其他元素设为 0 的监督向量。和之前一样，用最速下降法求出 J 的最小解。用最速下降法修正权重时，可以跟式（3.21）与式（3.22）一样写成

$$w'_{ij}=w_{ij}-\rho\cdot\frac{1}{n}\cdot\frac{\partial J}{\partial w_{ij}} \tag{3.70}$$

$$=w_{ij}-\rho\cdot\frac{1}{n}\cdot\sum_{p=1}^{n}\frac{\partial J_p}{\partial w_{ij}} \tag{3.71}$$

式中，ρ是学习系数，是正的常数。式（3.71）是在给出全部学习模式后，统一进行权重修正的方式，相当于批量学习。以下将采用在线学习法，即每次给出模式时都对权重进行修正。在这种情况下，权重的修正用式（3.72）来代替替式（3.71）。

$$w'_{ij} = w_{ij} - \rho \frac{\partial J_p}{\partial w_{ij}} \tag{3.72}$$

因此，用 w_{ij} 对 J_p 进行偏微分可以得到

$$\frac{\partial J_p}{\partial w_{ij}} = \frac{\partial J_p}{\partial h_{jp}} \cdot \frac{\partial h_{jp}}{\partial w_{ij}} \tag{3.73}$$

这里用 ε_{jp} 表示式（3.73）的右边第 1 项。

$$\varepsilon_{jp} = \frac{\partial J_p}{\partial h_{jp}} \tag{3.74}$$

另外，第 2 项由式（3.66）中的 g_{ip} 表示：

$$\frac{\partial h_{jp}}{\partial w_{ij}} = g_{ip} \tag{3.75}$$

所以式（3.73）可以表示为

$$\frac{\partial J_p}{\partial w_{ij}} = \varepsilon_{jp} g_{ip} \tag{3.76}$$

将式（3.76）代入式（3.72），得到作为权重的修正法：

$$w'_{ij} = w_{ij} - \rho \varepsilon_{jp} g_{ip} \tag{3.77}$$

这里的问题是，针对每个神经元如何决定 ε_{jp}。关于 ε_{jp} 的决策方法有以下所示的巧妙方法。用 h_{jp} 偏微分 J_p，得到

$$\begin{aligned}\varepsilon_{jp} &= \frac{\partial J_p}{\partial h_{jp}} \\ &= \frac{\partial J_p}{\partial g_{jp}} \cdot \frac{\partial g_{jp}}{\partial h_{jp}} && (3.78) \\ &= \frac{\partial J_p}{\partial g_{jp}} f'_j(h_{jp}) && (3.79)\end{aligned}$$

这里，根据式（3.67）使用

$$\frac{\partial g_{jp}}{\partial h_{jp}} = f_j'(h_{jp}) \tag{3.80}$$

式（3.79）的第1项计算需要根据情况分类讨论。

首先，神经元j在输出层时，由表达式（3.68）得

$$\frac{\partial J_p}{\partial g_{jp}} = g_{jp} - b_{jp} \quad (j = 1, 2, \cdots, c) \tag{3.81}$$

其次，当神经元j在中间层时得到

$$\frac{\partial J_p}{\partial g_{jp}} = \sum_k \frac{\partial J_p}{\partial h_{kp}} \cdot \frac{\partial h_{kp}}{\partial g_{jp}} \tag{3.82}$$

这里，根据表达式（3.74）的定义有

$$\frac{\partial J_p}{\partial h_{kp}} = \varepsilon_{kp} \tag{3.83}$$

并且和式（3.66）一样有

$$h_{kp} = \sum_j w_{jk} g_{jp} \tag{3.84}$$

所以得到

$$\frac{\partial h_{kp}}{\partial g_{jp}} = w_{jk} \tag{3.85}$$

结果为

$$\frac{\partial J_p}{\partial g_{jp}} = \sum_k \varepsilon_{kp} w_{jk} \tag{3.86}$$

另一方面，f_j作为式（3.67）的激活函数，可以认为是像式（3.50）那样的阈值函数，但遗憾的是该函数不可微分，因此不能在此使用。取而代之，作为近似阈值函数的可微分函数，将使用图3.8所示的Sigmoid函数$S(u)$。$S(u)$可表示为

$$S(u) = \frac{1}{1 + \exp(-u)} \tag{3.87}$$

其具有以下性质：

$$S'(u) = S(u)(1 - S(u)) \tag{3.88}$$

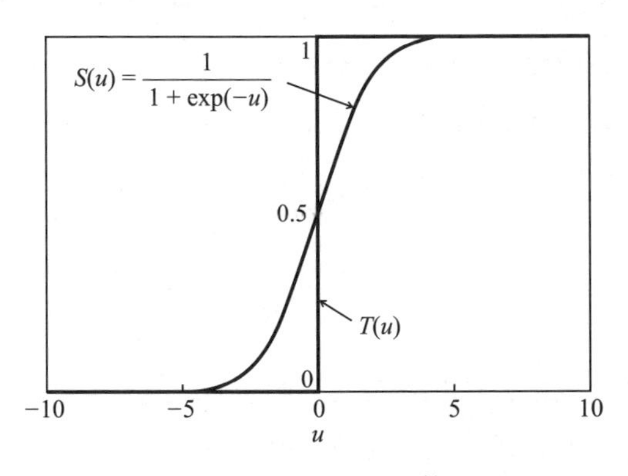

图 3.8　Sigmoid 函数

因此，如果选择 f_j 为 Sigmoid 函数，就可以从式（3.67）得到

$$f_j'(h_{jp}) = g_{jp}(1 - g_{jp}) \tag{3.89}$$

整理以上内容，ε_{jp} 可以通过如下的递归程序求出：

$$\varepsilon_{jp} = \begin{cases} (g_{jp} - b_{jp})g_{jp}(1 - g_{jp}) & （当神经元j在中间层时） \\ \left(\sum_k \varepsilon_{kp} w_{jk}\right) g_{jp}(1 - g_{jp}) & （当神经元j在输出层时） \end{cases} \tag{3.90}$$

在式（3.90）中，$0 < g_{jp}(1 - g_{jp}) < 1$，当神经元的输出值 g_{jp} 为 0.5 时，权重的修正量最大，g_{jp} 越接近 0 或 1，修正量越小。

利用式（3.77）及式（3.90）的权重的学习方法可以按照以下步骤进行。也就是说，输入模式后，在输出层计算各神经元的输出与监督信号之间的误差。根据其误差求出 ε_{jp}，并进一步修正输出层的权重。根据这个 ε_{jp} 和修正后的权重求出前一层的 ε_{jp}，同样在该层也进行权重的修正。通过不断重复这一过程，修正所有层的权重。误差反向传播法的名称就来源于这样通过向后传播误差来进行权重的修正。在输出层中各神经元的输出与监督信号一致时学习结束，但由于 Sigmoid 函数的性质，严格来说输出不可能与 0 或 1 一致。因此，作为结束的条件，用 0.1、0.9 等代替 0 和 1。

将误差反向传播法的式（3.77），与对应于2层网络的威德罗·霍夫学习规则的式（3.29）相比较，前者是扩展为更为一般的多层网络的形式，因此从这个意义而言也被称为一般化 delta 规则 [RM86]。

上述内容以在线学习为例说明了误差反向传播法。在批量学习的情况下，只要将式（3.72）替换为式（3.71），就可以直接适用之前的讨论。

心得

对泛化的误解

自神经网络热潮以来，泛化一词经常被使用。这个词很有魅力，但也容易引起误解。所谓泛化，本来是指从个别的事例中提取出潜藏在背后的一般规律。但是，学习理论中的泛化是用来表示学习机器对未知模式能给出多大程度正确输出的预测能力。具体来说，用两者的平方误差期望值来定义学习机器对未知模式的输出与真实输出的偏差程度，称之为泛化误差。而且，该误差越小，泛化能力越高。因此，泛化能力的高低，是关于泛化误差的大小的讨论，与一般规律的提取等更大的问题无关。

学习的过程就是对输入和输出之间的函数进行参数近似，换句话说就是拟合的问题。作为近似方法，感知器使用了线性近似，如前文所述，这与多元回归分析在本质上是相同的方法。而由于神经网络是非线性近似，所以能够高精度地近似复杂的函数。但是，这反过来也表明了它在泛化能力方面也有不利的情况。这是因为，如果用复杂的函数近似少数的学习模式，对未知模式的输出就会变成不可靠的结果。这一情况将在4.4节再次论述。

需要注意的是，除了有大量的学习模式的情况之外，函数近似能力和泛化能力不一定是一致的。

3.4 3层神经网络实验

本节中，为了更详细地考察神经网络的运作机制，将3层神经网络应用于小规模学习数据的实验。学习模式是分布在二维特征空间上的 $\boldsymbol{x}_1,\cdots,\boldsymbol{x}_6$ 这6种模式，其内容如下[⊖]：

$$\begin{aligned} &\boldsymbol{x}_1=(0,5)^t, \quad \boldsymbol{x}_2=(1,1)^t, \quad \boldsymbol{x}_3=(5,0)^t, \\ &\boldsymbol{x}_4=(6,2)^t, \quad \boldsymbol{x}_5=(2,6)^t, \quad \boldsymbol{x}_6=(2,2)^t \end{aligned} \tag{3.91}$$

式中，$\boldsymbol{x}_1,\boldsymbol{x}_2,\boldsymbol{x}_3$ 属于类 ω_1，$\boldsymbol{x}_4,\boldsymbol{x}_5,\boldsymbol{x}_6$ 属于类 ω_2。这些模式如图 3.9 所示，是线性不可分离的。

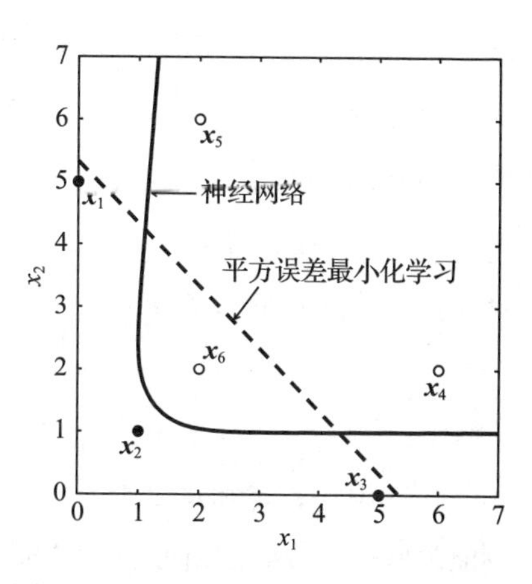

图 3.9　3 层神经网络得到的决策边界

所使用的神经网络结构如图 3.10 所示。实验中使用的是在输入层和输出层之间包含一个中间层的 3 层神经网络。输入层、中间层、输出层所包含的神经元数分别为 3，3，1，而输入层、中间层的第一神经元恒等输出 1，因此实际神经元数分别为 2，2，1。

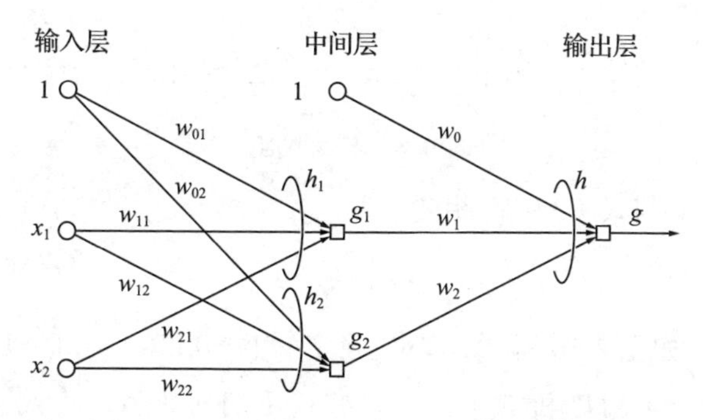

图 3.10　实验中使用的 3 层神经网络的结构

如本实验中 2 个类 $(c=2)$ 的情况下，输出层的神经元不是 2 个，而是如图 3.10 所示的 1 个，使其输出 g 为

$$\left.\begin{aligned} g>0.5 \quad &\Rightarrow \quad \boldsymbol{x}\in\omega_1 \\ g<0.5 \quad &\Rightarrow \quad \boldsymbol{x}\in\omega_2 \end{aligned}\right\} \tag{3.92}$$

⊖ 在设计识别单元时，在学习模式数量如此少的情况下，使用最近邻法就足够了，无须引入神经网络。希望能将这个例子理解为工作机制的说明用。

就可以实现识别处理[⊖]。在这种情况下，监督信号为

$$b_p = \begin{cases} 1 & (\boldsymbol{x}_p \in \omega_1) \\ 0 & (\boldsymbol{x}_p \in \omega_2) \end{cases} \quad (p = 1, \cdots, n) \tag{3.93}$$

来调整权重。

下面将参照图 3.10 来说明利用神经网络进行的识别处理。首先，对于输入模式 $\boldsymbol{x} = (x_1, x_2)^t$，使用在输入层和中间层之间设定的权重 $w_{ij} (i = 0,1,2,\ j = 1,2)$，计算如下式所示的 h_1 和 h_2：

$$\left.\begin{aligned} h_1 &= w_{01} + w_{11}x_1 + w_{21}x_2 \\ h_2 &= w_{02} + w_{12}x_1 + w_{22}x_2 \end{aligned}\right\} \tag{3.94}$$

图 3.10 中，h_1 和 h_2 是中间层 2 个神经元的输入。由于中间层的 2 个神经元均为阈值逻辑神经元，所以使用式（3.87）的 Sigmoid 函数 $S(u)$ 来将其输出 g_1 和 g_2 表示为

$$\left.\begin{aligned} g_1 &= S(h_1) \\ g_2 &= S(h_2) \end{aligned}\right\} \tag{3.95}$$

输出层神经元的输入 h 用中间层和输出层之间的权重 w_0, w_1, w_2 可以写成

$$h = w_0 + w_1 g_1 + w_2 g_2 \tag{3.96}$$

最终的输出 g 与式（3.95）相同，为：

$$g = S(h) \tag{3.97}$$

在学习中，如图 3.10 所示，必须确定 $w_{ij} (i = 0,1,2, j = 1,2)$ 和 $w_k (k = 0,1,2)$ 共 9 个权重。因此，通过随机数来设定这些权重的初始值，将式（3.77）的学习系数设为 $\rho = 0.5$ 以应用于在线学习。对于类 ω_1 的所有模式输出为 0.9 以上，对于类 ω_2 所有模式输出为 0.1 以下时，判定为收敛，结果在回合数 369 时收敛。图 3.11 所示为达到收敛的过程。

图 3.11 中，上图表示式（3.69）所示的平方误差 J 的值的变化，下图表示 6 个学习模式的神经元输出 g 的变化。图 3.11 的横轴都是用对数标度表示的新回合数。随着学习的进行和新回合数的增加，平方误差 J 的值也在减小。另外，学

⊖ 为了得到更高级的识别系统，判定条件要设定得更严格，例如 $g > 0.9$ 时 $\boldsymbol{x} \in \omega_1$，$g < 0.1$ 时 $\boldsymbol{x} \in \omega_2$，除此之外的数据最好剔除。

习模式的神经元输出 g 的值，在学习的初期阶段，在类之间没有显著差异，但是随着学习的进行，逐渐接近 1 或 0，在收敛的时候，$\boldsymbol{x}_1,\boldsymbol{x}_2,\boldsymbol{x}_3$ 明确地分离为类 ω_1，$\boldsymbol{x}_4,\boldsymbol{x}_5,\boldsymbol{x}_6$ 明确地分离为类 ω_2。

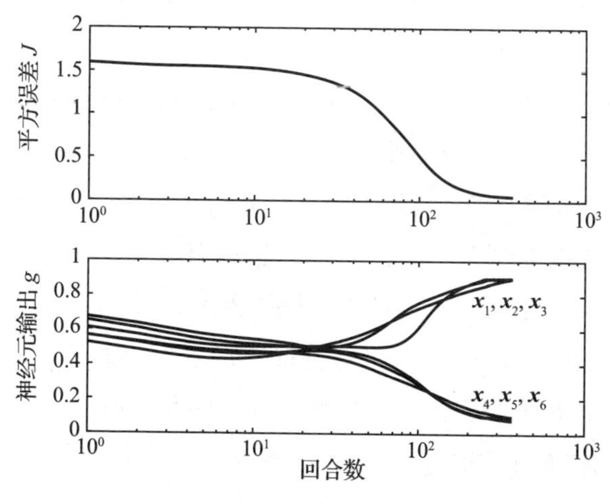

图 3.11　3 层神经网络的收敛过程

通过该神经网络得到的决策边界与学习模式一起在图 3.9 中示出。类 ω_1 和 ω_2 的学习模式分别用●和○表示。通过式（3.92），决策边界为 $g=0.5$ 时的 $\boldsymbol{x}=(x_1,x_2)$ 的轨迹，用粗线表示。从图 3.11 中可以看出，通过这个决策边界能够正确地分离出线性不可分离的 2 个类 $(c=2)$。

为了参考，用虚线表示了对相同数据应用线性识别函数得到的决策边界。这个决策边界是通过 3.1 节所述的平方误差最小化学习求出的结果（习题 3.2），它在类间分离上是失败的。比较两者，神经网络的效用显而易见。

3.5　中间层功能的确认实验

（1）3 层神经网络的中间层

从上一节的实验可以看出，如果使用神经网络的误差反向传播法，对于线性不可分离的模式也可以求出错误识别为零的边界。以下说明表示该功能是由中间层得到的。

注意图 3.10 所示的中间层和输出层。如图 3.10、式（3.96）和式（3.97）所示，利用中间层的输出 $1, g_1, g_2$ 和权重 w_0, w_1, w_2 求线性加权和 h，并对其进行阈值处理的结果为输出 g。因此，如果把来自中间层的输出看作是新的特征，那么在中间层和输出层之间进行的运算就是感知器的处理。因此，如果像上一节的例子那样，在原来的特征空间上线性不可分离的学习模式都能正确识别的话，那么从中间层输出的模式的分布应该是线性可分离的。因此，可以说神经网络在中间层进行更高级的特征提取之后，应用了感知器。

通过上一节的实验例子来确认以上所述的内容。图 3.12a 是将式（3.94）求出的 (h_1, h_2) 在二维空间上绘制的 6 个学习模式的图。该图显示了各模式是如何变换并输入到中间层的，并表示了各模式在 (h_1, h_2) 空间上的位置。从式（3.94）可以清楚地看出，h_1, h_2 只是输入 x_1, x_2 的线性和，因此在原始空间 (x_1, x_2) 中线性不可分离的分布，在 (h_1, h_2) 的空间中也线性不可分离。这一结论在图 3.12a 中也能得到确认。

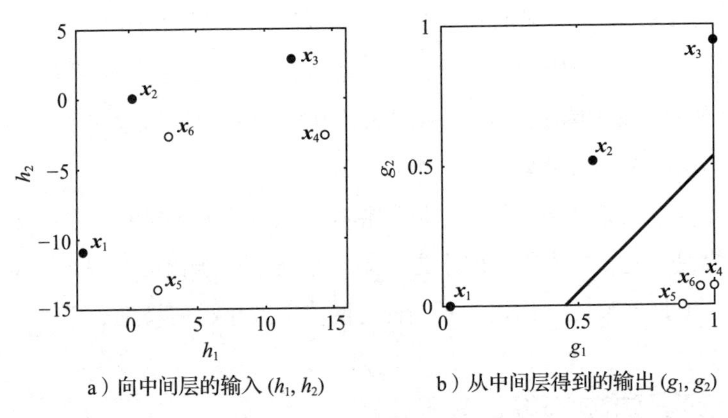

a）向中间层的输入 (h_1, h_2)　　b）从中间层得到的输出 (g_1, g_2)

图 3.12　中间层的模式分布

图 3.12b 绘制的是由式（3.95）求出的 (g_1, g_2) 的图。该图显示了各模式作为中间层的输出是如何表现的。与图 3.12a 不同，模式的分布呈现线性可分离的状态。因此，在这个 (g_1, g_2) 空间上，可以通过线性识别函数正确地分离 2 个类

$(c=2)$。

决策边界根据式（3.92）、式（3.97）得到

$$g = S(h) = 0.5 \tag{3.98}$$

根据 Sigmoid 函数的形式，从上式可以推导出 $h=0$。因此，根据式（3.96），得到作为决策边界的

$$h = w_0 + w_1 g_1 + w_2 g_2 = 0 \tag{3.99}$$

式（3.99）表示 (g_1, g_2) 空间上的直线，对应于线性识别函数。这个实验的学习结果得到的权重是

$$(w_0, w_1, w_2) = (2.345, -5.165, 5.317) \tag{3.100}$$

将这个值代入式（3.99）得到的决策边界如图 3.12b 的直线所示。根据该图，可以确认通过这个决策边界两个类能够正确地分离。将该决策边界映射到原来的 (x_1, x_2) 空间，就是图 3.9 所示的非线性决策边界。

如前所述，将线性运算层层叠加也只能实现线性运算，并不能提高识别能力。能够提高识别能力的是中间层的非线性运算。

（2）多层神经网络的中间层

在前面的实验中，以 3 层神经网络为例，对中间层的功能和作用进行了说明。实验中将中间层的神经元数设为 3（实质上为 2），如果增加神经元数，就可以设定更复杂的决策边界。同样的效果也可以通过增加层数来实现。因此，下面将介绍具有更多层的多层神经网络。

上一节对 3 层神经网络所阐述的内容，同样适用于更多层的神经网络。例如，考虑 L 层 $(L>3)$ 的神经网络。在输出层（第 L 层）和前面的第 $L-1$ 层之间进行的处理，仍然等同于感知器的处理。随着从第 2 层到第 $L-1$ 层的处理，在各中间层提取的特征逐渐提高。最终因为将应用感知器，即线性识别函数，因此多层神经网络的学习是在第 $L-1$ 层为止尽可能地接近线性可分离的分布。下面通过实验来确认随着层的深入提取出更高级的特征的情况。

在实验中，将附录 A.4 中介绍的 $c=10,d=784$，共计 10 000 个字符模式的 MSH784 用于学习。另外，神经网络为 5 层结构，第 2、第 3、第 4，三个中间层的神经元数均为 81。因此，从第 1 层（输入层）到第 5 层（输出层）的神经元数分别为 784、81、81、81 和 10。不过，这是除恒等为 1 的神经元以外的神经元数。在学习中，将学习系数设定为 $\rho=0.1$，输出在 0.9 以上视为 1，输出在 0.1 以下视为 0，与监督信号进行对照。

在以上条件下，通过误差反向传播法来确定神经网络的权重。重复以回合数 2 000 结束[⊖]。此时对学习模式的识别率为 99.9%（错误计数 10）。另外，对由 8 000 个字符模式构成的测试模式 MSH784-T 的识别率为 93.1%（错误计数 554）。

如前文所述，相对于输入模式，可以认为该神经网络的三个中间层分别提取了 81 维特征。因此，需要一种评价这些特征有效性的方法。在这个实验中，使用了贝叶斯误差的估计值（详见 5.6 节（2））。评价结果如图 3.13 所示。图的横轴 1 ～ 5 对应于神经网络的第 1 层至第 5 层，纵轴用 % 表示对各层分布的贝叶斯误差的估计。但是，第 1 层的值是 784 维，第 5 层的值是作为 10 维的特征向量计算出来的值，这两个仅仅是参考值。

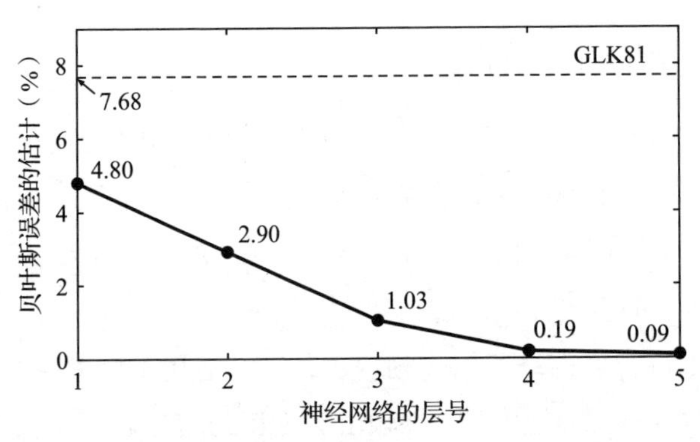

图 3.13　随着深层化而高级化的特征

从图 3.13 中来看，随着第 2、第 3、第 4 层的深入，贝叶斯误差降低为

⊖ 可以对所有模式重复学习直到与监督信号一致为止，但也可以在平方误差低于一定值或平方误差不再降低时停止学习。

2.90%、1.03%、0.19%，可以确认的一点是提取出了更高级的特征。另外，为了进行比较，图中还列举了对通过上述学习模式求出的Glucksman的81维特征（GLK81）所应用的结果（贝叶斯误差为7.68%）。关于Glucksman的特征，请参照附录A.3。神经网络第2～4层所提取的特征与GLK81同样为81维，但已证实其明显优于GLK81。Glucksman原本的特点就是可以用于印刷体活字识别，但不适合用于手写文字识别，因此这一结果是妥当的。

上述内容阐述了神经网络中间层的作用。众所周知，即使只有一个中间层，只要增加神经元数量，也可以设定足够复杂的决策边界。另一方面，根据问题的不同，多层化有时比增加神经元数更有效。如果增加神经元数或进行多层化，可调整的权重数就会增加，因此可以期待神经网络的更高性能。

但另一方面，这些措施也会引发学习所需的处理量增大，以及陷入局部最优解和过度学习的问题中。此外，多层化带来的最大问题是梯度消失问题，即如果采用误差反向传播法传播误差，那么随着距离输入层越近，需要传播的误差值就越小，从而导致学习无法进行。这种现象在使用Sigmoid函数作为激活函数时非常显著。这个问题通过改善激活函数和预先学习等深度学习的新方法已得到了解决[冈谷15][人工15]。

心得

神经网络研究的变迁

如前文所述，第一次神经网络热潮是从罗森布拉特提出了感知器开始的。但在那之后，随着感知器的局限性逐渐暴露，这股热潮逐渐消退。多层神经网络能够发挥更高级的性能，这在当时已经得到证实，但遗憾的是，当时还没有发现有效的学习方法。

第二次神经热潮到来的契机是戴维·E.鲁梅哈特（David E. Rumelhart）等人于1986年提出了误差反向传播法（多层神经网络的学习方法）。但是，由于本节所述的梯度消失问题等多层神经网络所存在的各种问题日益突出，神经网络的研究再次迎来了“寒冬”。以深度学习为代表的第三次神经网络热潮，是2000年以后，以格雷·辛顿（Geoffrey Hinton）等人为代表解决上述问题开始的，一直持续至今。这一热潮与以往不同之处在于，随着计算机性能的飞跃性提高，能够充分利用大数据技术，研究成果不再局限于单纯的论文，而是与许多实用性成果相结合。虽然很难预测这一热潮今后会有怎样的发展，但还是值得期待的。

习题

3.1 式（3.20）的 $\mathbf{w}_i$ 是全局最优解，将其表示为唯一的最小点。

3.2 式（3.91）中的6个学习模式 $\boldsymbol{x}_1,\boldsymbol{x}_2,\cdots,\boldsymbol{x}_6$ 与所属类的信息一起在二维特征空间上给出。使用式（3.20），通过平方误差最小化学习求出 $\mathbf{w}_1,\mathbf{w}_2$，并把所得到的线性识别函数所确定的决策边界按照图3.9所示表示出来。

3.3 对于图2.4所示的线性可分离的学习模式，通过平方误差最小化学习求出最佳的权重。

3.4 推导式（3.60）。

CHAPTER 4

第 4 章

识别单元的设计

4.1 参数学习与非参数学习

作为识别对象的模式，一般被认为是基于概率密度函数 $p(\boldsymbol{x}\mid\omega_i)(i=1,\cdots,c)$ [㊀] 而生成的。到目前为止，已经阐述了通过学习求得识别函数的方法，但其线索并不是概率密度函数本身，而是基于概率密度函数所产生的学习模式。虽然不能直接知道多维空间上的概率密度函数，但是下面假设已经知道了概率密度函数，来继续进行讨论。

用 $P(\omega_i)$ 表示类 ω_i 发生的概率，用 $p(\boldsymbol{x})$ 表示 $\boldsymbol{x}$ 发生的概率密度[㊁]。这个 $P(\omega_i)$ 称为先验概率。另外，用 $P(\omega_i\mid\boldsymbol{x})$ 表示当 $\boldsymbol{x}$ 发生时，其类为 ω_i 的概率。这被称为后验概率。先验概率 $P(\omega_i)$ 是仅用观测 $\boldsymbol{x}$ 之前的先验的知识求出的 ω_i 发生的概率。而后验概率 $P(\omega_i\mid\boldsymbol{x})$ 是得到观测值 $\boldsymbol{x}$ 后的发生概率。先验、后验这两个词表示观测之前和观测之后。

上面的各项之间有如下关系成立：

$$\sum_{i=1}^{c}P(\omega_i)=1 \tag{4.1}$$

㊀ 概率密度函数 $p(\boldsymbol{x}\mid\omega_i)$ 表示属于类 ω_i 的 $\boldsymbol{x}$ 的发生概率密度。

㊁ 在本书中，对离散事件定义的概率函数使用大写的 $P(\cdot)$，对连续变量定义的概率密度函数使用小写的 $p(\cdot)$ 表示。

$$\sum_{i=1}^{c} P(\omega_i \mid \boldsymbol{x}) = 1 \tag{4.2}$$

$$p(\boldsymbol{x}) = \sum_{i=1}^{c} P(\omega_i) p(\boldsymbol{x} \mid \omega_i) \tag{4.3}$$

另外，由贝叶斯定理可得

$$P(\omega_i \mid \boldsymbol{x}) = \frac{p(\boldsymbol{x} \mid \omega_i)}{p(\boldsymbol{x})} P(\omega_i) \quad (i = 1, \cdots, c) \tag{4.4}$$

贝叶斯定理可以看作是通过得到观测值 $\boldsymbol{x}$ 来使先验概率变换为后验概率的变换式。$P(\omega_i \mid \boldsymbol{x})$ 表示输入未知模式 $\boldsymbol{x}$ 时，其所属的类为 ω_i 的确定性。因此，在识别模式 $\boldsymbol{x}$ 时，将输出后验概率 $P(\omega_i \mid \boldsymbol{x})(i = 1, \cdots, c)$ 中最大的 ω_i 来作为识别结果是最自然的方法，即

$$\max_{i=1,\cdots,c} \{P(\omega_i \mid \boldsymbol{x})\} = P(\omega_k \mid \boldsymbol{x}) \Rightarrow \boldsymbol{x} \in \omega_k \tag{4.5}$$

这种识别方法称为贝叶斯判定法则，将在第5.3节再次讨论。式（4.5）相当于式（2.3）中的 $g_i(\boldsymbol{x}) = P(\omega_i \mid \boldsymbol{x})$。注意式（4.4）的 $p(\boldsymbol{x})$ 是各类共同的因子，识别函数 $g_i(\boldsymbol{x})$ 为

$$g_i(\boldsymbol{x}) = p(\boldsymbol{x} \mid \omega_i) P(\omega_i) \quad (i = 1, \cdots, c) \tag{4.6}$$

或取右边项的对数，也可以得到下式：

$$g_i(\boldsymbol{x}) = \log p(\boldsymbol{x} \mid \omega_i) + \log P(\omega_i) \quad (i = 1, \cdots, c) \tag{4.7}$$

这里考虑概率密度函数 $p(\boldsymbol{x} \mid \omega_i)$ 是用下式的多维正态分布来表示的情况：

$$p(\boldsymbol{x} \mid \omega_i) = \frac{1}{(2\pi)^{d/2} |\boldsymbol{\Sigma}_i|^{1/2}} \exp\left\{-\frac{1}{2}(\boldsymbol{x} - \mathbf{m}_i)^t \boldsymbol{\Sigma}_i^{-1} (\boldsymbol{x} - \mathbf{m}_i)\right\} (i = 1, \cdots, c) \tag{4.8}$$

式中，$\mathbf{m}_i$、$\boldsymbol{\Sigma}_i$ 分别是类 ω_i 的平均向量和协方差矩阵，由下式定义：

$$\mathbf{m}_i = \frac{1}{n_i} \sum_{x \in \mathcal{X}_i} \boldsymbol{x} \tag{4.9}$$

$$\boldsymbol{\Sigma}_i = \frac{1}{n_i} \sum_{x \in \mathcal{X}_i} (\boldsymbol{x} - \mathbf{m}_i)(\boldsymbol{x} - \mathbf{m}_i)^t \tag{4.10}$$

式中，n_i 表示类 ω_i 的模式数，$\mathcal{X}_i$ 表示类 ω_i 的模式集合。另外，$|\boldsymbol{\Sigma}_i|$ 是 $\boldsymbol{\Sigma}_i$ 的行列

式[⊖]。将其代入式（4.7），可得

$$g_i(\boldsymbol{x}) = -\frac{1}{2}(\boldsymbol{x}-\mathbf{m}_i)^t\boldsymbol{\Sigma}_i^{-1}(\boldsymbol{x}-\mathbf{m}_i) - \frac{1}{2}\log|\boldsymbol{\Sigma}_i| - \frac{d}{2}\log 2\pi + \log P(\omega_i) \tag{4.11}$$

$$= -\frac{1}{2}\boldsymbol{x}^t\boldsymbol{\Sigma}_i^{-1}\boldsymbol{x} + \boldsymbol{x}^t\boldsymbol{\Sigma}_i^{-1}\mathbf{m}_i - \frac{1}{2}\mathbf{m}_i^t\boldsymbol{\Sigma}_i^{-1}\mathbf{m}_i - \frac{1}{2}\log|\boldsymbol{\Sigma}_i| - \frac{d}{2}\log 2\pi + \log P(\omega_i) \tag{4.12}$$

也就是说，在多维正态分布的情况下，识别函数是 $\boldsymbol{x}$ 的二次函数。在式（4.11）中定义

$$D_M^2(\boldsymbol{x},\mathbf{m}_i) \overset{\text{def}}{=} (\boldsymbol{x}-\mathbf{m}_i)^t\boldsymbol{\Sigma}_i^{-1}(\boldsymbol{x}-\mathbf{m}_i) \tag{4.13}$$

式中 $D_M(\boldsymbol{x},\mathbf{m}_i)$ 称为 $\boldsymbol{x}$ 与 $\mathbf{m}_i$ 的马哈拉诺比斯泛距离[⊜]。

如果令协方差矩阵在所有类中均相等，

$$\boldsymbol{\Sigma}_i = \boldsymbol{\Sigma}_0 \quad (i=1,\cdots,c) \tag{4.14}$$

那么，通过省略式（4.12）中不需要 i 的项，可以写成

$$g_i(\boldsymbol{x}) = \boldsymbol{x}^t\boldsymbol{\Sigma}_0^{-1}\mathbf{m}_i - \frac{1}{2}\mathbf{m}_i^t\boldsymbol{\Sigma}_0^{-1}\mathbf{m}_i + \log P(\omega_i) \tag{4.15}$$

这显然是一个线性识别函数。在式（4.15）中再将 $\boldsymbol{\Sigma}_0$ 设为单位矩阵。即假设特征之间没有相关性，方差相等 (=1)。于是，式（4.15）变为

$$g_i(\boldsymbol{x}) = \mathbf{m}_i^t\boldsymbol{x} - \frac{1}{2}\|\mathbf{m}_i\|^2 + \log P(\omega_i) \tag{4.16}$$

这里，如果每个类的先验概率都相等，$P(\omega_i) = 1/c(i=1,\cdots,c)$，则可以是

$$g_i(\boldsymbol{x}) = \mathbf{m}_i^t\boldsymbol{x} - \frac{1}{2}\|\mathbf{m}_i\|^2 \tag{4.17}$$

这就是式（2.2）中介绍的最小距离识别法。

在此考虑以下情形：概率密度函数是用有限个参数表示的函数，已知其函数

⊖ 行列式 $|\boldsymbol{\Sigma}_i|$ 有时也用 $\det(\boldsymbol{\Sigma}_i)$ 表示。

⊜ 也可以简称为马哈拉诺维斯距离。

形式，但不知道参数的具体情况。例如，知道概率密度函数是多维正态分布，但不知道平均向量和协方差矩阵。在这种情形下，采用根据给定的学习模式来估计参数的方法。然后，将估计的参数视为真值，根据式（4.6）或式（4.7）构造识别函数即可。这种利用学习模式进行概率密度函数的参数估计，并构成识别单元的方法称为参数学习。与此相对，第2章和第3章所述的学习算法，是不设想概率密度函数的形式，直接从学习模式中求出识别函数的方法。这种方法被称为非参数学习。

心得

关于参数这个术语

如果按字面简单解释上面所提到的“参数学习”的话，就是通过学习求出参数的方法。线性识别函数和神经网络将权重作为参数包含在内，感知器的学习规则和误差反向传播法就是通过学习将该权重修正为正确值的方法。因此，这些方法也可以称为参数学习法。但是在统计模式识别中，似乎只有在学习概率密度函数的参数时才使用参数这个词。

4.2 参数的估计

在这一节说明估计概率密度函数的参数的方法。因为学习模式和参数对于每个类都可以看作是独立的，下面为了避免烦琐，省略了区分类的符号。实际应用时，按类别进行以下处理即可。

设包含 n 个模式的学习模式集合为 $\boldsymbol{\mathcal{X}}=\{\boldsymbol{x}_1,\boldsymbol{x}_2,\cdots\boldsymbol{x}_n\}$，需要估计的概率密度函数用 $p(\boldsymbol{x};\boldsymbol{\theta})$ 表示㊀。$\boldsymbol{\theta}$ 是表示参数组的向量，被称为参数向量。这里，可以假设各种候选 $\boldsymbol{\theta}$，作为生成学习模式集合 $\boldsymbol{\mathcal{X}}$ 的 $\boldsymbol{\theta}$，考虑其中哪个 $\boldsymbol{\theta}$ 最看似理所当然。在模式集合 $\boldsymbol{\mathcal{X}}$ 中包含的各模式被认为是根据概率 $p(\boldsymbol{x};\boldsymbol{\theta})$ 独立产生的，所以得到这种模式集合的概率 $p(\boldsymbol{\mathcal{X}};\boldsymbol{\theta})$ 由下式表示：

㊀ 学习模式集合是为 $\boldsymbol{\mathcal{X}}_1,\cdots,\boldsymbol{\mathcal{X}}_c$ 和每个类准备的。类 ω_i 的概率密度函数 $p(\boldsymbol{x}\mid\omega_i;\boldsymbol{\theta}_i)$ 是使用学习模式 $\boldsymbol{\mathcal{X}}_i$ 来推算的，但是如前文所述，因为表示烦琐，所以省略了表示类的下标。

$$p(\mathcal{X};\boldsymbol{\theta})=\prod_{k=1}^{n}p(\boldsymbol{x}_k;\boldsymbol{\theta}) \tag{4.18}$$

因此，会很自然地认为最看似理所当然的 $\boldsymbol{\theta}$ 是使式（4.18）最大的 $\boldsymbol{\theta}$。将这样的 $\boldsymbol{\theta}$ 设为 $\hat{\boldsymbol{\theta}}$，如果将其作为估计值使用，则有

$$p(\mathcal{X};\hat{\boldsymbol{\theta}})=\max_{\theta}\{p(\mathcal{X};\boldsymbol{\theta})\} \tag{4.19}$$

只需求解

$$\nabla p(\mathcal{X};\boldsymbol{\theta})=\frac{\partial}{\partial\boldsymbol{\theta}}p(\mathcal{X};\boldsymbol{\theta})=\mathbf{0} \tag{4.20}$$

或取对数求解下式即可：

$$\frac{\partial}{\partial\boldsymbol{\theta}}\log p(\mathcal{X};\boldsymbol{\theta})=\sum_{k=1}^{n}\frac{\partial}{\partial\boldsymbol{\theta}}\log p(\boldsymbol{x}_k;\boldsymbol{\theta})=\mathbf{0} \tag{4.21}$$

另外，关于计算式（4.21）所需的向量和矩阵的微分运算，请参照附录 A.2。

式（4.18）中 $\mathcal{X}$ 固定，将 $p(\mathcal{X};\boldsymbol{\theta})$ 看成 $\boldsymbol{\theta}$ 的函数时，$p(\mathcal{X};\boldsymbol{\theta})$ 称为似然或似然函数，并且如式（4.19）那样的估计法称为最大似然法。

作为最大似然法的应用例子，这里试着举出已知模式是多维正态分布，但平均向量和协方差矩阵未知的情况。该参数 $\boldsymbol{\theta}$ 为 $\mathbf{m}$ 和 $\boldsymbol{\Sigma}$。通过对式（4.8）应用式（4.21），对于 $\mathbf{m}$ 和 $\boldsymbol{\Sigma}$ 分别得到如下 $\hat{\mathbf{m}}$ 和 $\hat{\boldsymbol{\Sigma}}$ 估计值（推导参见习题 4.1）。这是一个直观自然的估计值[⊖]。

$$\hat{\mathbf{m}}=\frac{1}{n}\sum_{k=1}^{n}\boldsymbol{x}_k \tag{4.22}$$

$$\hat{\boldsymbol{\Sigma}}=\frac{1}{n}\sum_{k=1}^{n}(\boldsymbol{x}_k-\hat{\mathbf{m}})(\boldsymbol{x}_k-\hat{\mathbf{m}})^t \tag{4.23}$$

作为概率密度函数，多以具有唯一的极值点，即单峰性的函数为例。但是，现实中还必须处理具有多个极值点的多峰性概率密度函数。例如，多个正态分布重叠构成一个概率密度函数就属于这种情况。更一般地，概率密度函数 $p(\boldsymbol{x};\boldsymbol{\theta})$ 被表示为 r 个概率密度函数的线性组合的情况，如下式所示：

⊖ 注意，式（4.23）中定义的协方差矩阵并不是非偏估计量。

$$p(\boldsymbol{x};\boldsymbol{\theta}) = \sum_{i=1}^{r} \pi_i p_i(\boldsymbol{x};\boldsymbol{\theta}_i) \tag{4.24}$$

式中，$p_i(\boldsymbol{x};\boldsymbol{\theta}_i)(i=1,\cdots,r)$ 是函数形式已知的概率密度函数，$\boldsymbol{\theta}_i$ 是其参数向量，π_i 是 r 个概率密度函数的混合比。类似式（4.24）的概率密度函数被称为混合分布。通过最大似然法求出这种概率密度函数时，作为参数，不仅要估计 $\boldsymbol{\theta}_i$（$i=1,\cdots,r$），还需要估计各分布的混合比 π_i（$i=1,\cdots,r$）。即应该估计的参数向量是

$$\boldsymbol{\theta}^t = (\boldsymbol{\theta}_1^t,\cdots,\boldsymbol{\theta}_r^t,\pi_1,\cdots,\pi_r) \tag{4.25}$$

目前为止所述的概率密度函数是以每个类都可以独立估计为前提进行的。这是因为假设各学习模式都分配了表示所属类的标签。这种学习模式被称为有标签模式，使用有标签模式进行的学习被称为监督学习。第 2 章、第 3 章所讲的学习方法属于监督学习。

与此相对，没有类标签的学习模式称为无标签模式，使用无标签模式进行的学习称为非监督学习。在这种情况下，已经不能对每个类独立地估计概率密度函数。也就是说，由于将所有类混合在一起来给出模式，所以模式只能根据式（4.3）的 $p(\boldsymbol{x})$ 分布的信息来得出。但假设类数 c 是预先知道的㊀。在这样的条件下估计 $P(\omega_i)$ 和 $p(\boldsymbol{x}\,|\,\omega_i)$ 的问题，相当于式（4.24）中设 $\pi_i = P(\omega_i)(i=1,\cdots,c)$，属于混合分布的参数估计问题。在这种情况下，普遍用爬山算法㊁的反复运算来解开，而不是用式（4.20）或式（4.21）来解析性地求解 [石井 14][DHS01]。

如在 4.1 节中已经叙述过的那样，在现实的模式识别问题中，概率密度函数是已知的情况是不存在的。实际的模式被认为是复杂分布的，正态分布这种简单的概率密度函数反而不适用。当然，如果增加参数数量，就可以以任意精度近似复杂的概率密度函数，但这是不现实的。非参数学习不需要假定概率密度函数，所以更容易操作，实用价值也较高。

㊀ 当类数不已知时，不再使用最大似然法。取而代之的是聚类的方法。这是在特征空间上找到分布块的方法。聚类也是非监督学习的一种方法，但本书不涉及。关于包括聚类的非监督学习，可参考文献 [石井 14]。

㊁ 如果给爬山算法中最优化的函数加上负号，就是最速下降法。

心得

最看似理所当然的事

最大似然法，在日语里是“最看似理所当然”这种复杂的说法。这里需要注意的是，“最有可能发生的 $\boldsymbol{\theta}$ 就是 $\hat{\boldsymbol{\theta}}$”的说法是不正确的。也就是说，$\boldsymbol{\theta}$ 不是概率变量，始终是常数，所以不会有，可能发生或可能不发生的概率变化。用“看似理所当然”这个词，就是这个意思。最大似然法可以说是以“如果发生了什么，那就是最看似理所当然的事情发生了”为前提进行估计的方法。

一般作为估计量而言合适的特性是：第一，模式数 n 足够大时，估计值的期望值和真值一致，即渐近无偏；第二，随着模式数 n 增大，估计值与真值的误差的绝对值超过任意正值的概率无限小，即渐近一致性；第三，当模式数 n 足够大时，估计值的方差最小，即被称为渐近有效性。最大似然法具备所有这些特性，在理论上是得到确认的，因此在许多领域广泛使用。（如之前的脚注中，式（4.23）的 $\hat{\boldsymbol{\Sigma}}$ 不是无偏的，而是在 n 变大时为无偏的，即渐近无偏）。

如前文所述，在最大似然法中将参数 $\boldsymbol{\theta}$ 作为未知的常数来处理，而将 $\boldsymbol{\theta}$ 假设为概率变量来求取则是贝叶斯估计。在大致知道参数的分布函数 $p(\boldsymbol{\theta})$ 的情况下，一般贝叶斯估计会给出比最大似然法更优的估计值，但是 $p(\boldsymbol{\theta})$ 是未知的情况下，两者的优劣就不好说了。另外，本书不涉及贝叶斯估计的推定，有兴趣的读者可以参考文献 [石井 14][DH73] 等。

4.3　识别函数的设计

（1）线性识别函数的设计

识别函数是特征向量 $\boldsymbol{x}$ 的函数，用于描述判定特征向量所属的类的识别规则[⊖]。例如，对于 2 个类（c=2）的识别问题，满足下式的识别函数 $g(\boldsymbol{x})$ 可识别 ω_1,ω_2 2 个类（c=2）。

⊖ 将识别函数和识别规则组合也称为识别器。

$$\begin{cases} g(\boldsymbol{x})>0 \Rightarrow \boldsymbol{x} \in \omega_1 \\ g(\boldsymbol{x})<0 \Rightarrow \boldsymbol{x} \in \omega_2 \end{cases} \tag{4.26}$$

识别函数分为线性识别函数和非线性识别函数。线性识别函数的研究和使用更为广泛。

如同 2.3 节（3）中所述，下式的线性识别函数 $g(\boldsymbol{x})$ 对 2 个类（c=2）的模式识别是根据在 d 维特征空间的部分空间上确定 1 个一维空间，然后将模式投影到这个一维空间上，最后在这个空间上确定决策边界。

$$g(\boldsymbol{x}) = w_0 + \boldsymbol{w}^t \boldsymbol{x} = \mathbf{w}^t \mathbf{x} \tag{4.27}$$

关于从误差评价或者期望损失评价的角度，由式（4.27）求解 **w** 的方法将在第 3 章和第 9 章中有讨论。另外，从特征空间变换的角度求解 **w** 的方法在第 6 章中有讨论。

下面从其他角度来看看如何设计识别函数 $g(\boldsymbol{x})$。首先将识别函数 $g(\boldsymbol{x})$ 的评价函数设为 J，然后确定作为决策边界的超平面，这等价于确定由其法向量表示的轴和轴上的边界点。因此，在由该轴表示的一维空间上的各类 ω_i 的均值和方差分别为 $\tilde{m}_i$和$\tilde{\sigma}_i^2 (i=1,2)$。

这里定义评价函数 J 是 $\tilde{m}_i, \tilde{\sigma}_i^2$ 的函数，

$$J \overset{\text{def}}{=} J(\tilde{m}_1, \tilde{m}_2, \tilde{\sigma}_1^2, \tilde{\sigma}_2^2) \tag{4.28}$$

如果用式（4.27）来表示识别函数，它也是一维子空间的投影值，所以得到

$$\tilde{m}_i = \frac{1}{n_i} \sum_{x \in \mathcal{X}_i} g(\boldsymbol{x}) \tag{4.29}$$

$$= \boldsymbol{w}^t \mathbf{m}_i + w_0 \quad (i=1,2) \tag{4.30}$$

$$\tilde{\sigma}_i^2 = \frac{1}{n_i} \sum_{x \in \mathcal{X}_i} (g(\boldsymbol{x}) - \tilde{m}_i)^2 \tag{4.31}$$

$$= \boldsymbol{w}^t \frac{1}{n_i} \sum_{x \in \mathcal{X}_i} (\boldsymbol{x} - \mathbf{m}_i)(\boldsymbol{x} - \mathbf{m}_i)^t \boldsymbol{w} \tag{4.32}$$

$$= \boldsymbol{w}^t \boldsymbol{\Sigma}_i \boldsymbol{w} \quad (i=1,2) \tag{4.33}$$

但是，$\mathbf{m}_i$ 和 $\boldsymbol{\Sigma}_i$ 是类 ω_i 的平均向量和协方差矩阵。现在，求使 J 最大的 $\boldsymbol{w}$ 和 w_0。首先，用 $\boldsymbol{w}$ 和 w_0 对式（4.30）、式（4.33）进行偏微分，得到

$$\frac{\partial \tilde{m}_i}{\partial \boldsymbol{w}} = \mathbf{m}_i,\quad \frac{\partial \tilde{m}_i}{\partial w_0} = 1,\quad \frac{\partial \tilde{\sigma}_i^2}{\partial \boldsymbol{w}} = 2\boldsymbol{\Sigma}_i \boldsymbol{w},\quad \frac{\partial \tilde{\sigma}_i^2}{\partial w_0} = 0 \tag{4.34}$$

用 $\boldsymbol{w}$ 和 w_0 对 J 进行偏微分，分别使其为 $\mathbf{0}$ 和 0[㊀]，由此得到

$$\frac{\partial J}{\partial \boldsymbol{w}} = \frac{\partial J}{\partial \tilde{\sigma}_1^2}\cdot\frac{\partial \tilde{\sigma}_1^2}{\partial \boldsymbol{w}} + \frac{\partial J}{\partial \tilde{\sigma}_2^2}\cdot\frac{\partial \tilde{\sigma}_2^2}{\partial \boldsymbol{w}} + \frac{\partial J}{\partial \tilde{m}_1}\cdot\frac{\partial \tilde{m}_1}{\partial \boldsymbol{w}} + \frac{\partial J}{\partial \tilde{m}_2}\cdot\frac{\partial \tilde{m}_2}{\partial \boldsymbol{w}} \tag{4.35}$$

$$= 2\left(\frac{\partial J}{\partial \tilde{\sigma}_1^2}\boldsymbol{\Sigma}_1 + \frac{\partial J}{\partial \tilde{\sigma}_2^2}\boldsymbol{\Sigma}_2\right)\boldsymbol{w} + \left(\frac{\partial J}{\partial \tilde{m}_1}\mathbf{m}_1 + \frac{\partial J}{\partial \tilde{m}_2}\mathbf{m}_2\right) \tag{4.36}$$

$$=\mathbf{0} \tag{4.37}$$

$$\frac{\partial J}{\partial w_0} = \frac{\partial J}{\partial \tilde{m}_1} + \frac{\partial J}{\partial \tilde{m}_2} \tag{4.38}$$

$$=0 \tag{4.39}$$

这里，通过将式（4.39）代入式（4.37），得到

$$\boldsymbol{w} = \frac{1}{2}\cdot\frac{\partial J}{\partial \tilde{m}_1}\left(\frac{\partial J}{\partial \tilde{\sigma}_1^2}\boldsymbol{\Sigma}_1 + \frac{\partial J}{\partial \tilde{\sigma}_2^2}\boldsymbol{\Sigma}_2\right)^{-1}(\mathbf{m}_2 - \mathbf{m}_1) \tag{4.40}$$

$$\propto (s\boldsymbol{\Sigma}_1 + (1-s)\boldsymbol{\Sigma}_2)^{-1}(\mathbf{m}_1 - \mathbf{m}_2) \tag{4.41}$$

但有

$$s \stackrel{\text{def}}{=} \frac{\partial J / \partial \tilde{\sigma}_1^2}{\partial J / \partial \tilde{\sigma}_1^2 + \partial J / \partial \tilde{\sigma}_2^2} \tag{4.42}$$

$\boldsymbol{w}$ 是表示超平面的法线方向的向量，所以只求出方向即可，常数倍可以忽略。另外，w_0 可由式（4.39）求出。

根据上述结果，对于定义为 $\tilde{m}_1, \tilde{m}_2, \tilde{\sigma}_1^2, \tilde{\sigma}_2^2$ 的函数的任意 J，可以求出使 J 最大的 $\boldsymbol{w}$ 和 w_0。这里作为一个例，考虑使用任意的正常数 k_1，k_2 将 J 定义为[㊁]

㊀ 注意区分向量 $\mathbf{0}$ 和标量 0。

㊁ 关于 $J(\tilde{m}_1, \tilde{m}_2, \tilde{\sigma}_1^2, \tilde{\sigma}_2^2)$ 的其他几个例子，可以参考文献 [Fuk90] 的第 4 章。

$$J \overset{\text{def}}{=} \frac{(\tilde{m}_1 - \tilde{m}_2)^2}{k_1\tilde{\sigma}_1^2 + k_2\tilde{\sigma}_2^2} \tag{4.43}$$

将 J 最大化意味着求出的 $\boldsymbol{w}$ 可使投影到一维空间的模式的类平均之间的差尽可能大，并且各类的方差尽可能小。由于有

$$\frac{\partial J}{\partial \tilde{\sigma}_i^2} = -k_i \frac{(\tilde{m}_1 - \tilde{m}_2)^2}{(k_1\tilde{\sigma}_1^2 + k_2\tilde{\sigma}_2^2)^2} \quad (i = 1,2) \tag{4.44}$$

所以由式（4.41）和式（4.42）得出

$$\boldsymbol{w} \propto (k_1\boldsymbol{\Sigma}_1 + k_2\boldsymbol{\Sigma}_2)^{-1}(\mathbf{m}_1 - \mathbf{m}_2) \tag{4.45}$$

如果将类 ω_i 的先验概率设为 $P(\omega_i)$，则将6.4节所述的线性判别法理解为 $k_1 = P(\omega_1), k_2 = P(\omega_2)$ 是使 J 最大化的方法。例如，将式（4.45）与式（6.127）进行比较，计算 $\partial J / \partial \tilde{m}_i$ 并代入式（4.39）时，w_0 项消失，w_0 变为不定。也就是说，用式（4.43）定义 J 时，可以求出 $\boldsymbol{w}$，但 w_0 不能唯一确定。在第6.4节中所述的线性判别法适用于这个例子。其他评价函数 J 的例子，请参照习题4.2。

如上面所举的例子，在求出决策边界的法向量但边界的位置未确定的情况下，必须通过其他方法确定 w_0。由于投影结果可以作为一维空间上的分布来观察，因此决策边界也可以通过目视来设定。自动设定时，可以考虑以下方法。

1）以变换后的类均值的中点为边界的方法。

$$w_0 = -\frac{\tilde{m}_1 + \tilde{m}_2}{2} \tag{4.46}$$

2）用变换后的各类的方差进行内分的方法。

$$w_0 = -\frac{\tilde{\sigma}_2^2\tilde{m}_1 + \tilde{\sigma}_1^2\tilde{m}_2}{\tilde{\sigma}_1^2 + \tilde{\sigma}_2^2} \tag{4.47}$$

3）用变换后的各类的标准差进行内分的方法。

$$w_0 = -\frac{\tilde{\sigma}_2\tilde{m}_1 + \tilde{\sigma}_1\tilde{m}_2}{\tilde{\sigma}_1 + \tilde{\sigma}_2} \tag{4.48}$$

4）考虑先验概率进行内分的方法。

$$w_0 = -\frac{P(\omega_2)\tilde{\sigma}_2^2\tilde{m}_1 + P(\omega_1)\tilde{\sigma}_1^2\tilde{m}_2}{P(\omega_1)\tilde{\sigma}_1^2 + P(\omega_2)\tilde{\sigma}_2^2} \tag{4.49}$$

在应用这种方法时需要注意的是，对于任何 J，$\boldsymbol{w}$ 总是以式（4.41）的形式表示，评价函数 J 的差异只反映在式（4.42）的 s 上。例如，对于用 3.1 节的式（3.37）表示的平方误差最小化学习的评价函数 $J(\mathbf{w})$，也可以适用该方法，可以确认最佳的 $\boldsymbol{w}$ 是用式（4.41）的形式得到的（习题 4.3）。

（2）使用线性识别函数的多类识别

在本节中，尝试将线性识别函数对 2 个类（c=2）识别问题的思路扩展到多类识别问题。为了确定多类的边界，一般需要多个线性识别函数。如下所述，提出了利用线性识别函数为多类的识别制定识别规则的方法。

①任意 2 个类 ω_i, ω_j 线性可分离的情况。

这种情况如图 4.1a 所示。此时，存在识别类 ω_i 和 ω_j 的线性识别函数 $g_{ij}(\boldsymbol{x})$ $(1 \leqslant i, j \leqslant c)$，且满足：

$$\begin{cases} \boldsymbol{x} \in \omega_i \Rightarrow g_{ij}(\boldsymbol{x}) > 0 \\ \boldsymbol{x} \in \omega_j \Rightarrow g_{ij}(\boldsymbol{x}) < 0 \end{cases} \tag{4.50}$$

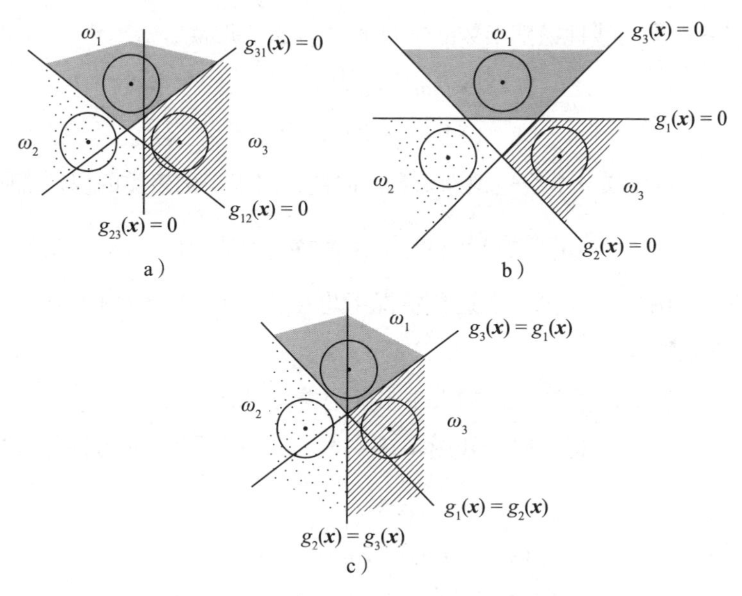

图 4.1　线性识别函数的多类识别

同样，可以定义 $c(c-1)/2$ 个线性识别函数。因此，若设 $g_{ij}(\boldsymbol{x})=-g_{ji}(\boldsymbol{x})$，则用于识别多类的识别规则为

$$g_{ij}(\boldsymbol{x})>0 \Rightarrow \boldsymbol{x} \in \omega_i (\forall j \neq i) \tag{4.51}$$

但是，在这种情况下，可能会出现不属于任何类的区域。这相当于 1.2 节（2）所述的剔除区域。

另外，作为这种方法的变形，如下的多数表决法也经常被使用。首先，对所有 $i(i=1,\cdots,c)$ 求出使式（4.52）成立的 $j(j=1,\cdots,c)$ 的个数，再将其设为得票数 $N(i)$，识别规则为式（4.53）。

$$g_{ij}(\boldsymbol{x})>0 \tag{4.52}$$

$$N(i)>N(j) \Rightarrow \boldsymbol{x} \in \omega_i (\forall j \neq i) \tag{4.53}$$

虽然没得到识别函数 g_i，但是用费希尔方法等求出 g_{ij} 时，多数表决法是有效的（参见习题 4.4）。

②任意类 ω_i 和 ω_i 以外的所有类线性可分离的情况。

这是图 4.1b 所示的情况，可以视为图 4.1a 的特殊情况。此时，存在识别类 ω_i 和 ω_i 以外的类的线性识别函数 $g_i(\boldsymbol{x})(1 \leqslant i \leqslant c)$，并满足

$$\begin{cases} \boldsymbol{x} \in \omega_i \Rightarrow g_i(\boldsymbol{x})>0 \\ \boldsymbol{x} \notin \omega_i \Rightarrow g_i(\boldsymbol{x})<0 \end{cases} \tag{4.54}$$

同样，可以定义 c 个线性识别函数。因此，用于识别多类的识别规则为

$$g_i(\boldsymbol{x})>0 \text{且} g_j(\boldsymbol{x})<0 \Rightarrow \boldsymbol{x} \in \omega_i \quad (\forall j \neq i) \tag{4.55}$$

另外，与图 4.1a 相同，在这种情况下也存在剔除域。使用多数表决法也可以制定识别规则。

③可以根据识别函数 $g_i(x)$ 的大小来确定类的情况。

这是图 4.1c 所示的情况，和图 4.1b 一样可以视为图 4.1a 的特殊情况。识别规则为

$$g_i(\boldsymbol{x})>g_j(\boldsymbol{x}) \Rightarrow \boldsymbol{x} \in \omega_i \quad (\forall j \neq i) \tag{4.56}$$

由于 $g_i(\boldsymbol{x})$ 的大小关系总是可以确定的，所以除边界以外的任何区域都必须

被识别为任一类 ω_i。

另一方面，在线性不可分离的情况下，必须先定义某个评价标准，然后根据方法求出使该标准最小或最大的 $g_i(\boldsymbol{x})$ 和 $g_{ij}(\boldsymbol{x})$ 等。为此，可以利用 3.1 节所述的平方误差最小化学习等。并且，例如，如果使用作为使式（3.6）最小的解而求出的 g_i，就可以直接利用上面所述的②的方法。

（3）一般识别函数

到目前为止，已经阐述了式（4.57）定义的线性识别函数，但通过使用非线性函数，可以设定更复杂的决策边界。

$$g(\boldsymbol{x}) = w_0 + \boldsymbol{w}^t\boldsymbol{x} = \mathbf{w}^t\mathbf{x} \tag{4.57}$$

关于非线性识别函数的一般讨论是不可能实现的，所以在这里介绍可以作为线性识别函数的扩展的一般识别函数⊖。

一般识别函数的最简单的例子是二次识别函数。二次识别函数 $g(\boldsymbol{x})$ 使用标量 w_0，d 维向量 $\boldsymbol{w}$，(d,d) 矩阵 $\mathbf{W}$，即：

$$g(\boldsymbol{x}) = w_0 + \boldsymbol{w}^t\boldsymbol{x} + \boldsymbol{x}^t\mathbf{W}\boldsymbol{x} \tag{4.58}$$

这个二次识别函数的权重向量的最优化问题，实际上是可以在与线性识别函数的权重向量的最优化完全相同的框架下解决。例如，如果特征空间的是一维空间，二次识别函数定义为

$$g(x) = w_0 + w_1x + w_2x^2 \tag{4.59}$$

那么通过将向量 $\mathbf{y}$ 重新定义为

$$\mathbf{y}=(1,x,x^2)^t \tag{4.60}$$

同时令

$$\boldsymbol{w} = (w_0, w_1, w_2)^t \tag{4.61}$$

式（4.59）就可以重写为

⊖ 关于非线性识别函数的另一个代表性的例子是神经网络及其设计方法，在 2.5 节（2）和 3.3 节中已经讲述过了。

$$g(\mathbf{y}) = \boldsymbol{w}^t \mathbf{y} \tag{4.62}$$

因此，通过将向量 $\mathbf{y}$ 视为新的特征向量，求最佳 $\boldsymbol{w}$ 的问题可以视为线性识别函数的权重向量的最优化问题。

假设 2 个类（c=2）特征向量的分布是多维正态分布，使用 4.1 节所述的参数学习，当各类的协方差矩阵相等 ($\boldsymbol{\Sigma}_1$=$\boldsymbol{\Sigma}_2$) 时，最佳识别函数是线性识别函数，表示为与 $\mathbf{m}_1-\mathbf{m}_2$ 垂直的超平面。并且，当 $P(\omega_1)=P(\omega_2)$ 时，最佳决策边界为 $\mathbf{m}_1$ 和 $\mathbf{m}_2$ 的中点。此外，当每个类的协方差矩阵不同时，最佳识别函数用二次识别函数表示，决策边界为二次曲面。

由于二次曲面与超平面相比具有更加复杂的决策边界，各类的协方差矩阵是不同的，一般直觉上会认为二次识别函数比线性识别函数更利于实际运用，但这并不一定都是正确的。众所周知，利用线性识别函数的方法在很多情况下反而会带来好的结果，这被称为线性识别函数的稳健性。究其原因，可以考虑以下几点。

也就是说，根据模式推测出的二次识别函数通过增加模式数逐渐接近最佳识别函数，但为了实现一定的精度，二次识别函数需要比线性识别函数更多的模式。因为二次识别函数有更多的参数 (d^2 的量级)。例如，当协方差矩阵在各类中相等时，无论使用线性识别函数还是二次识别函数，都可以在同一超平面上求出最佳的决策边界。此时，已知二次识别函数在增加模式数 n 时对最佳决策边界的渐近性较差。也可以参考 5.5 节的“心得”。

以上关于二次识别函数的讨论，可以进一步扩展到任意函数的线性组合。将关于 $\boldsymbol{x}$ 的任意 k 个函数设为 $\phi_i(\boldsymbol{x})(i=1,2,\cdots,k)$，用它们定义识别函数

$$g(\boldsymbol{x}) = \sum_{i=1}^{k} w_i \phi_i(\boldsymbol{x}) + w_0 \tag{4.63}$$

这里，如果将向量 $\mathbf{y}$ 设为

$$\mathbf{y} = (\phi_1(\boldsymbol{x}), \cdots, \phi_k(\boldsymbol{x})) \tag{4.64}$$

那么式（4.63）就是将 $\mathbf{y}$ 视为特征向量的线性识别函数。这个线性识别函数 $g(\boldsymbol{x})$ 被称为一般识别函数或者是 Φ 函数。如果使用一般识别函数，则可以实现包

括非线性函数在内的任意识别函数，并且可以应用线性识别函数学习法来作为最优化的方法。然而，一般不知道为了实现某识别函数而必备的 $\phi_i(\boldsymbol{x})$ 的必要条件。

4.4 特征空间的维度和学习模式数

设计识别单元时面临的一个现实问题是如何确定学习模式数。学习模式数 n 应与特征向量的维度 d 相关联，不能单独来论述。要直观地理解这一点，可以设想在固定模式数的情况下增加特征向量的维度的情况。这时，模式的分布在特征空间上变得稀疏，统计的置信度明显降低。因此，要实现识别单元的高精度，就必须准备与维度相匹配的足够数量的学习模式。在此列举几个启发学习模式数与维度之间关系的例子。

首先，假设学习模式数低于特征空间的维度（$n \leqslant d$）。这种情况下，尽管准备了 d 维的特征空间，但实际上只利用了 $(n-1)$ 维的空间，浪费了 $(d-n+1)$ 维的空间。

考虑下面的例子，就会明白这一点。

假设考虑三维 $(d=3)$ 空间作为特征空间，其中学习模式只有 3 个 $(n=3)$。这些模式决定了三维空间上的一个二维平面。也就是说，虽然是三维空间，但由于模式数少，所以停留在二维平面上的分布。为了实现三维的扩展，模式数至少要大于维度，即必须是 4 以上。不过，这只是最低限度的条件，即使模式数为 4，如果它们偶然处在同一平面上，情况也会相同。因此，为了使模式的分布在特征空间中具有与其维度相符的扩展，必须有

$$n \gg d \tag{4.65}$$

从上面的例子来看，这似乎是理所当然的，但识别单元的设计者常常忽略了这个条件。这是因为设计者过于急于改善识别性能，而忘记了学习模式是有限的，而诉诸追加特征这一简单的手段。如果追加特征与此相应，学习模式也必须增加，但设计者大多吝惜收集模式所花费的精力和时间，只以追加特征了事（参见“心得”）。

这也适用于第6章的KL展开和费希尔方法。也就是说，KL展开需要协方差矩阵的计算，如果没有至少$(d+1)$个以上的模式，得到的协方差矩阵就不是正则矩阵。另外，应用费希尔方法时，还会出现求不出逆矩阵的问题。这里，$n=d+1$只是最低限度的条件，要得到统计上可靠的结果，就必须设定比这个大得多的n。

但是，在6.5节（2）中也会叙述，特征相互之间有很强的相关性的情况下，即使维度很大，那也只是表面现象，实际上可以用更少的维度（固有维度）来描述模式。式（4.65）的d不应解释为表面的维度，而应解释为固有维度。

再举一个例子，考虑d维的特征空间上分布着n个模式的情况。不过，这些模式设为一般位置㊀。假设每个模式都属于2个类ω_1,ω_2中的一个，那么类名的分配方法共有2^n种。当从中任意选择一个时，将其通过超平面进行线性分离的概率$p(n,d)$是怎样的呢？

例如，假设$d=2$，$n=4$时，即二维特征空间上分布着4个模式。各模式属于类ω_1,ω_2中的任意一个，因此其组合数为$2^4=16$种。图4.2示出了分布情况。在图中，2个类别用●和○来区分，表示了a)～h)的8种分布。

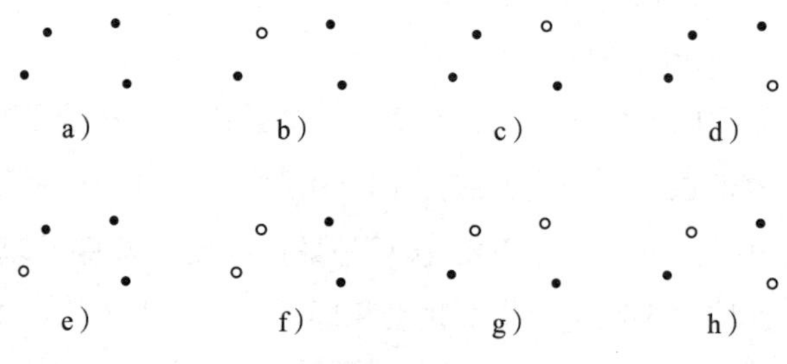

图4.2　二维特征空间上分布的4个模式

如果在图中交换●和○的话，还会追加8种分布，得到总共16种的全部分布。从图中可以看出，三点不在一条直线上，所以这4个点在一般位置上。在图中的8种分布中，只有图4.2h看起来是线性不可分离的，其他7种都是线性可

㊀ 对于$n>d$，当任何$(d+1)$模式都不在$(d-1)$维超平面上时，或者对于$n\leqslant d$，当$(n-2)$维超平面不包含n个模式时，这些模式处于一般位置。例如，在三维特征空间$(d=3)$中，4个模式不在同一平面上等情况与此相当。

分离的，所以为

$$p(n,d)=p(4,2)=14/16=0.875 \tag{4.66}$$

一般来说，相对于 d,n，$p(n,d)$ 由下式表示（推导参见习题 4.5、4.6）：

$$p(n,d)=\begin{cases}2^{1-n}\cdot\sum_{j=0}^{d}{}_{n-1}C_j & (n>d)\\ 1 & (n\leqslant d)\end{cases} \tag{4.67}$$

图 4.3 是以 $n/(d+1)$ 为横轴来绘制式（4.67）中的 $p(n,d)$。图中绘制了 d=2,8,32,∞ 的情况，可知在 $n/(d+1)=2$ 时 $p(n,d)=1/2$（习题 4.7）。另外，随着 d 变大，在 $n/(d+1)=2$ 附近产生阈值效应，在 $d\to\infty$ 的极限时有

$$\begin{cases}p(n,d)\approx 1 & (n<2(d+1))\\ p(n,d)\approx 0 & (n>2(d+1))\end{cases} \tag{4.68}$$

另外，用式（4.66）求出的结果在图中用虚线表示。这个 $2(d+1)$ 被称为超平面的容量。关于容量在文献 [Nil65] 中有详细介绍。

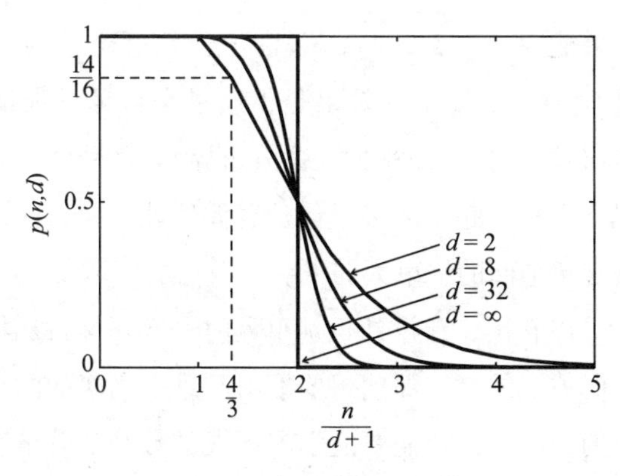

图 4.3　线性可分离概率

心得

添加特征会导致识别性能下降吗？

在得到图 4.3 时，假定特征向量的维度 d 已经确定，学习模式数 n 可以自由设定。但是，由于一般数据收集成本较高，所以在不少情况下，实际学习模式数

有限。因此，当学习模式数不足以满足维度时，就必须通过去除特征或合并特征等方法来减少维度，而不是增加模式数。

为了提高识别性能，设计者非常自然地进行了添加尽可能独立于现有特征的新特征的工作。期待通过添加特征来改善识别性能，再差也能维持现状。但是，添加特征导致识别性能下降的现象也经常发生。这该如何解释才好呢？其原因是忘记了学习模式数有限而增加了太多特征，最终与本节要讨论的“维度诅咒”有关。也就是说，当特征数 d 相对于模式数 n 较小时，特征的添加有助于提高识别性能，但如果 d 相对于 n 增大到不可忽视的程度，统计上的置信度就会下降，与预期相反，导致识别性能下降。这被称为休斯现象，是由有限的学习模式而引起的“偏颇”的工作现象。详细内容将在5.5节所述。

无论如何，识别单元的设计必须时刻牢记学习模式数和特征数的关系。

现在，考虑通过学习求出两个类的线性分离超平面的情况。根据式（4.68），当 d 大时，无论学习模式如何分布，在 $n < 2(d+1)$ 的情况下几乎都能确定地找到线性分离面。反之，在 $n > 2(d+1)$ 的情况下，找到这种超平面的概率无限接近于0。因此，如果能在 $n > 2(d+1)$ 的条件下得到所希望的超平面，其可靠度将会非常高。对于学习，所期待的效果是，通过来自足够数量的学习模式的强约束，“必然”地求得所希望的超平面（决策边界）。这种“必然性”很重要，在 $n < 2(d+1)$ 的情况下得到的超平面多半伴随着偶然性。换句话说，$n < 2(d+1)$ 的学习模式数作为决定超平面的约束太弱了。

从以上的例子可以看出，在设计识别单元时，必须准备比特征向量的维度足够多的学习模式。但遗憾的是，即使想要准备与维度相匹配的学习模式，在现实中也大多是不可能的。因为，所需要的学习模式的数量随着维度的增大而呈指数级增长。这个极其棘手的问题被称为维度诅咒（curse of dimensionality），一直困扰着模式识别研究者。

特征向量的维度 d 也可以解释为描述超平面所需的参数，即权重系数 $(w_0, w_1, \cdots, w_d)$ 的个数。因此，上述内容也可以说成是，应该在学习中使用与构成识别单元的参数数量相比足够数量的模式。神经网络中经常提到的（over-fitting），归根结底也是由于使用了相对于参数数量过少的学习模式。也就是说，过度学习是指利用具有多个参数的复杂函数，将少数个别模式近似为零误差，存在不能正确预测新的输入模式的危险[⊖]。过度学习的解决方法参见 8.2 节的“心得”。

心得

当学习模式较少时，使用 NN 法

本节论述了学习模式过少会有的种种弊端。明知这样的弊端，但在必须构造识别单元的情况下，采用 NN 法是最快捷的方法。因为在这种情况下，设计能够完全识别学习模式的识别单元是可以采用的最好的方法，而最确定的方法就是 NN 法。在这种情况下，即使适用学习[⊜]，也没有多大意义。即使应用了学习，也只是达到收敛需要的时间，得到的决策边界与 NN 法没有太大差别。

另外，常常会提到异或，来作为表示神经网络效用的例子。从这个例子中值得学习的是，在感知器中不能‘通过学习’实现异或，而在神经网络中可以‘通过学习’实现”。其实，如果仅仅是实现异或，NN 法就足够了。

4.5 识别单元的最优化

（1）决定识别单元的参数

到目前为止，作为非参数识别方法，介绍了线性识别函数、非线性识别函数（神经网络）、k-NN 法。这些都是在实用方面也经常使用的代表性方法。但是，线性识别函数中的维度 d，神经网络中的中间神经元数，k-NN 方法中的 k 的值等，都是在学习之前需要确定的参数。这些参数可以解释为识别器的“原本参数（例如神经网络的权重参数）的参数”，所以经常也称为超参数。

由于超参数的设定对识别性能有很大影响，所以在实用上极为重要。超参数设置的好坏可以通过错误率来评价。本节将讲述根据给定的学习模式来决定超参数的代表性方法。将给定的有标签模式集合写成

⊖ 作为在考虑参数数量的同时适合个别模式的方法，已知的有赤池信息量准则（AIC:Akaike’ s information criterion）。

⊜ 这种情况下的学习不包括全数记忆方式的 NN 法。

$$\mathcal{X}=\{x_1,x_2,\cdots,x_n\} \tag{4.69}$$

超参数是通过评价对未知模式的识别性能来确定的。现在将某识别方法的超参数设为 λ。例如在 k-NN 法中，因为 $\lambda=k$，所以有 $\lambda=1,2,3,4,\cdots$ 的自然数。在此，将 λ 的值固定，并将使用给定学习模式设计的识别单元对于遵循相同分布的所有可能未知模式的错误率的平均值（期望值）定义成 $\mathbf{e}_\lambda$。超参数的确定问题，就是确定使 $\mathbf{e}_\lambda$ 最小的 $\lambda\in\Lambda$。这里，Λ 为全体 λ 的集合。但是，由于分布是未知的，所以自然不能简单地计算 $\mathbf{e}_\lambda$。因此，这里的问题可以归结为仅从给定的 n 个模式构成的模式集合 $\mathcal{X}=\{x_1,x_2,\cdots,x_n\}$ 来估计 $\mathbf{e}_\lambda$ 的问题。

(2) 分割学习法

首先，最简单的方法是，可以考虑将 $\mathcal{X}$ 分割为学习模式集合 $\mathcal{X}_1$ 和测试模式集合 $\mathcal{X}_2$，用 $\mathcal{X}_1$ 设计 $\lambda\in\Lambda$ 各值的识别器，然后用独立于 $\mathcal{X}_1$ 的 $\mathcal{X}_2$ 来评价其识别性能，以此来估计 $\mathbf{e}_\lambda$ 的方法。也就是说，将给定模式集合的一部分视为测试模式集合（未知模式集合）的方法，被称为分割学习法。以下简称为 H 法。

但是，由于该方法将给定模式集合的一部分作为测试模式集合使用，因此在实际学习中使用的模式数减少，识别性能也随之劣化。如果将学习模式集合分割尽可能多的数量，就会导致测试模式数变少，从而降低性能评价的可靠性。因此，在给定的模式数足够多的情况下可能是有效的方法，但在模式数少的情况下，作为 $\mathbf{e}_\lambda$ 推算法的精度就不太好。

(3) 交叉验证法

在 H 法中，给定的模式集合被用于学习或测试，但是通过交叉验证方法（下文简称 CV 法）[⊖]对 $\mathbf{e}_\lambda$ 的估计，$\mathcal{X}$ 的所有元素都被用于学习和测试。具体来说，首先将 $\mathcal{X}$ 分割为 m 个组 $\mathcal{X}_1,\mathcal{X}_2,\cdots,\mathcal{X}_m$。此时各组的模式数为 n/m。然后，用除 $\mathcal{X}_i$ 以外的 $(m-1)$ 个组的模式学习后，通过 $\mathcal{X}_i$ 算出错误率。对于所有 $i=1,2,\cdots,m$ 进

⊖ CV 法原本是作为任意统计量的估计法而被设计出来的。也就是说，这里在错误率的估计上应用了 CV 法。基于 CV 法的估计量在理论上被证明具有渐近一致性（$n\to\infty$ 时，估计量渐近真值）。

行该步骤，计算得到的 m 个错误率的平均值，并将其作为 $\mathbf{e}_\lambda$ 的估计值。

最简单且常用的分割是元素数为 1 的分割。即，对于 $i=1,2,\cdots n$ 用 $(\mathcal{X}-\boldsymbol{x}_i)$ 来进行学习，通过 $\mathcal{X}_i$ 来进行测试的步骤，将 n 次测试得到的错误率作为 $\mathbf{e}_\lambda$ 的估计值。这种方法被称为留一法（leave-one-out method）㊀。以下简称为 L 法。显然，L 法的所有模式都用于学习和测试，因此与 H 法相比，$\mathbf{e}_\lambda$ 的估计精度提高了。但是，由于需要重复学习 n 次，所以计算量非常大。

（4）自举法

与 CV 法一样，作为任意统计量的估计法，还有自举法㊁。以下简称为 BS 法。与 CV 法相比，这一方法具有估计值的方差减小，即估计值相对于 $\mathcal{X}$ 的变动稳定的特点。BS 法根据统计量有各种各样的估计方法，其基本原理是从 $\mathcal{X}$ 中的复原进行提取，即取出后再复原的提取法。以下内容作为 e_λ 的估计，对如何应用 BS 法进行说明，详细内容见参考文献 [ET93]。

现在，在进行 e_λ 的估计时，将 $\mathcal{X}$ 同时用于学习和测试，得到了估计值 e_λ。既然学习模式集合也被用于测试，那么得到的错误率的估计值应该比真值小。这时，将偏差表示为

$$R = \mathrm{e}_\lambda - \hat{\mathrm{e}}_\lambda \tag{4.70}$$

如果能用某种方法估计 R 的值，就可以由式（4.70）求出

$$\mathrm{e}_\lambda = \hat{\mathrm{e}}_\lambda + R \tag{4.71}$$

BS 法是通过从 $\mathcal{X}$ 中进行 n 次复原提取生成伪模式集合 $\mathcal{X}^* = \{\boldsymbol{x}_1^*, \boldsymbol{x}_2^*, \cdots, \boldsymbol{x}_n^*\}$，并使用该伪模式集合来求式（4.70）的 R 的估计值的方法。

也就是说，在 BS 法中，将这个伪模式集合 $\mathcal{X}^*$ 视为学习模式集合，将原始模式集合 $\mathcal{X}$ 视为测试模式集合，从而将式（4.70）的关系改写为

㊀ 也被称为杰克刀法。由于杰克刀是作为一把万能刀而广为人知，所以用于任意统计量的估计的留一法，含有“万能”的意思而称为杰克刀法。前面所说的 CV 法，是包含留一法的，是涵盖范围更广的估计法，但是说到 CV 法，多指这个留一法。

㊁ bootstrap 源自“ to pull oneself up by one’s bootstrap”，意思是靠自己的力量摆脱困境 [ET93]。也就是说，包含了只从给定的模式集合中想办法推定真值的意图。

$$R^* = \mathbf{e}_\lambda^* - \hat{\mathbf{e}}_\lambda^* \tag{4.72}$$

式中，$\mathbf{e}_\lambda^*$ 表示将 $\boldsymbol{\mathcal{X}}^*$ 用于学习和将 $\boldsymbol{\mathcal{X}}$ 用于测试而得到的 $\mathbf{e}_\lambda$ 的估计值，而 $\hat{\mathbf{e}}_\lambda^*$ 表示将 $\boldsymbol{\mathcal{X}}^*$ 同时用于学习和测试而得到的 $\mathbf{e}_\lambda$ 的估计值。但是，R^* 必须不受特定采样的影响。因此，生成 B 个（B 通常为 50 左右）伪模式集合 $\boldsymbol{\mathcal{X}}^{*1},\boldsymbol{\mathcal{X}}^{*2},\cdots,\boldsymbol{\mathcal{X}}^{*B}$，对于每一个集合，求出 $R^{*1},R^{*2},\cdots,R^{*B}$，将它们的平均值设为 R^*。BS 法和 L 法一样，有着坚实的理论基础。对于想要深入学习的读者，文献 [ET93] 是很好的参考。

整理 BS 法的 $\mathbf{e}_\lambda$ 推算法如下。

步骤 1. 用原来的模式集合 $\boldsymbol{\mathcal{X}}$ 设计模型 λ 的识别器后，计算同样的 $\boldsymbol{\mathcal{X}}$ 的错误率，将其值设为 $\hat{\mathbf{e}}_\lambda$。

步骤 2. b=1,⋯,B 中对每一个 b 进行如下的处理。

从原始模式集合 $\boldsymbol{\mathcal{X}}$ 中通过 n 次复原提取生成 $\boldsymbol{\mathcal{X}}^{*b}$，将 $\boldsymbol{\mathcal{X}}^{*b}$ 作为模式集合设计模型 λ 的识别器后，将用 $\boldsymbol{\mathcal{X}}$ 计算出错误率的结果设为 $\mathbf{e}_\lambda^{*b}$，将用 $\boldsymbol{\mathcal{X}}^{*b}$ 计算出错误率的结果设为 $\hat{\mathbf{e}}_\lambda^{*b}$。用这些值计算 $R^{*b} = \mathbf{e}_\lambda^{*b} - \hat{\mathbf{e}}_\lambda^{*b}$。

步骤 3. 设步骤 2 中得到的 B 个 $R^{*1},\cdots,R^{*B}$ 的平均值为 R^*，则得到的估计值为 $\hat{\mathbf{e}}_\lambda + R^*$。

以上讲述了不需要最大似然估计值的模型选择方法，但在实际应用中，建议使用 L 法或 BS 法。两者都需要相当多的学习次数㊀，与 H 法相比需要大量的计算时间，但其缺点完全可以用精度弥补。

习题

4.1　推导式（4.22）、式（4.23）(可以用附录 A.2 的公式)。

4.2　求出在投影的一维空间上，原点周围的类之间的空间尽可能大，并且各类的方差尽可能小的 $\boldsymbol{w}$。用于本题的评价函数 J，可以考虑为

$$J \stackrel{\text{def}}{=} \frac{k_1\tilde{m}_1^2 + k_2\tilde{m}_2^2}{k_1\tilde{\sigma}_1^2 + k_2\tilde{\sigma}_2^2}$$

㊀ 当模式数为 n 时，对于求一个 λ 的值，CV 法需要 n 次，BS 法需要 B 次。但是，这里已知 L 法快速求出协方差矩阵及其逆矩阵的算法（参见文献 [Fuk90] 第 5 章）。

使用这个评价函数，根据 4.3 节（1）所述的方法，求出最佳的 $\boldsymbol{w}$ 和 w_0。

4.3* 推导平方误差最小化学习方法应用于 2 类问题时的评价式（式（3.37））：

$$J(\mathbf{w})=\frac{1}{2}\sum_{p=1}^{n}(g(\boldsymbol{x}_p)-b_p)^2=\frac{1}{2}\sum_{p=1}^{n}(\mathbf{w}^t\mathbf{x}_p-b_p)^2$$

用 4.3 节（1）所述的方法求出的最佳 $\boldsymbol{w}$ 和 w_0 为

$$\begin{aligned}\boldsymbol{w}&=a\cdot\Sigma_W^{-1}(\mathbf{m}_1-\mathbf{m}_2)\\ w_0&=-\mathbf{m}^t\boldsymbol{w}+P(\omega_1)-P(\omega_2)\\ &=-a\cdot\mathbf{m}^t\boldsymbol{\Sigma}_W^{-1}(\mathbf{m}_1-\mathbf{m}_2)+P(\omega_1)-P(\omega_2)\end{aligned}$$

式中 a 是任意常数，而 $\boldsymbol{\Sigma}_W$ 是由式（6.113）定义的类内协方差矩阵，并且监督信号 b_p 遵循式（3.35）(也可参考习题 9.2）。

4.4 在二维特征空间上分布着 ω_1～ω_4 四种学习模式。假设从这些模式中得到决策边界的 6 种线性识别函数如下：

$$\begin{aligned}&g_{12}(\boldsymbol{x})=-23-4x_1+5x_2, &&g_{13}(\boldsymbol{x})=49-4x_1-x_2,\\ &g_{14}(\boldsymbol{x})=-63+x_1+6x_2, &&g_{23}(\boldsymbol{x})=12-x_2,\\ &g_{24}(\boldsymbol{x})=-40+5x_1+x_2, &&g_{34}(\boldsymbol{x})=-112+5x_1+7x_2\end{aligned}$$

其中，对于输入模式 $\boldsymbol{x}=(x_1,x_2)^t$，线性识别函数 g_{ij} 为

$$\begin{cases}g_{ij}(\boldsymbol{x})>0\Rightarrow\boldsymbol{x}\in\omega_i\\ g_{ij}(\boldsymbol{x})<0\Rightarrow\boldsymbol{x}\in\omega_j\end{cases}\tag{4.73}$$

也就是说，$g_{ij}(\boldsymbol{x})=0$ 是类 ω_i 和 ω_j 的决策边界。

用多数表决法分别表示出识别模式 $\boldsymbol{x}_1=(2,9)^t$ 和模式 $\boldsymbol{x}_2=(2,11)^t$ 的结果。

4.5* 共有 n 个模式分布在 d 维特征空间上，这些模式位于一般位置。将这些模式用 $(d-1)$ 维超平面一分为二，分成 ω_1,ω_2 两组的方法的数量为 $L(n,d)$。这种二分法被称为线性二分法。这时，给出下式成立的过程。

$$L(n,d)=L(n-1,d)+L(n-1,d-1)\tag{4.74}$$

要注意 $L(n,d)$ 中也包括组内模式数为零的情况。

4.6 根据式（4.74），用数学归纳法证明下式成立。

$$L(n,d)=\begin{cases}2\cdot\sum_{j=0}^{d}{}_{n-1}C_j & (n>d)\\ 2^n & (n\leqslant d)\end{cases}\tag{4.75}$$

4.7 对于式（4.67）的 $p(n,d)$，证明当 $n/(d+1)=2$ 时 $p(n,d)=1/2$。

CHAPTER 5

第 5 章

特征评价与贝叶斯误差

5.1 评价特征

如第 1 章所述，识别系统由预处理单元、特征提取单元、识别单元组成。现在假设识别系统没有发挥出预期的性能。识别性能是包括预处理单元、特征提取单元、识别单元在内的整个识别系统的评价尺度，因此为了改善识别性能，必须明确性能降低的原因是识别系统的哪个处理单元造成的。

作为案例，考虑 2 个类（c=2）分布在二维特征空间上的情况。现在在特征空间上观测类的分布，如图 5.1a 所示。在这种情况下，2 个类（c=2）是完全分离的，因此只要适当设置识别单元，就应该能够实现不会引起错误识别的识别系统。尽管如此，如果识别性能仍停留在较低水平，则原因不在特征提取单元，而在识别单元。

另一方面，假设使用其他特征得到了图 5.1b 或图 5.1c 那样的分布。这种情况下，由于类的分布之间存在重叠，所以无论如何设计识别单元，都会产生错误识别。也就是说，这种情况下，不是识别单元，而是特征提取单元有问题。

在设计特征提取单元时，事先对特征进行评价[⊖]是极为重要的。从上面的例子可以看出，如果特征不合适，无论在识别单元设计上多么努力，也无法实现高精度的识别系统。特征的好坏，可以通过类间分离能力来评价。也就是说，在上

⊖ 因为讨论由多个特征建立的多维特征空间上的类间分离，所以准确而言，与其说是对各个特征的评价，不如说是对特征向量的评价。

面的例子中，图 5.1b 优于图 5.1c，图 5.1a 优于图 5.1b。以下将说明根据类间分离度来评价特征的方法。

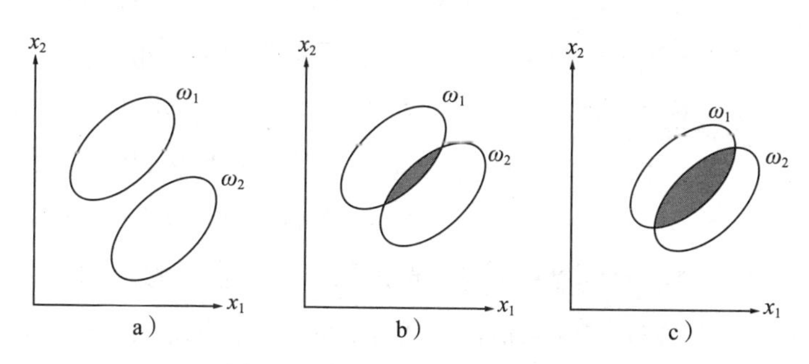

图 5.1　分布重叠与贝叶斯误差

5.2　类间方差与类内方差的比

为了高精度地进行类间分离，在特征空间上最好是同一类的模式尽量接近，不同类的模式尽量分开分布。下面介绍用这样的视角评价类间分离度的方法。

设属于类 ω_i 的模式的集合为 $\mathcal{X}_i$，$\mathcal{X}_i$ 中包含的模式数为 n_i，平均向量为 $\mathbf{m}_i$。另外，设所有模式数为 n，所有模式的平均向量为 $\mathbf{m}$。这里，如果用 σ_W^2 表示类内方差，用 σ_B^2 表示类间方差，则可以写成

$$\sigma_W^2 = \frac{1}{n}\sum_{i=1}^{c}\sum_{x\in\mathcal{X}_i}(\boldsymbol{x}-\mathbf{m}_i)^t(\boldsymbol{x}-\mathbf{m}_i) \tag{5.1}$$

$$\sigma_B^2 = \frac{1}{n}\sum_{i=1}^{c}n_i(\mathbf{m}_i-\mathbf{m})^t(\mathbf{m}_i-\mathbf{m}) \tag{5.2}$$

即，类内方差表示类的平均广度，类间方差表示类间的广度。因此，如果定义它们的比值为

$$J_\sigma = \frac{\sigma_B^2}{\sigma_W^2} \tag{5.3}$$

J_σ 越大，就可以判定特征越优秀。上式中的 J_σ 被称为类间方差与类内方差的比。这也可以看作是用类内距离归一化后的类间距离（习题 5.1）。

类间方差与类内方差的比是一种简便的评估法，但也存在以下缺点。即，对于多类的问题，类间方差与类内方差的比的评价值并不一定反映实际分布的分离度。例如，考虑图 5.2 所示的由 4 类构成的分布时，图 5.2a 和图 5.2b 的 J_σ 的值是相等的。但是，作为特征而言，图 5.2a 明显优于图 5.2b。这是因为，在图 5.2a 中，四个分布相等间隔地分离，没有重叠，而在图 5.2b 中 ω_1 和 ω_3, ω_2 和 ω_4 的分布重叠。之所以会出现这种现象，是因为 J_σ 只看类之间的距离，而没有评价分布的重叠程度。而且，由于该方法是对整体的分离度进行平均评价，所以也存在不能反映每对类的分离度的问题。要避免这个问题，可以采取对所有的每个类计算出式（5.3），并将其平均值作为评价值的方法。但是，在类数较多的情况下，这种方法的计算量会非常大。

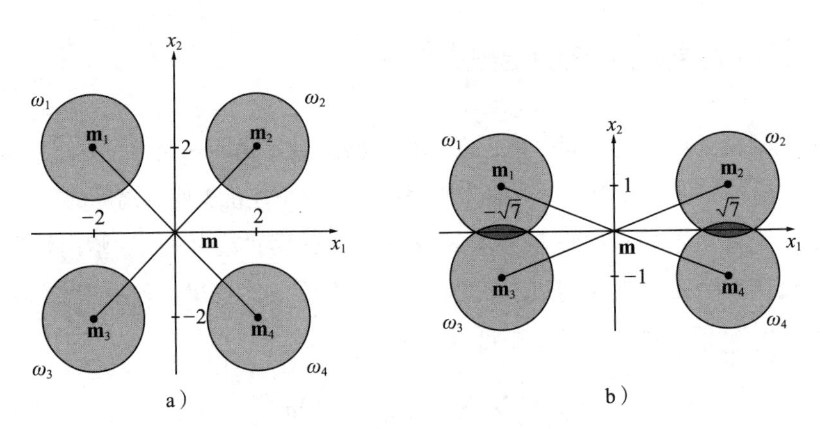

图 5.2　基于类间方差与类内方差的比的评价失效的例子

那么，怎样才能更好地调查分布的重叠程度呢？实际上，这与下一节将要叙述的贝叶斯误差密切相关。

5.3　贝叶斯误差

在此先举个例子，观察通过某个地点的行人，用机器自动判断其是男性还是女性 [数藤 00]。例如，如果能够通过 TV 摄像机和各种传感器提取身高、体重、声音、服装颜色等特征，就可以利用这些特征在一定程度上判断男女。但是，只要使用这种间接的观测方法，就不能准确地确定男女。因为相同特征量的组合在男性和女性身上都有可能发生。例如，从身高和体重来看，男性平均都比女性大，但从个别情况来看，不符合这一倾向的情况比比皆是。在使用这些特征的特征空间上，男女分布相互重叠。因此，只要用这种特征来判断男女，就必然会产生错误识别。原因在于特征本身具有本质上的不完整性，不能通过在识别单元下功夫来解决。所谓贝叶斯误差，也就是由特征本身的不完整性所引起的“必然错误”的程度，可以解释为特征空间上的“分布重叠程度”（参照图 5.1）。

试着把上面 2 个类（c=2）的问题公式化。设 2 个类为 ω_1（男）、ω_2（女），它们发生的概率，即先验概率分别为 $P(\omega_1),P(\omega_2)$。用向量 $\boldsymbol{x}=(x_1,x_2,\ldots,x_d)^t$ 表示被观测到的 d 种特征，当观测到 $\boldsymbol{x}$ 时，设其属于 ω_1,ω_2 的概率，即后验概率分别为 $P(\omega_1\,|\,\boldsymbol{x}),P(\omega_2\,|\,\boldsymbol{x})$。另外，设 x 的概率密度函数为 $p(\boldsymbol{x})$。如 4.1 节所述，有下式成立：

$$P(\omega_1)+P(\omega_2)=1 \tag{5.4}$$

$$P(\omega_1\,|\,\boldsymbol{x})+P(\omega_2\,|\,\boldsymbol{x})=1 \tag{5.5}$$

$$p(\boldsymbol{x})=P(\omega_1)p(\boldsymbol{x}\,|\,\omega_1)+P(\omega_2)p(\boldsymbol{x}\,|\,\omega_2) \tag{5.6}$$

另外，从式（4.4）的贝叶斯定理可以得到

$$P(\omega_i\,|\,\boldsymbol{x})=\frac{p(\boldsymbol{x}\,|\,\omega_i)}{p(\boldsymbol{x})}P(\omega_i) \quad (i=1,2) \tag{5.7}$$

对于输入的每一个 $\boldsymbol{x}$ 进行 ω_1 或 ω_2 的判定，如上所述，既然在特征空间上发生了分布重叠，就必然伴随着错误识别。对于某个 $\boldsymbol{x}$ 的错误率 $P_e(\boldsymbol{x})$ 可表示为

$$P_e(\boldsymbol{x})=\begin{cases} P(\omega_2\,|\,\boldsymbol{x}) \ (\text{当判定为 } \boldsymbol{x}\in\omega_1 \text{时}) \\ P(\omega_1\,|\,\boldsymbol{x}) \ (\text{当判定为 } \boldsymbol{x}\in\omega_2 \text{时}) \end{cases} \tag{5.8}$$

对于所有可能发生的 $\boldsymbol{x}$ 的错误率 P_e 可以写成

$$P_e=\int P_e(\boldsymbol{x})p(\boldsymbol{x})\mathrm{d}\boldsymbol{x} \tag{5.9}$$

为了使 P_e 最小，可以选择采用 $P(\omega_1\,|\,\boldsymbol{x}),P(\omega_2\,|\,\boldsymbol{x})$ 较小的一方作为式（5.9）的 $P_e(\boldsymbol{x})$ 的判定方法。即，

$$\begin{cases} P(\omega_1 \mid \boldsymbol{x}) > P(\omega_2 \mid \boldsymbol{x}) \Rightarrow \boldsymbol{x} \in \omega_1 \\ P(\omega_1 \mid \boldsymbol{x}) < P(\omega_2 \mid \boldsymbol{x}) \Rightarrow \boldsymbol{x} \in \omega_2 \end{cases} \tag{5.10}$$

这是一种将使后验概率 $P(\omega_i \mid \boldsymbol{x})(i=1,2)$ 最大化的 ω_i 作为识别结果输出的判定方法，如前面在式（4.5）中所述，这种判定方法被称为贝叶斯判定准则⊖。$P_e(\boldsymbol{x})$ 的最小值用 $e_B(\boldsymbol{x})$ 表示，就是

$$e_B(\boldsymbol{x}) = \min P_e(\boldsymbol{x}) \tag{5.11}$$

$$= \min\{P(\omega_1 \mid \boldsymbol{x}), P(\omega_2 \mid \boldsymbol{x})\} \leqslant \frac{1}{2} \tag{5.12}$$

$e_B(\boldsymbol{x})$ 称为条件贝叶斯误差。同样，P_e 的最小值用 e_B 表示，则得到

$$e_B = \min P_e \tag{5.13}$$

$$= \int e_B(\boldsymbol{x}) p(\boldsymbol{x}) \mathrm{d}\boldsymbol{x} \tag{5.14}$$

$$= \int \min\{P(\omega_1 \mid \boldsymbol{x}), P(\omega_2 \mid \boldsymbol{x})\} p(\boldsymbol{x}) \mathrm{d}\boldsymbol{x} \tag{5.15}$$

上式的 e_B 是误差不能比这个小的极限，换句话说就是“分布的重叠”，是由这个特征提取系统造成的“必然的错误”。在统计模式识别中，将其称为贝叶斯误差（习题 5.2）。

在不观测 $\boldsymbol{x}$ 来判定男女时，可利用的信息只有先验概率的 $P(\omega_1)$ 和 $P(\omega_2)$，所以比较妥当的判定为

$$\begin{cases} P(\omega_1) > P(\omega_2) \Rightarrow \boldsymbol{x} \in \omega_1 \\ P(\omega_1) < P(\omega_2) \Rightarrow \boldsymbol{x} \in \omega_2 \end{cases} \tag{5.16}$$

在男女比例相等的情况下，$P(\omega_1) = P(\omega_2) = 0.5$，但在某个特定的地区和时间段，女性更多，例如，如果事先知道 $P(\omega_1) = 0.4$，$P(\omega_2) = 0.6$ 的话，总是判定为女性是最好的。但是，在这种情况下必须做好会出现 40% 的错误识别的心理准备。

另一方面，在观测了 $\boldsymbol{x}$ 后，用于判断的信息增加，因此可以进行精度更高的

⊖ 这里考虑了最小化错误率，但更一般的形式是定义**损失函数**（loss function），并将伴随判定的损失最小化的形式进行公式化。损失的最小值称为贝叶斯风险。作为一种特殊情况，贝叶斯风险包括贝叶斯误差。关于这一点将在 8.2 节（2）中叙述。

判断。此时的判定方法是式（5.10）。

上面描述了2个类（c=2）的情况，多类的情况下的贝叶斯判定准则，代替式（5.10）变为

$$\max_{i=1,\ldots,c}\{P(\omega_i\mid\boldsymbol{x})\}=P(\omega_k\mid\boldsymbol{x})\Rightarrow\boldsymbol{x}\in\omega_k \tag{5.17}$$

这种判定方法，已经用式（4.5）表示出来了。另外，贝叶斯误差 e_B 用以下公式来代替式（5.15）。

$$e_B=\int\min_i\{1-P(\omega_i\mid\boldsymbol{x})\}p(\boldsymbol{x})\mathrm{d}\boldsymbol{x} \tag{5.18}$$

如4.1节所述，式（5.17）表示 $P(\omega_i\mid\boldsymbol{x})$ 可以作为识别函数使用。也就是说，识别函数 $gi(x)$ 为

$$g_i(x)=P(\omega_i\mid\boldsymbol{x})\quad(i=1,\ldots,c) \tag{5.19}$$

这种实现贝叶斯判定准则的识别函数被称为贝叶斯识别函数。

心得

根据特征信息量来评价特征

既然提到了信息，那么就来说一下信息量可以用于特征的评价的情况。在本节所举的例子中，试着计算关于性别的不确定度（模糊性），即熵。观察 $\boldsymbol{x}$ 之前的熵 H_0 为

$$H_0=-\sum_{i=1}^{2}P(\omega_i)\log P(\omega_i) \tag{5.20}$$

观察之后的熵 $H(\boldsymbol{x})$ 是

$$H(\boldsymbol{x})=-\sum_{i=1}^{2}P(\omega_i\mid\boldsymbol{x})\log P(\omega_i\mid x) \tag{5.21}$$

观察 $\boldsymbol{x}$ 所带来的信息量 $I(\boldsymbol{x})$ 是不确定度的减少部分，即熵的差，所以可以写成

$$I(\boldsymbol{x})=H_0-H(\boldsymbol{x}) \tag{5.22}$$

因此，使用特征 $\boldsymbol{x}$ 时得到的平均信息量 I 为

$$I=\int I(\boldsymbol{x})p(\boldsymbol{x})\mathrm{d}\boldsymbol{x} \tag{5.23}$$

这个I越大，则可以说是越有效的特征，所以可以作为特征评估的尺度来使用。这里讨论的是类数为2的情况，即使类数增加，只要在式（5.20）和式（5.21）中设$\sum_{i=1}^{c}$就可以一般化。

上面的$P(\omega_i)$，$P(\omega_i \mid \boldsymbol{x})$分别被称为先验概率、后验概率，这在4.1节中已经叙述过了。一般来说，通过观察$\boldsymbol{x}$，与$P(\omega_i)$相比，$P(\omega_i \mid \boldsymbol{x})$的值变大会偏向于特定的类别，这就表现为熵的减少，也就是信息。

5.4　贝叶斯误差与最近邻规则

（1）最邻近规则的误差

在上一节中阐述了贝叶斯误差在评价特征方面的重要性。那么，如何计算贝叶斯误差呢？如果预先知道概率密度函数，则可以通过式（5.15）、（5.18）解析求出，但实际上概率密度函数不可能是已知的。能够观察到的不是概率密度函数本身，而是概率密度函数的实现值，换句话说，就是基于概率密度函数生成的各个模式。也就是说，在现实中，概率密度函数和贝叶斯误差都是理想化概念。

因此，一直以来人们就在研究近似求贝叶斯误差的方法，其中最为人所知的是在1.3节中介绍过的NN法，即利用最近邻规则的近似。其关系式可表示为(参见文献 [CH67])：

$$e_B \leqslant e_N \leqslant e_B\left(2-\frac{c}{c-1}e_B\right) \leqslant 2e_B \tag{5.24}$$

式中，e_B是贝叶斯误差，e_N是NN法的误差，c是类数。也就是说，在原型数量足够大的情况下，NN法的误差大于贝叶斯误差（这是理所当然的），但不会超过贝叶斯误差的2倍，这是一个非常有趣的结果。换句话说，NN法虽然是简单的方法，但在原型数量较大的情况下，贝叶斯误差是比较好的近似。下面就$c=2$的情况，试着推导式（5.24）。

首先，准备事先知道所属类的n个原型$\boldsymbol{x}_1, \boldsymbol{x}_2, \cdots, \boldsymbol{x}_n$。如果用$\boldsymbol{x}'$表示输入模式$\boldsymbol{x}$的最近邻，那么$\boldsymbol{x}'$是从原型中选择的，所以有：

$$\boldsymbol{x}' \in \{\boldsymbol{x}_1, \boldsymbol{x}_2, \ldots, \boldsymbol{x}_n\} \quad (5.25)$$

NN 法中出现错误的情况是输入模式和其最近邻所属的类不同，所以使用 n 个原型的 NN 法识别模式 $\boldsymbol{x}$ 时的误差 $e_n(\boldsymbol{x})$ 是

$$e_n(\boldsymbol{x}) = P(\omega_1 | \boldsymbol{x})P(\omega_2 | \boldsymbol{x}') + P(\omega_2 | \boldsymbol{x})P(\omega_1 | \boldsymbol{x}') \quad (5.26)$$

对所有可能发生的 $\boldsymbol{x}$ 的误差 e_n 为⊖

$$e_n = \int e_n(\boldsymbol{x})p(\boldsymbol{x})\mathrm{d}\boldsymbol{x} \quad (5.27)$$

在这里作如下式的假设

$$\lim_{n\to\infty} \boldsymbol{x}' = \boldsymbol{x} \quad (5.28)$$

也就是说，当原型数 n 趋近于无限大时，$\boldsymbol{x}'$ 就无限趋近于 $\boldsymbol{x}$。因此有：

$$\lim_{n\to\infty} P(\omega_i | \boldsymbol{x}') = P(\omega_i | \boldsymbol{x}) \quad (i=1,2) \quad (5.29)$$

由这些式子能得到

$$\lim_{n\to\infty} e_n(\boldsymbol{x}) = 2P(\omega_1 | \boldsymbol{x})P(\omega_2 | \boldsymbol{x}) \quad (5.30)$$

$$= 2e_B(\boldsymbol{x})(1-e_B(\boldsymbol{x})) \quad (5.31)$$

式（5.30）到式（5.31）的变形使用了式（5.12）的关系式。

NN 法的误差 e_N 由式（5.14）、（5.27）、（5.31）可以得到

$$e_N = \lim_{n\to\infty} e_n \quad (5.32)$$

$$= \int (\lim_{n\to\infty} e_n(\boldsymbol{x}))p(\boldsymbol{x})\mathrm{d}\boldsymbol{x} \quad (5.33)$$

$$= \int 2e_B(\boldsymbol{x})(1-e_B(\boldsymbol{x}))p(\boldsymbol{x})\mathrm{d}\boldsymbol{x} \quad (5.34)$$

$$= 2e_B(1-e_B) - 2\cdot \mathrm{Var}(e_B(\boldsymbol{x})) \quad (5.35)$$

$$\leqslant 2e_B(1-e_B) \quad (5.36)$$

⊖ 严格来说，式（5.27）的定义是 $e_n(\boldsymbol{x},\boldsymbol{x}')$ 代替 $e_n(\boldsymbol{x})$，并且通过定义概率密度函数 $q(\boldsymbol{x},\boldsymbol{x}')$，应该得到 $e_n = \int\int e_n(\boldsymbol{x},\boldsymbol{x}')p(\boldsymbol{x})q(\boldsymbol{x},\boldsymbol{x}')\mathrm{d}\boldsymbol{x}\mathrm{d}\boldsymbol{x}'$，但是由于过程太过烦琐，所以略记了。关于此内容可参见本节（2）。

式中 $\mathrm{Var}(e_B(\boldsymbol{x}))$ 表示 $e_B(\boldsymbol{x})$ 的方差⊖。

另一方面，由式（5.27）、（5.31）、（5.32），可以得到

$$\begin{aligned} e_N &= \int 2e_B(\boldsymbol{x})(1-e_B(\boldsymbol{x}))p(\boldsymbol{x})\mathrm{d}\boldsymbol{x} \\ &= \int \{e_B(\boldsymbol{x})+e_B(\boldsymbol{x})(1-2e_B(\boldsymbol{x}))\}p(\boldsymbol{x})\mathrm{d}\boldsymbol{x} \qquad (5.37) \\ &= e_B + \int e_B(\boldsymbol{x})(1-2e_B(\boldsymbol{x}))p(\boldsymbol{x})\mathrm{d}\boldsymbol{x} \qquad (5.38) \\ &\geqslant e_B \qquad (5.39) \end{aligned}$$

这里应用了式（5.12）的 $e_B(\boldsymbol{x})\leqslant 1/2$。综上所述，得出

$$e_B \leqslant e_N \leqslant 2e_B(1-e_B) \leqslant 2e_B \qquad (5.40)$$

可以用式（5.24）证明 $c=2$ 的情况。$c>2$ 的一般情况的证明请参见文献 [CH67]。

心得

最近邻法和原型分布

最近邻法（NN 法）在原型密集分布的情况下，其误差接近贝叶斯误差，说明是一种优秀的识别方法。根据贝叶斯判定准则确定的决策边界为与后验概率相等的地方，即满足

$$\begin{aligned} P(\omega_1\mid\boldsymbol{x})-P(\omega_2\mid\boldsymbol{x}) &= \frac{P(\omega_1)p(\boldsymbol{x}\mid\omega_1)}{p(\boldsymbol{x})}-\frac{P(\omega_2)p(\boldsymbol{x}\mid\omega_2)}{p(\boldsymbol{x})} \\ &= 0 \qquad (5.41) \end{aligned}$$

一般来说，错误识别多发生在决策边界附近。而且，在大多数情况下，在决策边界附近模式的概率密度很低。例如在上式中，当 $p(\boldsymbol{x}\mid\omega_i)(i=1,2)$ 被表示为平均（向量）不同的正态分布时，决策边界被设定在概率密度低的部分，即正态分布的边缘附近。这种倾向，均值之间的距离越远越明显。

那么，假设为了执行 NN 法而收集了原型。因为这些原型被认为反映了原来

⊖ 设 $f(\boldsymbol{x})$ 为 $\boldsymbol{x}$ 的函数，

$$\overline{f} \stackrel{\mathrm{def}}{=} \int f(\boldsymbol{x})p(\boldsymbol{x})\mathrm{d}\boldsymbol{x}$$

则有下式成立：

$$\begin{aligned} \int f(\boldsymbol{x})(1-f(\boldsymbol{x}))p(\boldsymbol{x})\mathrm{d}\boldsymbol{x} &= \overline{f(1-f)} = \overline{f}-\overline{f^2} = \overline{f}(1-\overline{f})-(\overline{f^2}-\overline{f}^2) \\ &= \overline{f}(1-\overline{f})-\mathrm{Var}(f) \end{aligned}$$

的概率密度，所以必然会在概率密度高的地方聚集很多原型。但是，这反过来表明，在容易产生错误识别的决策边界附近只能聚集少数原型。

另一方面，要想通过 NN 法实现高识别性能，就必须在极有可能引起错误识别的决策边界附近配置大量的原型。反之，除此之外的部分只需少数原型即可。换句话说，只留下对确定决策边界有贡献的原型即可。也就是说，在配置原型时，忠实地反映模式的分布与实现高识别性能是相反的要求。

在应用 NN 法时，上述不必要的原型的减少可以有效地减少计算量和存储容量。但是，当真正的决策边界因某种原因发生变动时，在识别的稳健性方面，则有很多不足之处。编辑算法 [Das91] 作为一种从收集的原型中生成能够更有效识别的新原型集合的方法而被提出。

（2） 误差的计算示例

在此，通过具体例子来确认式（5.40）是否成立。下面要讨论的例题是文献 [CH67] 中介绍的内容。因为这是理解贝叶斯误差与 NN 法之间关系的绝佳材料，所以选取了这一内容。

现在，假设两个类 ω_1,ω_2 分布在一维特征空间的区间 [0, 1] 上，令两个类的先验概率相等

$$P(\omega_1)=P(\omega_2)=\frac{1}{2} \tag{5.42}$$

另外，设两个类的概率密度函数 $p(x|\omega_1),p(x|\omega_2)$ 分别为

$$p(x|\omega_1)=2x \tag{5.43}$$

$$p(x|\omega_2)=2-2x \tag{5.44}$$

式中，x 表示一维特征值。由式（5.6）得出

$$p(x)=P(\omega_1)p(x|\omega_1)+P(\omega_2)p(x|\omega_2) \tag{5.45}$$

$$=\frac{1}{2}\cdot 2x+\frac{1}{2}(2-2x) \tag{5.46}$$

$$=1 \tag{5.47}$$

可知 n 个模式的分布是均匀分布。现在假设两个类中的 $x_1,x_2,\cdots,x_n$ 总共 n 个模式

按照上面所述的概率分布分布。在图 5.3 中绘制了 $p(x|\omega_1)$ 和 $p(x|\omega_2)$，并且在区间 [0,1] 上表示了 2 个类（c=2）的模式的分布情况。

使用这 n 个模式作为原型，通过 NN 法识别未知模式时，其错误概率 e_n 在经过若干计算后可求得[⊖]

$$e_n = \frac{1}{3} + \frac{3n+5}{2(n+1)(n+2)(n+3)} \tag{5.48}$$

上式的推导可参照习题 5.3。

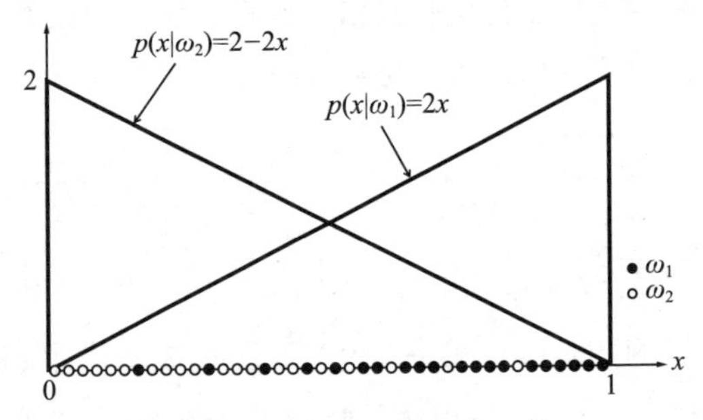

图 5.3　2 类的概率密度函数

在这里，试着验证一下上式的妥当性。如果只使用一个原型而应用 NN 法，那么两个类中的一个类会全部被错误识别。实际上，在式（5.48）中 $n=1$ 时 $e_n=1/2$，这一点是确定的。

式（5.48）中 $n\to\infty$ 时，NN 法的误差 e_N 为

$$e_N = \lim_{n\to\infty} e_n = \frac{1}{3} \tag{5.49}$$

图 5.4 描绘了 n 和 e_n 的关系。

而贝叶斯误差 e_B 由式（5.15）可得

$$e_B = \int_0^1 \min\{P(\omega_1|x), P(\omega_2|x)\}\, p(x)\mathrm{d}x$$

⊖ 这个结果虽然与原始论文所示的公式不同，

$$e_n = \frac{1}{3} + \frac{1}{(n+1)(n+2)}$$

但与文献 [Pet70] 的结果一致。估计是文献 [CH67] 的导出过程有错误。但是，当 $n=1, n\to\infty$ 时，上式的值都与式（5.48）的结果一致。

$$=\int_0^1 \min\{x,1-x\}\mathrm{d}x \tag{5.50}$$

$$=\frac{1}{4} \tag{5.51}$$

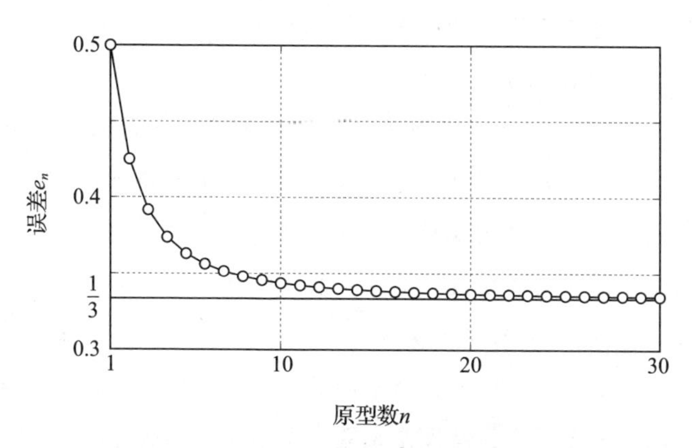

图 5.4　NN 法的误差与原型数的关系

将式（5.49）、（5.51）与 2 个类（c=2）情况下的式（5.40）相对应，得到

$$\frac{1}{4}<\frac{1}{3}<\frac{3}{8} \tag{5.52}$$

可知关系式确实成立。

心得

NN 法的错误概率超过贝叶斯误差的 2 倍！

揭示贝叶斯误差与 NN 法的关系（见文献 [CH67]）在统计模式识别的历史上是划时代的，对以后的模式识别研究也产生了很大的影响。然而，在文献 [CH67] 发表 20 年后，这一定论被福永（Keinosuke Fukunaga）等人推翻了。关于这一点将作如下叙述。

表明“NN 法的错误概率最多是贝叶斯误差的 2 倍”的式（5.24），支持 NN 法不仅是模式识别器，而且作为贝叶斯误差的估计手段也是有用的，可以说是 NN 法的基石。但是，之后福永 [Fuk87] 等人对这个主张提出了质疑。也就是说，根据福永的理论分析，当特征空间（特征向量）的维数高时，NN 法中的误差的渐近性能不仅是贝叶斯误差的2倍，甚至可以达到3倍甚至4倍。那么，文献[CH67]的解析哪里出了问题呢?

一般来说，估计值伴随着由估计所使用的模式的概率变动而引起的**偏差**（和真值的偏差）和方差（由估计值的平均值的分散）。如果偏差大，估计值就会偏离真值，如果方差大，仅凭一个估计结果就不可靠。实际上，在NN法的误差的估计中，这些麻烦的计算，特别是与估计值本身有关的偏差也在暗中做着坏事。在大多数情况下，偏差值会随着模式数量的增加而减少，所以在实用上，只要有足够的模式数，偏差的影响就可以忽略不计。但是，NN法的偏差与模式数无关，它与定义特征空间的维度、距离尺度（定义最近邻的距离，一般是欧几里得距离），以及模式的分布有很大关系。特别是维度的影响显著，伴随着维度的增加，偏差以指数级增加，所以特征空间的维度较高时，多少模式数的增加也是“杯水车薪”，偏差不会减少，结果是误差附加了很大的偏差，会远远超过2倍的贝叶斯误差。也就是说，文献[CH67]的式（5.24）的导出过程中完全没有考虑到偏差的影响。另外，文献[CH67]的式（5.24）的推导过程中也存在问题。也就是说，如式（5.28）所示，当足够多的模式均匀分布时，文献[CH67]使用了某个模式$\boldsymbol{x}$与其最近邻模式$\boldsymbol{x}'$的距离为零的假设。在特征空间为二维的情况下考虑的话，数量庞大的模式均匀地散布在二维平面上，所以上述的假设似乎是合理的。但是，在更高维度上事情就不那么简单了。在高维度的情况如下。如图5.5所示，假设考虑以某个$\boldsymbol{x}$为中心、半径为r的d维超球，球内模式均匀分布。其次，中心相同、半径为$ar(0<a<1)$的d维超球。假设半径为r的d维超球的体积为V_1，半径为ar的超球外侧与半径为r的超球内侧的部分体积为V_2，则超球的体积与半径的d次方成比例，所以得到

$$\frac{V_2}{V_1}=\frac{r^d-(ar)^d}{r^d}=1-a^d$$

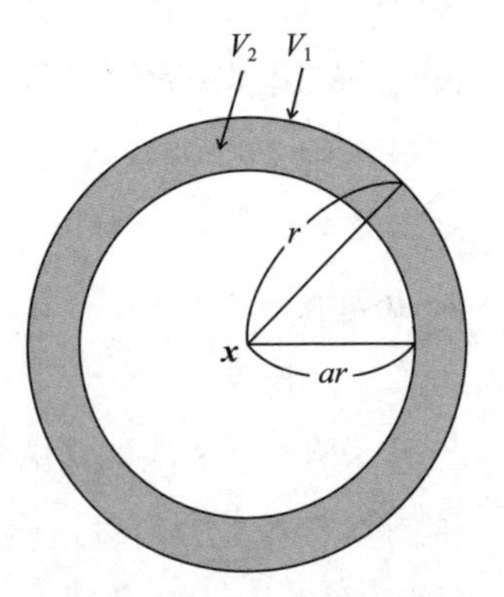

图5.5 高维度空间中的球面集中现象

例如，当$a=0.8, d=100$时，$V_2/V_1\approx 1-2.03\times10^{-10}$。有趣的是，这表示当$d$很大时，超球的体积几乎都被

其表面附近的体积所占据。

因此，在超球内 δV 的小区域存在模式的概率 $P(\delta V)$ 为分布 $\times\delta V$。但是，在中心附近，由于上述的计算得到 $\delta V\approx 0$，所以有 $P(\delta V)\approx 0$。也就是说，$\boldsymbol{x}$ 附近的模式，概率≈1 存在于图 5.5 的灰色部分。这是学习通信理论的人都知道的，证明香农第二定理中的“球面集中现象”。因此，在高维度空间中，$\boldsymbol{x}$ 与其最近邻模式的距离为零的上述假设是不合适的。

综上所述，应该认识到特征维度高时式（5.24）不成立。不过，为了避免误解，想说的是，这并不是主张将 NN 法作为识别法是没用的。要想将 NN 法作为理想的识别器使用，关键是要设定好特征空间的维度、模式数和距离尺度。但是，这种设定方法还没有完全确立，可以说这是 NN 法今后的重要研究课题。在统计模式识别方面，除此之外，还有许多需要解决的研究课题。尽管如此，维度诅咒还是很可怕的。

5.5 贝叶斯误差估计法

（1）误差的偏差和方差

前面已经说过，贝叶斯误差作为特征的评价标准而言是很重要的。本节叙述贝叶斯误差的估计方法。由于贝叶斯误差是用真实分布来定义的，所以在实际应用中不可能直接计算贝叶斯误差。另外，即使分布是已知的，在多维的特征空间的情况下，为了计算贝叶斯误差也需要多维的积分计算，除了分布的函数形式是正态分布这样的特殊情况外，这种计算都是很困难的。因此，根据式（5.18）的定义表达式来直接估计贝叶斯误差，并不是一种合理的方法。实际上，上述方法是无法估计出贝叶斯误差的。以下将叙述不根据定义式，而是根据学习模式间接估计贝叶斯误差的实用方法。为了说明贝叶斯误差的估计法，在这里有必要说明伴随误差估计的偏差和方差的重要事项。在此之前，首先来说明什么是偏差和方差。

从给定的模式集合 $\mathcal{X}$ 估计某个统计量 $s(\mathcal{X})$ 时，由于其估计量依赖于伴随

概率变动的模式 $\mathcal{X}$，所以也称为概率变量，记为 $S(\mathcal{X})$㊀。$S(\mathcal{X})$ 的偏差被定义为 $S(\mathcal{X})$ 中所有可能的 $\mathcal{X}$ 的平均值（期望值）与真值 s_0 的差：

$$\text{Bias} = \underset{\mathcal{X}}{\text{E}}\{S(\mathcal{X})\} - s_0 \tag{5.53}$$

直观地说，偏差表示遵循同一分布的模式 $\mathcal{X}$ 的估计值的平均值相对于真值偏离程度的量。并且，当偏差为零时，该估计量称为无偏或无偏估计量。另外，$S(\mathcal{X})$ 的方差由式（5.54）定义为估计值之间的方差。偏差越小，表示其估计量越接近真值，方差越小，表示其估计量的可靠性越高。因此，偏差和方差被用作估计量的好坏的尺度。

$$\text{Var} = \underset{\mathcal{X}}{\text{E}}\{(S(\mathcal{X}) - \text{E}\{S(\mathcal{X})\})^2\} \tag{5.54}$$

关于误差估计中的偏差和方差，揭示了以下重要的事实。也就是说，误差的偏差起因于有限的学习模式数，而误差的方差起因于有限的测试模式数㊁。

心得

偏差与方差的困境

虽然省略了推导过程，但是估计量的均方误差，也就是，估计值与真值的平方误差的期望值，可以分解为如下式的偏差和方差㊂：

$$\text{MSE} = \text{Bias}^2 + \text{Var} \tag{5.55}$$

式（5.55）是描述 MSE 细节的重要关系式。例如，将阶数依次上升为 1 阶、2 阶、3 阶，设计识别函数，用顺序测试模式来评价其识别性能，到某个阶数识别率会下降，但过了这个阶数之后就会增加。这到底是怎么回事？用式（5.55）可以很好地解释这个现象。偏差、方差一般与估计量模型的自由度密切相关。也

㊀ 估计量和估计值是两个不同的概念。给定估计量时，其实现值就是估计值。例如，在均值的情况下，概率变量 $X_1,\ldots,X_n$ 的函数 $M = 1/n\sum_{i=1}^{n} X_i$ 是估计量，其实现值 $X_1 = x_1,\ldots,X_n = x_n$ 所产生的具体值 $1/n\sum_{i=1}^{n} x_i$ 是估计值。因此，估计值 $s(\mathcal{X})$ 是估计量 $S(\mathcal{X})$ 的实现值。

㊁ 详细内容请参考文献 [Fuk90] 第 5 章。

㊂ MSE、Var 是二次统计量，Bias 是一次统计量，因此 Bias 的 2 次方，直观上也很自然。另外，如果数据中含有噪声，则在式（5.55）的右侧还需添加噪声值方差。

就是说，如图 5.6 所示，模型的自由度越大，偏差越小（接近真值），但方差反而越大（变化幅度越大）。提高识别函数的阶数，可以提高函数的表现能力，也就是提高模型的自由度。因此，当阶数上升时，偏差确实会变小，但方差会相应地变大。结果如图 5.6 所示，两者之和的 MSE，以某个地方为界由减少变为增加。

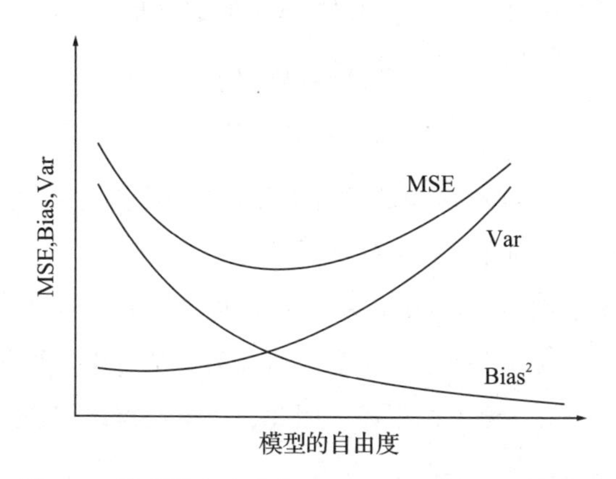

图 5.6 模型的自由度与 MSE，$Bias^2$，Var 的关系

Bias-Var 曲线具有降低一方则提高另一方的折中关系。

因此，如果以大兼并小，盲目地使用复杂的模型，虽然，对于学习模式或许可以达到几乎 100% 的识别率，但是对于未知模式，很多情况下识别性能会相当低。这正是由于方差的增大而导致的。

在使用神经网络等自由度高的非线性模型时，即使能够很好地识别学习模式，也不能说其性能同样适用于未知模式。而在线性模型中，虽然对真值的适用程度一般，但由于方差小，估计值的偏差小，可以得到稳定的结果。也就是说，由于通过学习模式获得的识别性能与未知模式的识别性能没有太大差别，因此评价变得容易。模型自由度的确定，实际上就是为了寻求这种偏差和方差的最佳平衡。

（2） 贝叶斯误差的上限和下限

误差一般是学习模式和测试模式的函数。这从识别器的设计使用学习模式，评价使用测试模式这一点上就可以看出。因此，用这两个分布的函数来表示误差。此时，真实的误差（贝叶斯误差），可以认为是利用能够实现贝叶斯判定准则的识别器在真实分布中学习后，在真实分布中测试出的误差。也就是说，假设真正的分布的集合是 $\mathcal{P}$㊀，则贝叶斯误差可以写成是 $\epsilon(\mathcal{P},\mathcal{P})$，其中的第 1 个参数表示学习模式的分布，第 2 个参数表示测试模式的分布。

另一方面，用 $\hat{\mathcal{P}}$ 表示用有限个学习模式推测的分布，则以下两个不等式成立：

$$\epsilon(\mathcal{P},\mathcal{P}) \leqslant \epsilon(\hat{\mathcal{P}},\mathcal{P}) \tag{5.56}$$

$$\epsilon(\hat{\mathcal{P}},\hat{\mathcal{P}}) \leqslant \epsilon(\mathcal{P},\hat{\mathcal{P}}) \tag{5.57}$$

上述不等式在学习和测试两者的分布不同的情况下，与它们相同的情况相比，误差确实会增加，因此直观上是很明显的。

另一方面，正如本节（1）所述，误差的偏差都是由学习模式引起的。换句话说，由于误差对于测试模式是无偏的，所以关于学习模式和独立测试模式的期望值，等于在真实分布下测试的误差。因此，将学习模式和独立测试模式的分布写成 $\hat{\mathcal{P}}'$，则下式成立：

$$\mathop{\mathrm{E}}_{\hat{\mathcal{P}}'}\{\epsilon(\hat{\mathcal{P}},\hat{\mathcal{P}}')\} = \epsilon(\hat{\mathcal{P}},\mathcal{P}) \tag{5.58}$$

从式（5.56）和式（5.58）得到

$$\epsilon(\mathcal{P},\mathcal{P}) \leqslant \mathop{\mathrm{E}}_{\hat{\mathcal{P}}'}\{\epsilon(\hat{\mathcal{P}},\hat{\mathcal{P}}')\} \tag{5.59}$$

从式（5.57）得到以下式子：

$$\mathop{\mathrm{E}}_{\hat{\mathcal{P}}}\{\epsilon(\hat{\mathcal{P}},\hat{\mathcal{P}})\} \leqslant \mathop{\mathrm{E}}_{\hat{\mathcal{P}}}\{\epsilon(\mathcal{P},\hat{\mathcal{P}})\} \tag{5.60}$$

但是，与上述相同，关于测试模式的期望值无偏，所以有

$$\mathop{\mathrm{E}}_{\hat{\mathcal{P}}}\{\epsilon(\mathcal{P},\hat{\mathcal{P}})\} = \epsilon(\mathcal{P},\mathcal{P}) \tag{5.61}$$

从式（5.60）和式（5.61）可得到下式：

$$\mathop{\mathrm{E}}_{\hat{\mathcal{P}}}\{\epsilon(\hat{\mathcal{P}},\hat{\mathcal{P}})\} \leqslant \epsilon(\mathcal{P},\mathcal{P}) \tag{5.62}$$

从式（5.59）和式（5.62）可得到下式所示的贝叶斯误差的上限值和下限值。

㊀ 例如，2 个类（c=2）的情况下，得到 $\mathcal{P}=\{p(\boldsymbol{x}\mid\omega_1),p(\boldsymbol{x}\mid\omega_2)\}$。

$$\mathop{\mathrm{E}}_{\hat{\mathcal{P}}}\{\epsilon(\hat{\mathcal{P}},\hat{\mathcal{P}})\}\leqslant\epsilon(\mathcal{P},\mathcal{P})\leqslant\mathop{\mathrm{E}}_{\hat{\mathcal{P}}'}\{\epsilon(\hat{\mathcal{P}},\hat{\mathcal{P}}')\} \tag{5.63}$$

由式（5.63）可知，真实的误差公式 $\in(\mathcal{P},\mathcal{P})$ 可以在测试中使用学习模式估计的误差期望值和使用独立于学习模式的测试模式估计的误差期望值之间进行估计。换句话说，通过上述两种方法估计误差，就可以间接地估计贝叶斯误差。

在只给出由 n 个学习模式构成的一个数据集的实际应用中，由于无法进行期望值计算，所以用以下方法近似求出贝叶斯误差的下限值和上限值。式（5.63）所示的下限值是通过简单地设计学习模式的识别器，用同样的学习模式进行测试，计算误差的方法也相近。该方法是将学习模式再次输入到识别器，因此被称为再代入法[㊀]。以下简称为 R 法。

另一方面，对于表达式（5.63），即使对 $\hat{\mathcal{P}}$ 取期望值，不等号也不会发生任何变化，因此上限值也可以是 $\mathrm{E}_{\hat{\mathcal{P}}}\{\mathrm{E}_{\hat{\mathcal{P}}'}\{\epsilon(\hat{\mathcal{P}},\hat{\mathcal{P}}')\}\}$。而这正是 4.5 节（2）所述的 H 法。但是，由于目前只给出了一个数据集，所以 H 法在设计和测试识别器时就会出现模式数减少的不便。因此，用 L 法代替 H 法。也就是说，按照用 $\mathcal{X}-\boldsymbol{x}_i$ 学习，用 $\boldsymbol{x}_i$ 测试的步骤，对 $i=1,2,\ldots,n$ 求出误差，并将其作为上限值的估计值。

由此看来，利用给定的有限个模式，在 R 法和 L 法之间似乎可以间接地估计贝叶斯误差，但是事情并没有那么简单。在实际进行上述步骤时，首先要使用能够近似地实现贝叶斯识别的适当的识别方法来执行 R 法和 L 法，但是其估计精度很大程度上取决于所使用的识别方法和给定的模式数，以及特征的维度数。例如，使用线性识别函数进行上述处理和使用神经网络进行处理的情况下，估计的目标值 $\epsilon(\mathcal{P},\mathcal{P})$ 明显不同。另外，即使是同样的神经网络，模式数量为 100 个和 1000 个时，对 $\epsilon(\mathcal{P},\mathcal{P})$ 的估计值也会不同。这是因为估计值的偏差。并且，其偏差一般是识别方法、特征的维度以及模式数的函数[㊁]。固定识别方法时，特征的维度与模式数的比值越大，偏差就越小。并且，其偏差减少的程度根据识别方法而不同。因此，为了更准确地估计贝叶斯误差，需要估计上述偏差并校正其偏

㊀ 所谓的“再代入”只是概念上的说明，实际上只要直接采用学习模式学习时的误差即可，并不是学习后再用学习模式计算误差。

㊁ 在第 5.4 节（2）的“心得”中，叙述了这种偏差的把戏。

差，但偏差一般不容易估计。

综上所述，可以说贝叶斯误差的估计是伴随着模型选择和估计值的偏差校正的问题。特别是由于维度的诅咒，在具有较大偏差的高维特征空间中的贝叶斯误差的估计，可以说是非常困难的问题⊖。盲目增加特征维度不仅不利于识别单元的设计，而且也使特征评价变得困难。请务必牢记这一点。

心得

贝叶斯误差估计的困难

模式识别系统的性能取决于特征选择方法和识别器设计方法。尤其前者是设计高精度模式识别系统的必要条件。这是因为，对于贝叶斯误差大的特征，无论使用多么优秀的识别器，也无法构成识别率高的模式识别系统。过去在文字识别等模式识别研究中，比起识别器，更会注重在特征的选择上的研究，可以说就是基于上述原因。

因此，正如5.1节所述，除了对识别器进行评价之外，还有必要对特征进行评价。如前文所述，特征用贝叶斯误差来评价，其贝叶斯误差本身可以用本节（2）中所述的步骤来估计。但是，要用式（5.63）求出贝叶斯误差的上下限，最终必须假设某种识别方法。因此，原定独立于识别器进行特征评价的计划将无法实现。

最终，对这个问题的现实解决方法是使用尽可能接近贝叶斯识别器的识别器进行贝叶斯误差的估计。当特征空间的维度较低时，基于NN法的识别器是其有力的候选，但在高维特征空间中，如5.4节（2）的“心得”所述，NN法也不够用。实际上，遗憾的是，在高维特征空间的情况下，本节（2）的贝叶斯误差的估计中所需要的合适的识别器目前还没有出现。因此，本节（2）中所述的方法不能精确地估计贝叶斯误差。由此可见，贝叶斯误差的估计是统计模式识别中尚未解决且重要的问题之一。

⊖ 关于基于NN法的贝叶斯误差的估计，在文献[Fuk90]的第7章中有详细讨论。

5.6 特征评价的实验

（1） 基于类间方差与类内方差的比的特征评价实验

本章介绍的特征评价法包括基于类间方差与类内方差的比的方法和基于贝叶斯误差的估计值的方法。本节使用实际数据，利用这些评价法进行评价实验，来确认各评价法的有效性。使用的特征是 3 种 Glucksman 特征（附录 A.3），GLK16、GLK81、GLK256，每个类都有 1 000 个模式，合计 10 000 个模式。特征按照 GLK16、GLK81、GLK256 的排列顺序，下面的实验表明，可以用之前所述的评价法来进行定量评价。另外，所用数据参照附录 A.4。

首先，对基于类间方差与类内方差的比的特征评价实验进行说明。用图 5.7 的浅灰色柱状图表示对所有类应用式（5.3）得到的结果（评价法 1）。另外，计算出的评价值将被记录在柱状图上。评价值相对于 GLK16、GLK81、GLK256 分别以 0.622、0.691、0.694 的顺序增大，可以确认特征依此顺序变得更高级，使类之间的分离变得容易。

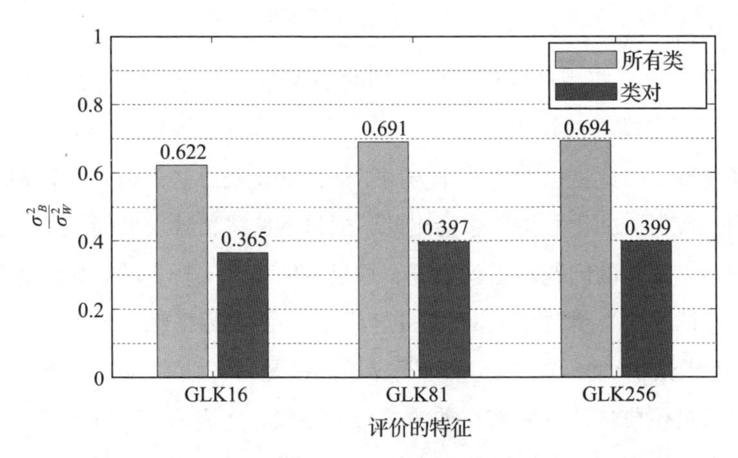

图 5.7 根据类间方差与类内方差的比进行特征评价

但是，这种评价法不能评价在类对中的分布的重叠，所以在 5.2 节中介绍了计算每个类对的表达式，式（5.3）并进行平均的方法（评价法 2）。数字的类数为10，类对的总数为 ${}_{10}C_2 = 45$ ，因此计算量不会成为严重的问题。图5.7的深灰色柱状图显示了这种方法得到的评价结果。在评价法2中，也观察到与评价法1的结果相同的倾向，确认其作为评价法发挥着正确的作用。从该图来看，5.2节中所指出的对于评价法1担心的问题并没有发生。

以上所述的基于类间方差与类内方差的比的特征评价法是计算量小且简便的方法，但缺点是其评价值与识别率或错误识别率没有直接联系。

（2） 基于贝叶斯误差估计值的特征评价实验

贝叶斯误差是表示特征空间上分布重叠程度的尺度。因此，与类间方差与类内方差的比不同，贝叶斯误差能够基于错误识别率进行评价，这一点作为特征评价法是理想的。但是，除非已知各类的概率密度函数，否则不可能直接求出贝叶斯误差。作为其替代方法，通过求出贝叶斯误差的上限值和下限值，就可以估计贝叶斯误差，这就是式（5.63）。另外，式（5.63）表示的上限值和下限值可以使用有限个模式，分别通过L法（留一法）和R法（再代入法）间接求出。但是，作为估计值，上限值比下限值更重要⊖，因此，下面将L法求出的上限值视为贝叶斯误差的估计值。

贝叶斯误差是应用贝叶斯判定准则时的误差，因此在使用L法时需要能够实现贝叶斯判定准则的识别方法。如式（5.24）所示，NN方法与贝叶斯误差的关系已经明确，因此可以期待其作为用于估计的识别方法。但是，这种方法存在一些问题。首先，如“心得”中指出的，通过NN法估计贝叶斯误差，在高维空间中存在不少偏差的问题。也就是说，通过NN法这一特定的识别法进行特征评价，与“特征评价必须独立于识别法进行”这一要点相抵触。

这些问题很严重，解决起来并不容易。但是，即使存在如上所述的各种问题，作为满足想要估计贝叶斯误差的要求的手段，L法和NN法的组合被认为是目前能够想到的现实且最好的解决方法。对于不需要严格估计贝叶斯误差，而是

⊖ 例如，使用感知器的学习规则进行学习时，由于将错误识别为零作为收敛的条件，所以用R法估计的下限值总是为零，没有意义。这在使用NN法时也是一样的。

想要比较多种特征提取方法的要求，该方法完全可以应对。

还有一点，作为适用 NN 法的理由，可以举出以下几点。将模式数设为 n 时，在 L 法中，用 $(n-1)$ 个模式学习，用剩下的 1 个模式进行测试，这种操作需要变换模式重复 n 次。因为使用 $(n-1)$ 模式重复学习 n 次，需要庞大的处理量，这被认为是 L 法最大的缺点。但是，使用 NN 法作为识别方法时就可以避免这一问题。因为 NN 法的学习只需登记 $(n-1)$ 个学习模式即可完成。该方法作为全数记忆方式已经在前文介绍。

以下，将叙述根据 L 法和 NN 法的组合来估计贝叶斯误差的方法。这里，假定总模式数为 n。

使用 L 法和 NN 法的贝叶斯误差估计步骤：

步骤 1. 登记所有模式（n 种模式）。

步骤 2. 从中选择 1 种模式作为测试模式，其余的 $(n-1)$ 种模式作为学习模式。

步骤 3. 将所有学习模式视为原型（全数存储方式），根据最近邻决策规则识别上述测试模式，并记录其结果。

步骤 4. 选择另 1 种模式作为测试模式，其余的 $(n-1)$ 种模式作为学习模式，执行步骤 3。

步骤 5. 重复上述步骤 3、4，对所有模式的识别处理结束后，计算出错误识别率，并将该值作为贝叶斯误差的估计值。

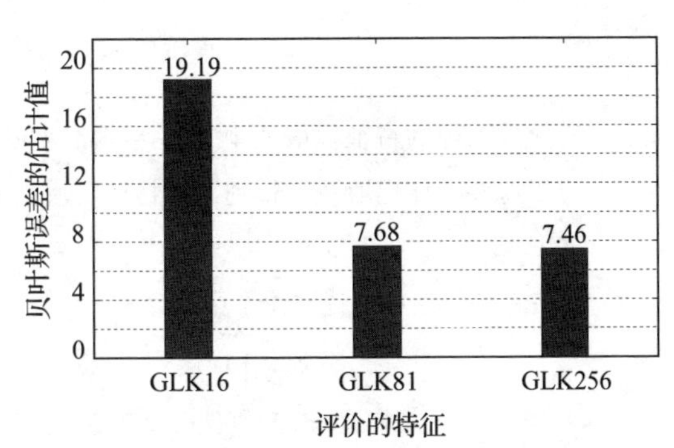

图 5.8　基于贝叶斯误差估计值的特征评价

图 5.8 所示为在特征 GLK16、GLK81、GLK256 的模式中实施上述步骤后得到的结果。在这个实验中，n=10 000。其视角与图 5.7 相同。错误率按照 GLK16、GLK81、GLK256 的顺序为 19.19%、7.68%、7.46%，依次下降，与图 5.7 一样，可以确认特征按这个顺序高级化。

心得

最小二乘法的无偏性

学习过线性回归模型的读者中，可能有人还记得“最小二乘估计量是无偏估计量”这一线性回归模型的重要性质。并且，可能会产生这样的疑问：这与5.5节（1）的“心得”的内容（线性模型的偏差较大）是否矛盾？因为不能将这个内容搞混，所以先解决一下这个疑问。

从结论上说，两者毫不矛盾，并且都是正确的。也就是说，线性回归模型中的无偏性是相对于$\boldsymbol{x} \in \mathcal{R}^d$，是回归式$y = w_0 + w_1x_1 + \cdots + w_dx_d = \mathbf{w}^t\mathbf{x}$中参数$\mathbf{w}$的最小二乘估计量的性质，而不是$y$的性质。另一方面，在之前的“心得”中讨论了$y$的估计量$Y$的偏差。也就是说，上述线性回归模型中所说的偏差是指$\mathbf{w}$的估计量和真值$\mathbf{w}_0$的偏差，而不是估计量Y和真值y_0的偏差。

需要注意的是，通常估计量S作为概率变量θ的函数写为$S(\theta)$，并且即使θ的估计量无偏，一般也不能保证估计量S无偏。由此可见，$\mathbf{w}$的估计量无偏和Y的偏差大并不矛盾。综上所述，在偏差和方差的讨论中，应该注意问题出在哪个估计量上。

习题

5.1　有两种不同的特征提取法1、2，它们都生成二维的特征向量。假设现在对8个模式应用这些特征提取法，得到二维特征向量$\boldsymbol{x}_1, \boldsymbol{x}_2, \cdots, \boldsymbol{x}_8$。其中，$\boldsymbol{x}_1, \boldsymbol{x}_2, \boldsymbol{x}_3, \boldsymbol{x}_4$属于类$\omega_1$，$\boldsymbol{x}_5, \boldsymbol{x}_6, \boldsymbol{x}_7, \boldsymbol{x}_8$属于类$\omega_2$。

现在假设，在特征提取法1中得到

$$\boldsymbol{x}_1 = (1,1)^t,\ \boldsymbol{x}_2 = (1,3)^t,\ \boldsymbol{x}_3 = (2,3)^t,\ \boldsymbol{x}_4 = (4,1)^t,$$
$$\boldsymbol{x}_5 = (5,2)^t,\ \boldsymbol{x}_6 = (6,2)^t,\ \boldsymbol{x}_7 = (7,5)^t,\ \boldsymbol{x}_8 = (6,7)^t,$$

在特征提取法2中得到

$$\boldsymbol{x}_1 = (0,0)^t,\ \boldsymbol{x}_2 = (0,1)^t,\ \boldsymbol{x}_3 = (1,2)^t,\ \boldsymbol{x}_4 = (3,1)^t,$$
$$\boldsymbol{x}_5 = (5,3)^t,\ \boldsymbol{x}_6 = (6,4)^t,\ \boldsymbol{x}_7 = (4,5)^t,\ \boldsymbol{x}_8 = (5,8)^t,$$

①将通过特征提取法1、2分别得到的8个特征向量绘制在二维特征空间上。

②使用类间方差与类内方差的比，证明特征提取法 1 和 2 哪个更好。

（在实际的特征评价中，每个类 4 种模式太少了。这个题目的目的是学习方法和计算方法，所以考虑到这一点而减轻了计算的负担。）

5.2 用 $\boldsymbol{x}=(x_1,x_2)^t$ 表示二维特征空间上的模式。在这个空间上，属于类 ω_1 的模式和属于类 ω_2 的模式分别分布如下。

①类 ω_1 的模式：x_1,x_2 独立，均在区间 [0,4] 均匀分布；

②类 ω_2 的模式：x_1,x_2 独立，均在区间 [2,5] 均匀分布。

令类 ω_1，ω_2 的先验概率 $P(\omega_1),P(\omega_2)$ 分别为

$$P(\omega_1)=\frac{2}{3}$$

$$P(\omega_2)=\frac{1}{3}$$

求出根据贝叶斯判定准则识别上述分布模式时的误差，即贝叶斯误差。另外，在二维平面 (x_1,x_2) 上表示出根据贝叶斯判定准则得到的决策边界。

5.3* 推导出式（5.48）。

CHAPTER 6

第 6 章

特征空间的变换

6.1 特征选择与特征空间的变换

如第 1 章和第 2 章所述，通过特征提取定义特征向量（模式）后，利用学习模式将特征空间划分为各个类，这是模式识别的基本处理流程。但是，这个特征空间和特征向量，也可以说是原特征空间和原特征向量，在进行识别处理时存在许多问题。

首先是特征向量的各分量之间的尺度问题。通常，特征向量的各分量是以各自不同的尺度进行计测的。只要改变被计测时的尺度，特征空间中的模式的分布情况就会完全改变。为了避免这种情况，需要进行特征向量归一化的处理。

其次是特征空间的维度的问题。一般在设计识别器时，容易过度增加特征数量。这是因为，如果增加特征数量，信息量就会相应增加，识别率也会提高。这一做法未必是上上策，原因可以归纳为以下三点。第一，增加特征的数量越多，混入相关性高的特征组合的可能性就越高，不能达到预期的效果。第二，统计计算所需要的计算量至少是维度的幂的级别，因此特征空间维度的增大会引起计算量的爆炸式增长。这就是所谓的维度诅咒问题。第三，使用有限个学习模式设计识别器时，随着维度的提高，错误率反而上升。这称为休斯现象 [Hug68]。因此，对特征空间进行降维是模式识别的重要课题之一。

根据某种标准对特征空间进行降维的做法，称为特征选择⊖。作为特征选择

⊖ “特征选择”这一术语和前面提到的“特征提取”这一术语的用法根据教科书的不同而有所差异，需要注意这一点。例如在文献 [Fuk90] 中，针对本书的特征选择使用了 feature extraction 这个术语。

的方法，可以考虑从给定的 d 维特征向量中只提取有用的分量，构成 $\tilde{d}(<d)$ 维特征向量。在这种情况下，就需要反复进行从 d 个分量中选出 $\tilde{d}$ 个分量来评估其有用性的操作，在维度较大的情况下，计算量将非常庞大。另外，在特定的标准下，也有采取将原特征向量转换为更小维度的特征向量的方法。

将原特征向量变换成适合后续处理的形式的操作称为特征空间的变换，多数情况下，可以表示为式（6.1）的线性变换：

$$\mathbf{y} = \mathbf{A}^t \boldsymbol{x} \tag{6.1}$$

式中，$\boldsymbol{x}$ 是原始特征向量，$\mathbf{y}$ 是变换后的向量，它们的维度分别是 $d, \tilde{d}$。另外，$\mathbf{A}$ 是用于线性变换的变换矩阵并具有 $(d, \tilde{d})$ 的大小。

在归一化的情况下，如后面所述，$\mathbf{A}$ 变成对角矩阵，有 $\tilde{d} = d$。另外，从 d 个分量中只提取 $\tilde{d}$ 个分量来产生新的特征向量时，只把 $\mathbf{A}$ 的 $\tilde{d}$ 个列向量的对应要素设为 1，剩下的设为 0 即可。

心得

丑小鸭定理——什么是特征选择

模式识别的问题一般都需要通过使用复杂的数学公式和计算机才能解决。但是，人们自己的大脑每天都在实际解决模式识别的问题，可以说，来自各个感官的所有信息都是通过模式识别来处理的。而且，其处理能力与能否理解前面的困难的公式（恐怕）没有任何关系。那么，在人的这种模式识别中，特征选择究竟意味着什么呢？这里要介绍的“丑小鸭定理”是根据渡边慧的创意，其核心是，如果用某种标准来衡量两个事物的相似性，那么任意两个事物的相似度都是相等的㊀。另外，渡边用“术语”一词来代替“特征”。

丑小鸭定理：丑小鸭和普通小鸭子，即小天鹅和小鸭子，相似的程度就像两只小鸭子的相似程度。

证明：有 n 只小鸭子，包括 1 只丑小鸭。为了区分这些小鸭子，假设选取了

㊀ 关于这个定理的严格的公式化和证明可参见文献 [Wat69]。该书对学习模式识别及认识哲学有很多创新观点。另外，同一作者的入门书有 [渡辺 78]。

表征小鸭子的 d 个特征（S_1（身体白色），S_2（眼睛黑色），…，S_d），这里处理的特征是二值的。

图 6.1 所示为 d=3 的示例。由于通过 d 个特征可以识别的小鸭子的数量 n 为 2^d，所以要识别 n 只小鸭子中的每一只，至少需要 $\log_2 n$ 个特征。这里一只小鸭子构成一个类。

用这 d 个特征可能的“描述”是 $S_1, S_1 \cap S_2, \bar{S}_1 \cap \bar{S}_2$ 等，其个数 N 是包括任意 $i(1 \leqslant i \leqslant n)$ 个类的集合总数，所以为

$$N = \sum_{i=1}^{n} {}_n\mathrm{C}_i = 2^n - 1$$

N 个描述中对于某只小鸭子为真的个数 N_T，是包含自身类以外的任意 $i(0 \leqslant i \leqslant n-1)$ 个集合的个数，所以为

$$N_T = \sum_{i=0}^{n-1} {}_{n-1}\mathrm{C}_i = 2^{n-1}$$

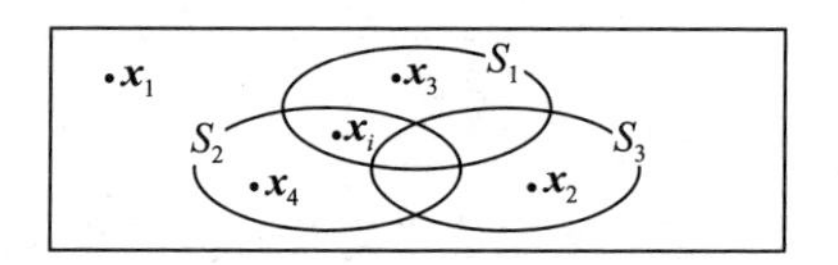

图 6.1　丑小鸭定理（特征数 d 为 3 的示例）

于是，每只小鸭子都是相同的。另外，任意两只小鸭子共有的，即都为真的描述的个数，是除了这两只小鸭子所属的 2 个类以外的包含任意 $i(0 \leqslant i \leqslant n-2)$ 个集合的数，所以是 2^{n-2} 个，不取决于两只小鸭子的选择方法。因此，如果按照均为真的描述个数来评价两只小鸭子的相似性，那么丑小鸭和普通小鸭子的相似度，与两只不同的普通小鸭子的相似度是相等的。也就是说，无论准备什么特征，都无法从其他普通的小鸭子中识别出丑小鸭[⊖]。证明结束。

⊖ 用图 6.1 的韦恩图来说明的话，包含丑小鸭 $\boldsymbol{x}_i$ 在内的 5 只小鸭子，根据其特征属于 2^3=8 个区划中的任意一个。如果使用 3 个特征，因为描述的个数是这 8 个区划的任意组合，所以 2^8–1=255，N_T 是 255 个组合中除了包含那个小鸭子所属区划在内的个数，所以为 2^7（=128），对于任意的两只小鸭子均为真的描述数是 64。也就是说，不论特征如何选择，任意两只小鸭子的相似程度都差不多。

借用渡边的话，这个事实意味着“只要（同一维度的）所有术语都具备相同的重要性，就没有同种对象的类。（中略）反过来，当经验上承认同种对象的类存在时，它对各种术语就赋予了不同的重要性”[wat69]。在这个引文中，把“术语”换作“特征”，意思就更鲜明了。也就是说，仅从识别对象中选出某一特征，从原理上不能将对象分成多个类。在特征上附加重要性是模式识别中特征选择的本质。渡边在1961年发表了这个“丑小鸭定理”及其严格的证明。这个定理的意思乍一看是理所当然的，但据渡边说，“有的人坦率地表示惊讶和有趣，有的人表示已经知道类似的事情是事实。……即使是向属于后面一组的人询问在哪里读到这个定理或这个定理写在哪里，也没有得到明确的回答”[Wat69]。

6.2 特征量的归一化

如在1.2节中所述，进行特征提取时需要注意的是，模式之间的相似性必须反映在特征空间的距离上。也就是说，类似的模式在特征空间上最好占据相互接近的位置。一般来说，特征向量由重量、长度等性质不同的要素构成。因此，只要改变单位的取法，特征空间上模式的位置关系就会完全改变。例如，假设4个二维特征向量$\boldsymbol{x}_1$，$\boldsymbol{x}_2$，$\boldsymbol{x}_3$，$\boldsymbol{x}_4$在特征空间上是如图6.2a所示的配置。这里$\boldsymbol{x}_1$是表示长度的特征，在图6.2a中采用mm作为单位。假设将$\boldsymbol{x}_1$的单位变更为cm，则$\boldsymbol{x}_1$缩放为1/10，如图6.2b所示。与图6.2a相比，模式之间的距离关系发生了很大变化。根据单位的使用不同，也会出现完全忽视这一特征的情况。单位的取法，也就是尺度，无非是对重视的某个特征进行加权。为了避免根据单位的选择方法决定其加权所带来的随意性，有必要根据某个标准对各特征轴进行归一化。

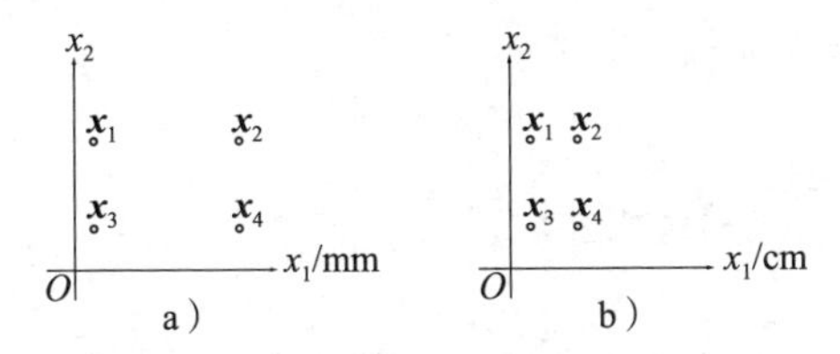

图6.2 坐标轴的单位设定及其效果

这里，作为归一化的方法，试着应用将模式间的距离最小化的思路 [Seb62]。现在，将 d 维特征空间上 n 个模式集合中第 p 个 $(p=1,2,\cdots,n)$ 模式用 $\boldsymbol{x}_p$ 表示为：

$$\boldsymbol{x}_p=(x_{p1},x_{p2},\cdots,x_{pd})^t \tag{6.2}$$

将用于归一化的变换矩阵 $\mathbf{A}$ 设为

$$\mathbf{A}=\begin{pmatrix} a_1 & & & 0 \\ & a_2 & & \\ & & \ddots & \\ 0 & & & a_d \end{pmatrix} \tag{6.3}$$

将对 $\boldsymbol{x}_p$ 进行归一化处理后得到的模式设为 $\mathbf{y}_p$，则可以表示为

$$\mathbf{y}_p=(y_{p1},y_{p2},\cdots,y_{pd})^t \tag{6.4}$$

$$=\mathbf{A}^t\boldsymbol{x}_p \tag{6.5}$$

按元素形式可表示如下：

$$y_{pj}=a_j x_{pj} \qquad (p=1,2,\cdots,n,\quad j=1,2,\cdots,d) \tag{6.6}$$

设 n 个模式集合中的第 p 个模式与其他 $(n-1)$ 个模式的平均距离为 r_p，则归一化后为

$$r_p^2=\frac{1}{n-1}\sum_{q=1}^{n}\sum_{j=1}^{d}(y_{pj}-y_{qj})^2 \tag{6.7}$$

因此，设归一化后各模式之间的平均距离为 R，则有

$$R^2=\frac{1}{n}\sum_{p=1}^{n}r_p^2 \tag{6.8}$$

$$=\frac{1}{n(n-1)}\sum_{p=1}^{n}\sum_{q=1}^{n}\sum_{j=1}^{d}(y_{pj}-y_{qj})^2 \tag{6.9}$$

将式（6.6）代入，可以得到

$$R^2=\frac{1}{n(n-1)}\sum_{p=1}^{n}\sum_{q=1}^{n}\sum_{j=1}^{d}a_j^2(x_{pj}-x_{qj})^2 \tag{6.10}$$

$$=\frac{n}{n-1}\sum_{j=1}^{d}a_j^2\frac{1}{n}\sum_{p=1}^{n}\sum_{q=1}^{n}\left(\frac{1}{n}x_{pj}^2-\frac{2}{n}x_{pj}x_{qj}+\frac{1}{n}x_{qj}^2\right) \tag{6.11}$$

$$=\frac{n}{n-1}\sum_{j=1}^{d}a_j^2\left(\frac{1}{n}\sum_{q=1}^{n}\frac{1}{n}\sum_{p=1}^{n}x_{pj}^2-2\cdot\frac{1}{n}\sum_{p=1}^{n}x_{pj}\frac{1}{n}\sum_{q=1}^{n}x_{qj}+\right.$$

$$\left.\frac{1}{n}\sum_{p=1}^{n}\frac{1}{n}\sum_{q=1}^{n}x_{qj}^2\right) \tag{6.12}$$

$$=\frac{n}{n-1}\sum_{j=1}^{d}a_j^2\left(\frac{1}{n}\sum_{q=1}^{n}\overline{x_i^2}-2\overline{x_j}^2+\frac{1}{n}\sum_{p=1}^{n}\overline{x_j^2}\right) \tag{6.13}$$

$$=\frac{2n}{n-1}\sum_{j=1}^{d}a_j^2(\overline{x_j^2}-\overline{x_j}^2) \tag{6.14}$$

式中，$\bar{x}$ 为 x 的集合平均。另外，第 j 个特征 x_j 的方差 σ_j^2（这里是无偏估计量的方差）是

$$\sigma_j^2=\frac{1}{n-1}\sum_{p=1}^{n}(x_{pj}-\overline{x_j})^2 \tag{6.15}$$

$$=\frac{n}{n-1}(\overline{x_j^2}-2\overline{x_j^2}+\overline{x_j^2}) \tag{6.16}$$

$$=\frac{n}{n-1}(\overline{x_j^2}-\overline{x_j^2}) \tag{6.17}$$

通过将式（6.17）代入式（6.14），可以得到

$$R^2=2\sum_{j=1}^{d}a_j^2\sigma_j^2 \tag{6.18}$$

这里，在式（6.19）的限制条件下，求出最小化式（6.18）的 a_j

$$\prod_{j=1}^{d}a_j=1 \tag{6.19}$$

这个限制条件相当于使特征空间的单位超立方体的体积在归一化前后保持一定的条件。用拉格朗日乘数法求式（6.20）的极值

$$L=2\sum_{j=1}^{d}a_j^2\sigma_j^2-\lambda\left(\prod_{j=1}^{d}a_j-1\right) \tag{6.20}$$

在上式中 λ 是常数。将 L 对 a_j 偏微分的结果设为 0 时，得到

$$\frac{\partial L}{\partial a_j}=0 \tag{6.21}$$

由此得到

$$4a_j\sigma_j^2 - \lambda\prod_{k\neq j}^{d} a_k = 0 \tag{6.22}$$

所以在两边乘上 a_j，使用式（6.19），就可以得到

$$a_j = \frac{\sqrt{\lambda}}{2\sigma_j} \tag{6.23}$$

再次代入式（6.19），得到

$$\lambda = 4\left(\prod_{j=1}^{d}\sigma_j\right)^{2/d} \tag{6.24}$$

因此，a_j 可以写成

$$a_j = \frac{1}{\sigma_j}\left(\prod_{k=1}^{d}\sigma_k\right)^{1/d} \tag{6.25}$$

式（6.25）的（ ）内各特征轴是相同的，因此 a_j 与 $1/\sigma_j$ 成比例。即

$$a_j \propto \frac{1}{\sigma_j} \tag{6.26}$$

这是将各特征轴用标准差来归一化，使平均值周围的方差，即模式的扩展度相等，是一种既直观又自然的处理。

在本章中，作为特征空间的变换方法，在之后的6.3节和6.4节分别介绍KL展开和费希尔方法。需要注意的是，费希尔方法对于本节所述的归一化处理是不变的，而KL展开并非一成不变。例如，在图6.2a和图6.2b中，设定KL展开的主轴在不同的90°的方向上。

6.3　KL展开

（1）降维的标准

KL展开（Karhunen-Lo`eve expansion）是求出线性空间中特征向量分布最近似的子空间的方法，是降维的基本方法之一。KL展开不限于模式识别，还常用

于信号处理等。另外，主成分分析广为人知，它在统计学领域的多变量分析中，是从多维数据中提取主要分量的方法，KL 展开和主成分分析在数学上几乎是等价的。这里使用方差最大标准和均方误差最小标准这两个评价标准来对通过 KL 展开的降维进行说明。

如图 6.3 所示，是用从二维空间 (x_1,x_2) 到一维空间 y_1 的降维的例子，并分析两个评价标准的意义。使用两种评价标准，来比较一维空间 y_1 和与其正交的一维空间 y_2。方差最大标准（见图 6.3a）是以一维空间中模式的方差（箭头）最大的空间为最佳空间，y_1 是比 y_2 更好的子空间。均方误差最小标准（见图 6.3b）是将原空间中的模式映射到一维空间而产生的误差（箭头）的均方最小的空间作为最佳空间，同样 y_1 是比 y_2 更好的子空间。在图 6.3 中，平行于分布主轴的轴 y_1 在方差最大标准下是最佳轴，但在均方误差最小标准下，只要不考虑原点的移动，一般不是最佳轴（参见本节（3））。

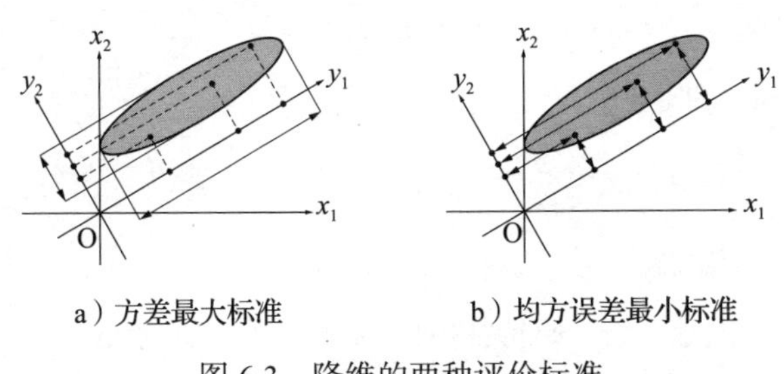

a）方差最大标准　　b）均方误差最小标准

图 6.3　降维的两种评价标准

在 6.4 节中叙述的线性判别法也是降维的方法之一，但是 KL 展开和线性判别法的效果大不相同，必须根据用途区分使用。关于这一点，将在 6.5 节进行详细说明。

（2） 方差最大标准

从图 6.3a 可以看出，如果变换后的 $\tilde{d}(<d)$ 维子空间中模式的偏离更大，则可以认为该子空间是更好地保存了原空间中的模式分布特征的空间。因此，使用将变换后的模式分布的方差最大化这一方差最大标准，试着求出 $\tilde{d}$ 维子空间及其

变换矩阵。

设由 $\tilde{d}(<d)$ 维子空间的 $\tilde{d}$ 个 d 维向量构成的标准正交基为：

$$\{\mathbf{u}_1,\cdots,\mathbf{u}_{\tilde{d}}\} \tag{6.27}$$

由基底的标准正交性有

$$\mathbf{u}_i^t\mathbf{u}_j = \delta_{ij} \tag{6.28}$$

式中，δ_{ij} 的定义为

$$\delta_{ij} = \begin{cases} 1 & (i = j) \\ 0 & (i \neq j) \end{cases} \tag{6.29}$$

从原始特征空间到子空间的变换矩阵 $\mathbf{A}$ 由下式给出，

$$\mathbf{A} = (\mathbf{u}_1,\cdots,\mathbf{u}_{\tilde{d}}) \tag{6.30}$$

特征向量 $\boldsymbol{x}$ 也可变换为

$$\mathbf{y} = \mathbf{A}^t\boldsymbol{x} \tag{6.31}$$

另外，由式（6.28）可得

$$\mathbf{A}^t\mathbf{A} = \mathbf{I} \tag{6.32}$$

式中，$\mathbf{I}$ 是 $\tilde{d}$ 维单位矩阵。

此时，假设模式数为 n，原特征空间的模式平均值为 $\mathbf{m}$，子空间的模式平均值为 $\tilde{\mathbf{m}}$，则有

$$\mathbf{m} = \frac{1}{n}\sum_{x\in\mathcal{X}}\boldsymbol{x} \tag{6.33}$$

$$\tilde{\mathbf{m}} = \frac{1}{n}\sum_{\mathbf{y}\in\mathcal{Y}}\mathbf{y} = \frac{1}{n}\sum_{x\in\mathcal{X}}\mathbf{A}^t\boldsymbol{x} = \mathbf{A}^t\mathbf{m} \tag{6.34}$$

因此子空间的模式的方差 $\tilde{\sigma}^2(\mathbf{A})$ 为

$$\tilde{\sigma}^2(\mathbf{A}) = \frac{1}{n}\sum_{\mathbf{y}\in\mathcal{Y}}(\mathbf{y}-\tilde{\mathbf{m}})^t(\mathbf{y}-\tilde{\mathbf{m}}) \tag{6.35}$$

$$= \frac{1}{n}\sum_{x\in\mathcal{X}}(\mathbf{A}^t(\boldsymbol{x}-\mathbf{m}))^t(\mathbf{A}^t(\boldsymbol{x}-\mathbf{m})) \tag{6.36}$$

$$= \frac{1}{n}\sum_{x\in\mathcal{X}} \mathrm{tr}(\mathbf{A}^t(\boldsymbol{x}-\mathbf{m})(\mathbf{A}^t(\boldsymbol{x}-\mathbf{m}))^t) \tag{6.37}$$

$$= \mathrm{tr}\left(\mathbf{A}^t \frac{1}{n}\sum_{x\in\mathcal{X}}((\boldsymbol{x}-\mathbf{m})(\boldsymbol{x}-\mathbf{m})^t)\mathbf{A}\right) \tag{6.38}$$

$$= \mathrm{tr}(\mathbf{A}^t \Sigma \mathbf{A}) \tag{6.39}$$

式中，Σ 表示模式集合的原特征空间中的协方差矩阵，定义为

$$\Sigma = \frac{1}{n}\sum_{x\in\mathcal{X}}(\boldsymbol{x}-\mathbf{m})(\boldsymbol{x}-\mathbf{m})^t \tag{6.40}$$

另外，$\mathcal{X}$ 表示模式 $\boldsymbol{x}$ 的集合，$\mathcal{Y}$ 表示 $\boldsymbol{x}$ 用式（6.31）变换后的模式 $\mathbf{y}$ 的集合，$\mathrm{tr}\mathbf{X}$ 表示方阵 $\mathbf{X}$ 的对角分量之和。另外，在式（6.37）中，使用

$$\boldsymbol{x}^t\boldsymbol{x} = \mathrm{tr}(\boldsymbol{x}\boldsymbol{x}^t) \tag{6.41}$$

式（6.41）对于任意向量 $\boldsymbol{x}$ 成立（附录 A.2 的式（A.2.11））。

通过式（6.39）求出使方差最大的 $\mathbf{A}$，可以归纳为在式（6.32）的限制条件下：求出使 $\mathrm{tr}(\mathbf{A}^t\Sigma\mathbf{A})$ 最大的 $\mathbf{A}$ 的最优化问题。设 $\mathbf{\Lambda}$ 为 $\tilde{d}$ 维对角矩阵：

$$J(\mathbf{A}) \stackrel{\mathrm{def}}{=} \mathrm{tr}(\mathbf{A}^t\Sigma\mathbf{A}) - \mathrm{tr}((\mathbf{A}^t\mathbf{A}-\mathbf{I})\mathbf{\Lambda}) \tag{6.42}$$

用 $\mathbf{A}$ 对式（6.42）进行偏微分并设为 0，可得到

$$\Sigma\mathbf{A} = \mathbf{A}\mathbf{\Lambda} \tag{6.43}$$

而关于 trace 的偏微分，使用了附录 A.2 的相应公式。这里，将对角矩阵 $\mathbf{\Lambda}$ 设为

$$\mathbf{\Lambda} = \begin{pmatrix} \lambda_1 & & & 0 \\ & \lambda_2 & & \\ & & \ddots & \\ 0 & & & \lambda_{\tilde{d}} \end{pmatrix} \tag{6.44}$$

将式（6.43）记为与关于式（6.30）的向量 $\mathbf{u}_i$ 的关系式，则有

$$\Sigma\mathbf{u}_i = \lambda_i\mathbf{u}_i \quad (i=1,\cdots,\tilde{d}) \tag{6.45}$$

式中，$\lambda_i, \mathbf{u}_i$ 分别为 Σ 的特征值和特征向量㊀。

㊀ 在式（6.45）所示的特征值问题推导时，引入了 trace，并且应用了将 trace 用矩阵微分的运算方法。关于与此不同的推导方法可参照习题 6.1。

由式（6.32）和式（6.43）可得到：

$$\mathbf{A}^t \Sigma \mathbf{A} = \Lambda \tag{6.46}$$

式中，$\mathbf{A}$ 是将 Σ 对角化的矩阵。令矩阵 Σ 的 d 个特征值为 λ_i $(\lambda_1 \geqslant \lambda_2 \geqslant \cdots \geqslant \lambda_d)$ ⊖ 则由式（6.39）和式（6.46）得到

$$\max\{\tilde{\sigma}^2(\mathbf{A})\} = \max\{\mathrm{tr}(\mathbf{A}^t \Sigma \mathbf{A})\} \tag{6.47}$$

$$= \max\{\mathrm{tr}\boldsymbol{\Lambda}\} \tag{6.48}$$

$$= \sum_{i=1}^{\tilde{d}} \lambda_i \tag{6.49}$$

将 $\tilde{\sigma}^2(\mathbf{A})$ 最大化的变换矩阵 $\mathbf{A}$ 是求以 Σ 的上部 $\tilde{d}$ 个特征值 $\lambda_1,\cdots,\lambda_{\tilde{d}}$ 相对应的 $\tilde{d}$ 个标准正交特征向量为列的矩阵。图 6.4 所示为模式分布在二维特征空间 $(\boldsymbol{x}_1,\boldsymbol{x}_2)$ 上的灰色区域的情况。在这个例子中，由方差最大标准得到的最佳一维空间的轴是 P_a。另外，关于使用实际数据的具体计算示例可参照习题 6.2。

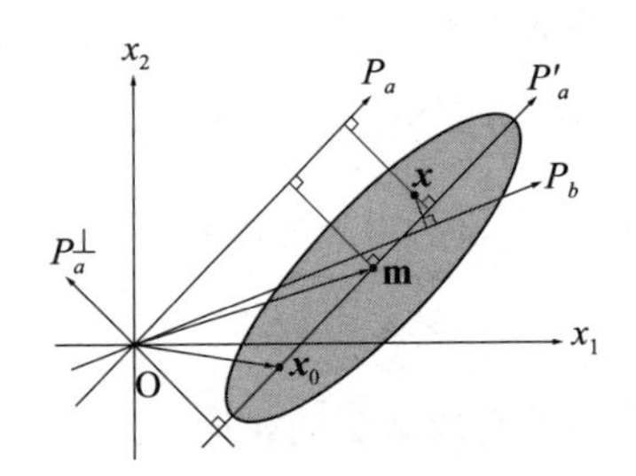

图 6.4　通过 KL 展开变换特征空间

（3） 均方误差最小标准

在本节中，使用均方误差最小标准，试着求出最佳的子空间。变换后的空间的基是式（6.27），所以由 $\mathbf{A}$ 变换后的向量 $\mathbf{y}(= \mathbf{A}^t\boldsymbol{x} = (y_1,\cdots,y_{\tilde{d}})^t)$（在原来的坐标系中看）由 $\mathbf{Ay}(= y_1\mathbf{u}_1 + \cdots + y_{\tilde{d}}\mathbf{u}_{\tilde{d}})$ 给出。因此，这个 $\mathbf{Ay}$ 和 $\boldsymbol{x}$ 的距离是变换 $\mathbf{A}$ 产生的误差，使这个误差最小的 $\mathbf{A}$ 可以看作是将特征向量的原始分布保存得最好的

⊖ 矩阵 Σ 是 $d \times d$ 的大小，如果 Σ 是正则的，则 Σ 有 d 个特征值 $(\neq 0)$ 和特征向量。式（6.43）和式（6.45）是关于其中的 $\tilde{d}$ 特征值和特征向量的表达式。

变换（图 6.3（b））。因此，根据均方误差最小标准，求出变换 **A**。

设变换 **A** 产生的均方误差为 $\varepsilon^2(\mathbf{A})$，注意式（6.32），

$$\varepsilon^2(\mathbf{A}) = \frac{1}{n}\sum(\mathbf{Ay}-\boldsymbol{x})^t(\mathbf{Ay}-\boldsymbol{x}) \tag{6.50}$$

$$= \frac{1}{n}\sum(\mathbf{AA}^t\boldsymbol{x}-\boldsymbol{x})^t(\mathbf{AA}^t\boldsymbol{x}-\boldsymbol{x}) \tag{6.51}$$

$$= \frac{1}{n}\sum(\boldsymbol{x}^t\boldsymbol{x}-(\mathbf{A}^t\boldsymbol{x})^t\mathbf{A}^t\boldsymbol{x}) \tag{6.52}$$

$$= \frac{1}{n}\sum(\mathrm{tr}(\boldsymbol{xx}^t)-\mathrm{tr}(\mathbf{A}^t\boldsymbol{xx}^t\mathbf{A})) \tag{6.53}$$

$$= \mathrm{tr}\mathbf{R}-\mathrm{tr}(\mathbf{A}^t\mathbf{RA}) \tag{6.54}$$

式中，**R** 是自相关矩阵，

$$\mathbf{R} \stackrel{\mathrm{def}}{=} \frac{1}{n}\sum_{x\in\mathcal{X}}\boldsymbol{xx}^t \tag{6.55}$$

这个自相关矩阵 **R** 和协方差矩阵 Σ 之间存在的关系是⊖

$$\Sigma = \frac{1}{n}\sum_{x\in\mathcal{X}}(\boldsymbol{x}-\mathbf{m})(\boldsymbol{x}-\mathbf{m})^t = \mathbf{R}-\mathbf{mm}^t \tag{6.56}$$

另外，需要注意的是，自相关矩阵 **R** 不同于相关系数矩阵（简称为相关矩阵）。

使均方误差最小，等价于在式（6.32）的制约下使 $\mathrm{tr}(\mathbf{A}^t\mathbf{RA})$ 最大，如果将 **R** 的特征值设为 $\lambda_i(\lambda_1\geqslant\lambda_2\geqslant\cdots\geqslant\lambda_d)$，过程和上一节相同，得到

$$\min\{\varepsilon^2(\mathbf{A})\} = \mathrm{tr}\mathbf{R}-\sum_{i=1}^{\tilde{d}}\lambda_i \tag{6.57}$$

使 $\varepsilon^2(\mathbf{A})$ 最小化的变换矩阵 **A**，是将对应于 **R** 的上部 $\tilde{d}$ 个特征值 $\lambda_1,\cdots,\lambda_{\tilde{d}}$ 的标准正交特征向量作为列的矩阵而求出的。

⊖ 使用式（6.33）、式（6.55），由式（6.40）可以得到：

$$\begin{aligned}\Sigma &= \frac{1}{n}\sum_{x\in\mathcal{X}}(\boldsymbol{x}-\mathbf{m})(\boldsymbol{x}-\mathbf{m})^t = \frac{1}{n}\sum_{x\in\mathcal{X}}\boldsymbol{xx}^t-2\mathbf{m}\frac{1}{n}\sum_{x\in\mathcal{X}}\boldsymbol{x}^t+\mathbf{mm}^t\\ &= \mathbf{R}-2\mathbf{mm}^t+\mathbf{mm}^t\\ &= \mathbf{R}-\mathbf{mm}^t\end{aligned}$$

然而，这样求出的子空间与前一节求出的子空间不同。例如在图 6.4 的例子中，通过方差最大标准求出的轴是 P_a，通过均方误差最小标准求出的轴是 P_b。这是因为在观察特征向量的分布时，将视点放在了空间的原点而不是分布的重心上。因此，例如考虑将原点平移 **m** 后，求出基于均方误差最小标准的变换。此时，平移后模式平均值与原点一致，将 **m**=0 代入式（6.56），得到 $\Sigma = \mathbf{R}$，由式（6.54）得到[⊖]

$$\varepsilon^2(\mathbf{A}) = \mathrm{tr}\mathbf{R} - \mathrm{tr}(\mathbf{A}^t\mathbf{R}\mathbf{A}) \tag{6.58}$$

$$= \mathrm{tr}\Sigma - \mathrm{tr}(\mathbf{A}^t\Sigma\mathbf{A}) \tag{6.59}$$

因此，此时求出的 **A** 等于根据方差最大标准求出的 **A**。

那么，这里进行的平移 **m** 是最佳的平移吗？将平移设为 $\boldsymbol{x}_0$，求出满足均方误差最小标准的 $\boldsymbol{x}_0$ 和 **A**。$\boldsymbol{x}$ 通过变换转移到 $\mathbf{y} = \mathbf{A}^t(\boldsymbol{x} - \boldsymbol{x}_0)$。反之，在原空间的坐标系中观察 **y**，则得到 $\mathbf{A}\mathbf{y} + \boldsymbol{x}_0$。设 **I** 为 d 维单位矩阵，则得到

$$(\mathbf{A}\mathbf{y} + \boldsymbol{x}_0) - \boldsymbol{x} = \mathbf{A}\mathbf{A}^t(\boldsymbol{x} - \boldsymbol{x}_0) + \boldsymbol{x}_0 - \boldsymbol{x} \tag{6.60}$$

$$= (\mathbf{A}\mathbf{A}^t - \mathbf{I})(\boldsymbol{x} - \boldsymbol{x}_0) \tag{6.61}$$

此处令

$$\mathbf{Q} = \mathbf{I} - \mathbf{A}\mathbf{A}^t \tag{6.62}$$

则由式（6.32）得到：

$$\mathbf{Q}^t\mathbf{Q} = \mathbf{Q} \tag{6.63}$$

因此均方误差 $\varepsilon^2(\mathbf{A}, \boldsymbol{x}_0)$ 为：

$$\varepsilon^2(\mathbf{A}, \boldsymbol{x}_0) = \frac{1}{n}\sum(\mathbf{Q}(\boldsymbol{x} - \boldsymbol{x}_0))^t\mathbf{Q}(\boldsymbol{x} - \boldsymbol{x}_0) \tag{6.64}$$

$$= \frac{1}{n}\sum(\boldsymbol{x} - \boldsymbol{x}_0)^t\mathbf{Q}^t\mathbf{Q}(\boldsymbol{x} - \boldsymbol{x}_0) \tag{6.65}$$

$$= \frac{1}{n}\sum(\boldsymbol{x} - \boldsymbol{x}_0)^t\mathbf{Q}(\boldsymbol{x} - \boldsymbol{x}_0) \tag{6.66}$$

⊖ 通常事先将收集的模式正规化为 **m**=0，这相当于仅仅将原点移动了 **m**。

一般来说，设 m 个独立的 d 维向量为列的 (d,m) 矩阵为 $\mathbf{A}$ 时，定义，

$$\mathbf{P} \overset{\text{def}}{=} \mathbf{A}(\mathbf{A}^t\mathbf{A})^{-1}\mathbf{A}^t \tag{6.67}$$

称为向由 $\mathbf{A}$ 组成的子空间的正交投影矩阵，将 $\mathbf{P}\boldsymbol{x}$ 称为 $\boldsymbol{x}$ 的正交投影。这里由式（6.32）得到

$$\mathbf{P} = \mathbf{A}\mathbf{A}^t \tag{6.68}$$

另外，式（6.62）变为

$$\mathbf{Q} = \mathbf{I} - \mathbf{A}\mathbf{A}^t = \mathbf{I} - \mathbf{P} \tag{6.69}$$

为 $\mathbf{A}$ 所张成的子空间向正交补空间（图 6.4 的 $P_a^{\perp}$）的正交投影矩阵⊖。基于正交投影矩阵的变换，也用于在第 7 章叙述的子空间法中。

其中，用 $\boldsymbol{x}_0$ 将 ε^2 偏微分为 $\mathbf{0}$，有

$$\frac{\partial \varepsilon^2}{\partial \boldsymbol{x}_0} = \frac{1}{n}\sum(2\mathbf{Q}\boldsymbol{x}_0 - 2\mathbf{Q}\boldsymbol{x}) \tag{6.70}$$

$$= 2\mathbf{Q}(\boldsymbol{x}_0 - \mathbf{m}) \tag{6.71}$$

$$= 0 \tag{6.72}$$

因此可以得到：

$$\mathbf{Q}\boldsymbol{x}_0 = \mathbf{Q}\mathbf{m} \tag{6.73}$$

将其代入式（6.64），得到

$$\varepsilon^2(\mathbf{A}) = \frac{1}{n}\sum(\mathbf{Q}(\boldsymbol{x} - \mathbf{m}))^t\mathbf{Q}(\boldsymbol{x} - \mathbf{m}) \tag{6.74}$$

$$= \frac{1}{n}\sum((\boldsymbol{x} - \mathbf{m})^t\mathbf{Q}(\boldsymbol{x} - \mathbf{m})) \tag{6.75}$$

$$= \frac{1}{n}\sum((\boldsymbol{x} - \mathbf{m})^t(\mathbf{I} - \mathbf{A}\mathbf{A}^t)(\boldsymbol{x} - \mathbf{m})) \tag{6.76}$$

$$= \frac{1}{n}\sum(\mathrm{tr}(\boldsymbol{x} - \mathbf{m})(\boldsymbol{x} - \mathbf{m})^t - \mathrm{tr}(\mathbf{A}^t(\boldsymbol{x} - \mathbf{m})(\boldsymbol{x} - \mathbf{m})^t\mathbf{A})) \tag{6.77}$$

⊖ 对于向量空间 V 及其子空间 S，$S^{\perp} = \{\boldsymbol{x} \in V \mid \boldsymbol{x}^t\mathbf{y} = 0(\forall \mathbf{y} \in S)\}$ 被称为 V 中的 S 的正交补空间。

$$= \mathrm{tr}\,\Sigma - \mathrm{tr}(\mathbf{A}^t \Sigma \mathbf{A}) \tag{6.78}$$

因此，与本节（2）相同，在允许原点平移的基础上使 $\varepsilon^2(\mathbf{A})$ 最小的变换矩阵 $\mathbf{A}$，是将对应于 Σ 的上部 $\tilde{d}$ 个特征值 $\lambda_1,\cdots,\lambda_{\tilde{d}}$ 的标准正交特征向量作为列的矩阵。这样得到的子空间的轴在图 6.4 的例子中是 P_a。另一方面，$\boldsymbol{x}_0$ 的必要条件是式（6.73），$\mathbf{m}$ 只是满足条件的 $\boldsymbol{x}_0$ 之一。$\boldsymbol{x}_0$ 是对其补空间（图 6.4 的 $P_a^{\perp}$）的投影等于对 $\mathbf{m}$ 的补空间的投影的任意向量。在图 6.4 中，P_a' 上的 $\mathbf{m}$ 和 $\boldsymbol{x}_0$ 就是其中的一个例子㊀。将原点的平移 $\boldsymbol{x}_0$ 也视为参数，通过均方误差最小标准求出的 $\mathbf{A}$，与令 $\boldsymbol{x}_0=\mathbf{m}$ 时通过均方误差最小标准求出的 $\mathbf{A}$ 一致，并且也与本节（2）中所述的通过方差最大标准求出的 $\mathbf{A}$ 一致。

用于模式识别的降维方法 KL 展开，是根据方差最大标准或允许原点移动的均方误差最小标准求出的子空间，即协方差矩阵 Σ 的上部特征值对应的特征向量为基底的子空间的方法。另一方面，在第 7 章所叙述的被称为子空间法的模式识别方法中，对于每个类的分布，使用根据本节前半部分所叙述的不允许原点移动的均方误差最小标准求出的子空间，即以对应于自相关矩阵 $\mathbf{R}$ 的上部特征值的特征向量为基的子空间。

心得

KL 展开的必要性和充分性

有人指出，大部分相关图书中关于 KL 展开的记述并不完整。文献 [小川90][Oga92] 指出这些相关图书中“KL 展开是模式集的最佳近似展开，并且它仅限于 KL 展开（KL 展开的充分必要性）”的这一表述被直接或间接使用，实际上只有充分性成立。由 KL 展开构成的“子空间”是模式集的最佳近似，其最佳子空间的展开方式，即构成子空间的“基底”的取法不是唯一的。通过 KL 展开得到的只是其中一个正交基，因此上述说法中只有充分性成立。而且，在许多相关图书中给出的证明，不仅充分性的证明不完全，而且令人惊讶的是，还有一些证明了必要性的记述。

㊀ 需要的是张成子空间的基底，所以具体的 $\boldsymbol{x}_0$ 值并不重要。

6.4 线性判别法

（1） 针对 2 个类（c=2）的线性判别法（费希尔方法）

线性判别法是根据特征空间的某个标准来确定适合识别的子空间，即将特征空间变换为维度更小的子空间的方法。并且，由于其简便和高实用性，在模式识别的应用中被广泛使用，同时在统计学领域被称为判别分析，作为多变量分析的基本技术而广为人知㊀。

模式识别中最常用的是对 2 个类的线性判别，称之为费希尔线性判别法或简称费希尔方法。费希尔方法是根据 d 维特征空间上 2 个类模式的分布，求出最适合识别这 2 个类的一维轴（直线）的方法。所谓最佳轴，可以说是在投影模式时，使 2 个类尽可能分离的轴。

图 6.5 所示为分布在二维特征空间中的 2 个类（●和○）的投影示例。应该投影的轴的方向用向量表示，图 6.5 中示出了向量 $\boldsymbol{w}_1,\boldsymbol{w}_2$，且 $\boldsymbol{w}_2$ 优于 $\boldsymbol{w}_1$。

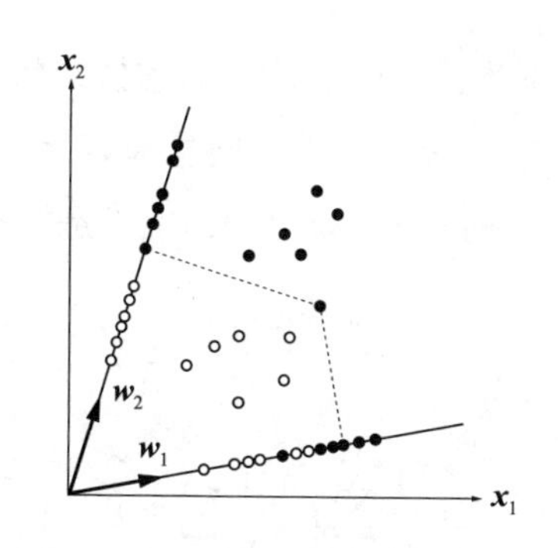

图 6.5　一维特征空间的两种投影

在下文的①中，阐述了基于类间散布与类内散布的比的最大标准的费希尔方法，在②中，使用类间方差、类内方差比和先验概率，对费希尔方法进行更一般

㊀ 模式识别中使用的线性判别法和统计学中的判别分析，虽然使用目的不同，但数学框架相同，都起源于文献 [Fis36]。但是，需要注意的是，不同的相关图书对基本量的定义和导出方法也不同。本书考虑到同时阅读其他相关图书时也不会引起混乱。

的公式化。此外，在③中，将介绍马哈拉诺比斯泛距离。

①类间散布与类内散布的比的最大标准

作为表示类 ω_i 的散布的矩阵，将散布矩阵 $\mathbf{S}_i$ 定义为

$$\mathbf{S}_i \stackrel{\text{def}}{=} \sum_{\boldsymbol{x}\in\mathcal{X}_i} (\boldsymbol{x}-\mathbf{m}_i)(\boldsymbol{x}-\mathbf{m}_i)^t \qquad (i=1,2) \tag{6.79}$$

式中，$\mathbf{m}_i$ 是类 ω_i 的模式平均值。散布矩阵 $\mathbf{S}_i$ 以属于类 ω_i 的特征向量 $\boldsymbol{x}$ 与类平均 $\mathbf{m}_i$ 的差的平方之和的形式定义。然后，使用 2 个类的所有特征向量，将类内散布矩阵 $\mathbf{S}_W$ 和类间散布矩阵 $\mathbf{S}_B$ 定义为（习题 6.6）㊀

$$\mathbf{S}_W \stackrel{\text{def}}{=} \mathbf{S}_1 + \mathbf{S}_2 \tag{6.80}$$

$$= \sum_{i=1,2} \sum_{\boldsymbol{x}\in\mathcal{X}_i} (\boldsymbol{x}-\mathbf{m}_i)(\boldsymbol{x}-\mathbf{m}_i)^t \tag{6.81}$$

$$\mathbf{S}_B \stackrel{\text{def}}{=} \sum_{i=1,2} n_i(\mathbf{m}_i-\mathbf{m})(\mathbf{m}_i-\mathbf{m})^t \tag{6.82}$$

$$= \frac{n_1 n_2}{n}(\mathbf{m}_1-\mathbf{m}_2)(\mathbf{m}_1-\mathbf{m}_2)^t \tag{6.83}$$

式中，$\mathbf{m}$ 表示所有模式的平均值，n_i 表示类 ω_i 的模式数。从式（6.83）可知，$\mathbf{S}_B$ 是由类平均之间的距离决定的量。这里，向量 $\boldsymbol{w}$ 表示从 d 维特征空间到一维空间的变换。此时，将模式 $\boldsymbol{x}$ 通过 $\boldsymbol{w}$ 变换得到的模式是标量，设为 y，则可写成

$$y = \boldsymbol{w}^t \boldsymbol{x} \tag{6.84}$$

变换后的空间中的类平均 $\tilde{m}_i$ 为

$$\tilde{m}_i = \frac{1}{n_i}\sum_{y\in\mathcal{Y}_i} y = \frac{1}{n_i}\sum_{\boldsymbol{x}\in\mathcal{X}_i} \boldsymbol{w}^t \boldsymbol{x} \tag{6.85}$$

㊀ 许多相关图书在 2 个类线性判别法的说明中，给出下式作为类间散布矩阵的定义。

$$\mathbf{S}_F \stackrel{\text{def}}{=} (\mathbf{m}_1-\mathbf{m}_2)(\mathbf{m}_1-\mathbf{m}_2)^t$$

这是遵守了费希尔的原始论文的定义，但是缺乏对多类的扩展性，所以在这里用了更一般的式（6.82）的形式来定义。根据式（6.83），$\mathbf{S}_F$ 和 $\mathbf{S}_B$ 之间有下式成立：

$$\mathbf{S}_F = \frac{n}{n_1 n_2}\mathbf{S}_B$$

下面的讨论中求出的 $\boldsymbol{w}$，无论使用哪一个都一样。

$$= \boldsymbol{w}^t \mathbf{m}_i \qquad (i=1,2) \tag{6.86}$$

$\mathcal{Y}_i$ 表示变换后的空间中属于 ω_i 的模式集合。同样也可以求出变换后空间上的类内散布 s_W，类间散布 s_B，使用式（6.84）和式（6.86）得到

$$s_W = s_1 + s_2 \tag{6.87}$$

$$= \sum_{i=1,2} \sum_{y \in \mathcal{Y}_i} (y - m_i)^2 \tag{6.88}$$

$$= \boldsymbol{w}^t \mathbf{S}_W \boldsymbol{w} \tag{6.89}$$

$$s_B = \sum_{i=1,2} n_i (\tilde{m}_i - \tilde{m})^2 \tag{6.90}$$

$$= \frac{n_1 n_2}{n} (\tilde{m}_1 - \tilde{m}_2)^2 \tag{6.91}$$

$$= \boldsymbol{w}^t \mathbf{S}_B \boldsymbol{w} \tag{6.92}$$

式中，$s_i (i=1,2)$ 是属于类 ω_i 的模式变换后的类内散布，与式（6.79）的 $\mathbf{S}_i$ 一样，定义为

$$s_i \overset{\text{def}}{=} \sum_{y \in \mathcal{Y}_i} (y - \tilde{m}_i)^2 \qquad (i=1,2) \tag{6.93}$$

式中，s_W, s_B 都是标量，将变换后的一维空间中的类平均值和方差分别设为 $\tilde{m}_i, \tilde{\sigma}_i^2$，则得到

$$s_W = n_1 \tilde{\sigma}_1^2 + n_2 \tilde{\sigma}_2^2 \tag{6.94}$$

$$s_B = n_1 (\tilde{m}_1 - \tilde{m})^2 + n_2 (\tilde{m}_2 - \tilde{m})^2 \tag{6.95}$$

$$= \frac{n_1 n_2}{n} (\tilde{m}_1 - \tilde{m}_2)^2 \tag{6.96}$$

费希尔方法的基本思想是求出类间散布相对于类内散布的比，即类间散布与类内散布的比最大的一维轴。也就是说，为了在变换后的空间中使 2 个类很好地分离，要使 s_W 尽可能小，并且 s_B 尽可能大，来确定变换 $\boldsymbol{w}$。将这种类间散布与类内散布的比表示为 $J_S(\boldsymbol{w})$，则得到

$$J_S(\boldsymbol{w}) \overset{\text{def}}{=} \frac{s_B}{s_W} = \frac{n_1 n_2}{n} \cdot \frac{(\tilde{m}_1 - \tilde{m}_2)^2}{n_1 \tilde{\sigma}_1^2 + n_2 \tilde{\sigma}_2^2} \tag{6.97}$$

$$= \frac{\boldsymbol{w}^t \mathbf{S}_B \boldsymbol{w}}{\boldsymbol{w}^t \mathbf{S}_W \boldsymbol{w}} \tag{6.98}$$

这一评价标准 $J_S(\boldsymbol{w})$ 称为费希尔评价标准㊀。求 J_S 最大化的 $\boldsymbol{w}$ 的问题，可以归结为在式（6.99）的制约条件下最大化式（6.100）的最优化问题。

$$s_W = \boldsymbol{w}^t \mathbf{S}_W \boldsymbol{w} = 1 \tag{6.99}$$

$$s_B = \boldsymbol{w}^t \mathbf{S}_B \boldsymbol{w} \tag{6.100}$$

设 λ 为拉格朗日乘数，用 $\boldsymbol{w}$ 对式（6.101）进行偏微分并设为 $\mathbf{0}$。

$$J(\boldsymbol{w}) \overset{\text{def}}{=} \boldsymbol{w}^t \mathbf{S}_B \boldsymbol{w} - \lambda(\boldsymbol{w}^t \mathbf{S}_W \boldsymbol{w} - 1) \tag{6.101}$$

因为 $\mathbf{S}_B, \mathbf{S}_W$ 为对称矩阵，所以得到

$$\mathbf{S}_B \boldsymbol{w} = \lambda \mathbf{S}_W \boldsymbol{w} \tag{6.102}$$

若 $\mathbf{S}_W$ 为正则，则有

$$\mathbf{S}_W^{-1} \mathbf{S}_B \boldsymbol{w} = \lambda \boldsymbol{w} \tag{6.103}$$

因此，设 $\mathbf{S}_W^{-1}\mathbf{S}_B$ 的最大特征值为 λ_1，则可得到㊁

$$\max\{J_S(\boldsymbol{w})\} = \lambda_1 \tag{6.104}$$

另外，使 J_S 最大化的 $\boldsymbol{w}$ 作为与最大特征值 λ_1 对应的特征向量来求出。由式（6.83）和式（6.102）得到

$$\lambda \mathbf{S}_W \boldsymbol{w} = \mathbf{S}_B \boldsymbol{w} = \frac{n_1 n_2}{n} (\mathbf{m}_1 - \mathbf{m}_2)(\mathbf{m}_1 - \mathbf{m}_2)^t \boldsymbol{w} \tag{6.105}$$

注意 $(\mathbf{m}_1 - \mathbf{m}_2)^t \boldsymbol{w}$ 是标量，则有㊂

$$\boldsymbol{w} \propto \mathbf{S}_W^{-1} (\mathbf{m}_1 - \mathbf{m}_2) \tag{6.106}$$

㊀ 需要注意的是，有些教科书将费希尔评价标准定为 $J \overset{\text{def}}{=} (\tilde{m}_1 - \tilde{m}_2)^2 / (\tilde{\sigma}_1^2 + \tilde{\sigma}_2^2)$。这个评价式相当于在使用本节②所示的协方差矩阵的更一般的公式化中，将先验概率设为 $P(\omega_1) = P(\omega_2) = 1/2$。也可以参考4.3节（1）。

㊁ 注意 $\mathbf{S}_B$ 是非负值，且其阶数至多为 $(d–1)$。

㊂ 向量 $\boldsymbol{w}$ 只在该方向上有意义，所以作为 $\boldsymbol{w} = \mathbf{S}_W^{-1}(\mathbf{m}_1 - \mathbf{m}_2)$ 没有问题。同样，式（6.109）作为 $\boldsymbol{w} = \mathbf{m}_1 - \mathbf{m}_2$ 也没有问题。实际上，图6.6中就是这样设定的。但是对其归一化并令 $\|\boldsymbol{w}\| = 1$，处理就容易些。

通过这样求出的变换向量 $\boldsymbol{w}$ 变换后的特征空间，成为使类间散布与类内散布的比最大的一维空间。

以上就是被称为费希尔方法的处理方法。线性判别法中散布比的最大标准是考虑了变换后的识别的标准，这一点与 KL 展开的情况不同。

在此，试着考虑式（6.106）。假设 2 个类的类内散布是各向同性的。类内散布各向同件，是指以某 点为中心，分布没有偏差（图 6.6a），这时散布矩阵 $\mathbf{S}_i$ 可以写成

$$\mathbf{S}_i = \alpha_i \mathbf{I}_d \qquad (i=1,2) \tag{6.107}$$

式中，α_i 是常数，$\mathbf{I}_d$ 是 d 维单位矩阵。

此时 $\mathbf{S}_W = \mathbf{S}_1 + \mathbf{S}_2$ 也是各向同性的，其结果 $\mathbf{S}_W^{-1}$ 可以用常数 α 写成

$$\mathbf{S}_W^{-1} = \alpha \mathbf{I}_d \tag{6.108}$$

因此由式（6.106）可以得到：

$$\boldsymbol{w} \propto \mathbf{m}_1 - \mathbf{m}_2 \tag{6.109}$$

试着通过一个简单的例子来确认以上所述内容。图 6.6a 和图 6.6b 所示为二维特征空间上 2 个类 ω_1, ω_2 的分布例子。各类的模式平均 $\mathbf{m}_1, \mathbf{m}_2$ 在图 6.6a 和图 6.6b 中是相同的，图 6.6a 是类内散布是各向同性的情况，图 6.6b 是不是各向同性的情况。

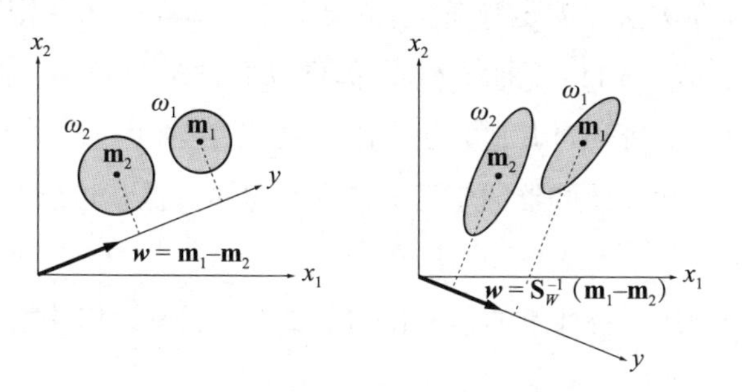

a）类内散布是各向同性的情况　　b）类内散布不是各向同性的情况

图 6.6　通过费希尔方法得到的 $\boldsymbol{w}$

由该图可知，在图 6.6a 中，最佳轴 y 的方向与 $\mathbf{m}_1-\mathbf{m}_2$ 一致。另一方面，在图 6.6b 中，最佳轴 y 与 $\mathbf{m}_1-\mathbf{m}_2$ 的方向不同。用于修正其偏差的项就是式（6.106）的 $\mathbf{S}_W^{-1}$。类内散布为各向同性时的最佳轴方向 $\mathbf{m}_1-\mathbf{m}_2$ 是通过 KL 展开得到的主轴。由此可知，式（6.106）是 KL 展开项和修正分布扩展项的乘积。详细内容将在本节（3）中叙述。此外，还可参考习题 6.3。

如果用上述费希尔方法求出最佳轴 y，就需要在 y 轴上投影类 ω_1,ω_2 的模式，并分离两个类。如果用式（6.106）求出的 $\boldsymbol{w}$ 归一化为 $\|\boldsymbol{w}\|=1$，则模式 $\boldsymbol{x}$ 投影在该轴上时的坐标值 y 为 $y=\boldsymbol{w}^t\boldsymbol{x}$。因此，为了在 y 轴上分离 2 个类，将适当的阈值 $-\boldsymbol{w}_0$ 作为决策边界设定在 y 轴上，并通过以下关系识别 2 个类

$$\boldsymbol{w}^t\boldsymbol{x} > -w_0 \quad 或者 \quad \boldsymbol{w}^t\boldsymbol{x} < -w_0 \tag{6.110}$$

这种处理正是根据线性识别函数

$$g(\boldsymbol{x}) = \boldsymbol{w}^t\boldsymbol{x} + w_0 \tag{6.111}$$

通过上式的正负来识别 2 个类。此时，由 $g(\boldsymbol{x})=0$ 确定的决策边界，在 d 维空间中与 y 轴相交于 $y=-w_0$，成为与 $\boldsymbol{w}$ 正交的超平面。

到目前为止，作为求最佳线性识别函数的方法，介绍了感知器的学习规则和威德罗 · 霍夫的学习规则。由此可见，这里所叙述的费希尔方法也是求最佳线性识别函数的方法。这种方法与威德罗 · 霍夫的学习规则一样，无论学习模式是线性可分离还是线性不可分离都可以适用。

下面列举费希尔方法中需要特别注意的点。感知器的学习规则和威德罗 · 霍夫的学习规则中，式（6.111）的 $\boldsymbol{w}$ 和 w_0 都可以通过学习求出，而费希尔方法只能得到 $\boldsymbol{w}$，w_0 必须另外通过其他方法求出⊖。关于在轴上设定决策边界的方法，参照 4.3 节（1）。要比较感知器的学习规则和费希尔方法，可以参考习题 2.2 和习题 6.3 的结果。

在 6.2 节已经阐述了特征量的归一化的重要性。但是，用这里所述的费希尔

⊖ 统计学中的判别分析的教科书，大多是在假设各类的特征向量的分布是正态分布的情况下进行讨论的。在这个假设的基础上应用线性判别法，边界和轴一起唯一地确定下来，就设计了识别函数。这相当于 4.1 节所述的参数学习。

方法求最优轴时，就不需要归一化了。不管是否进行归一化，得到的结果都是一样的（习题 6.4）。但是，KL 展开会受到归一化的影响，因此需要注意。这一点在 6.2 节已经讲过了。

②类间方差与类内方差的比的最大标准。

为了以更一般的形式表示本节中所叙述的费希尔方法，试着用协方差矩阵[㊀]和先验概率 $P(\omega_i)$ 来代替散布矩阵的公式化。类 ω_i 的协方差矩阵 $\boldsymbol{\Sigma}_i$ 是属于类 ω_i 的模式的协方差矩阵，定义为[㊁]

$$\boldsymbol{\Sigma}_i \stackrel{\text{def}}{=} \frac{1}{n_i}\sum_{x\in\mathcal{X}_i}(\boldsymbol{x}-\mathbf{m}_i)(\boldsymbol{x}-\mathbf{m}_i)^t = \frac{1}{n_i}\mathbf{S}_i \tag{6.112}$$

此外，将类内协方差矩阵 $\boldsymbol{\Sigma}_W$ 和类间协方差矩阵 $\boldsymbol{\Sigma}_B$ 定义为

$$\boldsymbol{\Sigma}_W \stackrel{\text{def}}{=} \sum_{i=1,2}P(\omega_i)\sum\nolimits_i \tag{6.113}$$

$$= \sum_{i=1,2}\left(P(\omega_i)\frac{1}{n_i}\sum_{x\in\mathcal{X}_i}(\boldsymbol{x}-\mathbf{m}_i)(\boldsymbol{x}-\mathbf{m}_i)^t\right) \tag{6.114}$$

$$\boldsymbol{\Sigma}_B \stackrel{\text{def}}{=} \sum_{i=1,2}P(\omega_i)(\mathbf{m}_i-\mathbf{m})(\mathbf{m}_i-\mathbf{m})^t \tag{6.115}$$

$$= P(\omega_1)P(\omega_2)(\mathbf{m}_1-\mathbf{m}_2)(\mathbf{m}_1-\mathbf{m}_2)^t \tag{6.116}$$

在由变换向量 $\boldsymbol{w}$ 变换后的空间上也能求出同样的量 ϕ_W、ϕ_B，使用式（6.84）和式（6.86）得到

$$\phi_W = P(\omega_1)\tilde{\sigma}_1^2 + P(\omega_2)\tilde{\sigma}_2^2 \tag{6.117}$$

$$= \sum_{i=1,2}\left(P(\omega_i)\frac{1}{n_i}\sum_{y\in\mathcal{Y}_i}(y-\tilde{m}_i)^2\right) \tag{6.118}$$

$$= \boldsymbol{w}^t\boldsymbol{\Sigma}_W\boldsymbol{w} \tag{6.119}$$

$$\phi_B = P(\omega_1)P(\omega_2)(\tilde{m}_1-\tilde{m}_2)^2 \tag{6.120}$$

㊀ 也有教科书对协方差矩阵使用 scatter matrix 这个英语单词，但并不常见。

㊁ Σ_i 有时也被称为类协方差矩阵。

$$= P(\omega_1)P(\omega_2)\boldsymbol{w}^t(\mathbf{m}_1 - \mathbf{m}_2)(\mathbf{m}_1 - \mathbf{m}_2)^t\boldsymbol{w} \tag{6.121}$$

$$= \boldsymbol{w}^t\boldsymbol{\Sigma}_B\boldsymbol{w} \tag{6.122}$$

与式（6.94）和式（6.95）的 s_W 和 s_B 一样，ϕ_W, ϕ_B 也是标量，分别被称为变换后的一维空间上的类内方差和类间方差。由定义可知，类内方差是将属于各类的模式的偏差按类加权后相加的结果，类间方差是 2 个类均值之间的加权距离。因此，为了使变换后的空间对 2 个类的识别有效，最好是类内方差尽量小，而类间方差尽量大。因此，将表示变换后的空间上类间的分离度的评价函数 J_Σ 定义为类间方差与类内方差的比。对于类间方差与类内方差的比的评价标准，在 5.2 节中作为特征的评价法进行了介绍。J_Σ 可以表示为变换向量 w 的函数

$$J_\Sigma(\boldsymbol{w}) \stackrel{\text{def}}{=} \frac{\phi_B}{\phi_W} = \frac{P(\omega_1)P(\omega_2)(\tilde{m}_1 - \tilde{m}_2)^2}{P(\omega_1)\tilde{\sigma}_1^2 + P(\omega_2)\tilde{\sigma}_2^2} \tag{6.123}$$

$$= \frac{\boldsymbol{w}^t\Sigma_B\boldsymbol{w}}{\boldsymbol{w}^t\Sigma_W\boldsymbol{w}} \tag{6.124}$$

上式与式（6.98）对应。因此，以下可以适用与式（6.99）之后所述的 $J_S(\boldsymbol{w})$ 的最大化完全相同的过程。其结果是，$J_\Sigma(\boldsymbol{w})$ 的最大值等于式（6.125）的最大特征值 λ_1，与 λ_1 对应的特征向量为使 J_Σ 最大的 $\boldsymbol{w}$。

$$\Sigma_W^{-1}\Sigma_B \tag{6.125}$$

即有

$$\max\{J_\Sigma(\boldsymbol{w})\} = \lambda_1 \tag{6.126}$$

并且，与式（6.106）一样，由式（6.124）得到：

$$\boldsymbol{w} \propto \Sigma_W^{-1}(\mathbf{m}_1 - \mathbf{m}_2) \tag{6.127}$$

如前所述，在式（4.43）中设定 $k_1=P(\omega_1)$，$k_2=P(\omega_2)$ 的 J，相当于式（6.123）的 $J_\Sigma(\boldsymbol{w})$。

另外，在 2 个类 $(c=2)$ 的情况下，使用全协方差矩阵 $\boldsymbol{\Sigma}_T(=\boldsymbol{\Sigma}_W+\boldsymbol{\Sigma}_B)$［参照式（6.161）］，有⊖

⊖ 当 $P(\omega_i) = n_i / n$ 时，全协方差矩阵 Σ_T 与整个模式的协方差矩阵 Σ 一致。

$$w \propto \Sigma_T^{-1}(\mathbf{m}_1 - \mathbf{m}_2) \tag{6.128}$$

实际上，需要注意的是，如果令 $\mathbf{m}_d \overset{\text{def}}{=} \mathbf{m}_1 - \mathbf{m}_2$，则有 $\mathbf{m}_d^t \Sigma_W^{-1} \mathbf{m}_d$ 为标量，根据

$$\Sigma_T \Sigma_W^{-1} \mathbf{m}_d = (\Sigma_W + \Sigma_B)\Sigma_W^{-1}\mathbf{m}_d \tag{6.129}$$

$$= (\Sigma_W + P(\omega_1)P(\omega_2)\mathbf{m}_d\mathbf{m}_d^t)\Sigma_W^{-1}\mathbf{m}_d \tag{6.130}$$

$$= \mathbf{m}_d + P(\omega_1)P(\omega_2)\mathbf{m}_d\mathbf{m}_d^t\Sigma_W^{-1}\mathbf{m}_d \tag{6.131}$$

$$= \mathbf{m}_d + P(\omega_1)P(\omega_2)\mathbf{m}_d^t\Sigma_W^{-1}\mathbf{m}_d\mathbf{m}_d \tag{6.132}$$

$$= (1 + P(\omega_1)P(\omega_2)\mathbf{m}_d^t\Sigma_W^{-1}\mathbf{m}_d)\mathbf{m}_d \tag{6.133}$$

可得到，

$$\Sigma_W^{-1}\mathbf{m}_d = (1 + P(\omega_1)P(\omega_2)\mathbf{m}_d^t\Sigma_W^{-1}\mathbf{m}_d)\Sigma_T^{-1}\mathbf{m}_d \tag{6.134}$$

因此从式（6.127）可导出式（6.128）。

③ $\boldsymbol{J_S}$，$\boldsymbol{J_\Sigma}$ 的最大值与马哈拉诺比斯泛距离。

马哈拉诺比斯泛距离 $D_M(\boldsymbol{x}_1,\boldsymbol{x}_2)$ 原本是表示由协方差矩阵 Σ 表征的分布中 $\boldsymbol{x}_1,\boldsymbol{x}_2$ 之间的距离的量，定义为

$$D_M^2(\boldsymbol{x}_1,\boldsymbol{x}_2) \overset{\text{def}}{=} (\boldsymbol{x}_1 - \boldsymbol{x}_2)^t \Sigma^{-1}(\boldsymbol{x}_1 - \boldsymbol{x}_2) \tag{6.135}$$

这可以看作是在协方差矩阵中归一化的距离。具有相等的协方差矩阵的两个分布的平均值之间的马哈拉诺比斯泛距离可以表示为

$$D_M^2(\mathbf{m}_1,\mathbf{m}_2) \overset{\text{def}}{=} (\mathbf{m}_1 - \mathbf{m}_2)^t \Sigma^{-1}(\mathbf{m}_1 - \mathbf{m}_2) \tag{6.136}$$

通过用 Σ_W^{-1} 替换这个马哈拉诺比斯泛距离 Σ^{-1}，可以扩展到协方差矩阵的不同分布的均值之间的距离[⊖]。

在本书中，类 ω_i 和类 ω_j 分布均值的马哈拉诺比斯泛距离用 $D_M(\mathbf{m}_i,\mathbf{m}_j)$ 表示。图 6.7 显示了 2 个类 ω_1，ω_2 分布均值的欧几里得距离 $|m_1 - m_2|$ 相等的 3 组正态分布。将图 6.7a、图 6.7b 和图 6.7c 所示均值的马哈拉诺比斯泛距离设为 D_a，D_b，

⊖ 用 Σ_W 表示两个不同的分布整体的特征，Σ_W 如式（6.113）所示，是用 $P(\omega_i)$ 对每个协方差矩阵进行加权并相加得到的结果。这也称为一般化的马哈拉诺比斯泛距离。

D_c，则有

$$D_a^2=\frac{(m_1-m_2)^2}{\sigma_1^2} \tag{6.137}$$

$$D_b^2=\frac{(m_1-m_2)^2}{\sigma_2^2} \tag{6.138}$$

$$D_c^2=\frac{(m_1-m_2)^2}{P(\omega_1)\sigma_1^2+P(\omega_2)\sigma_2^2} \tag{6.139}$$

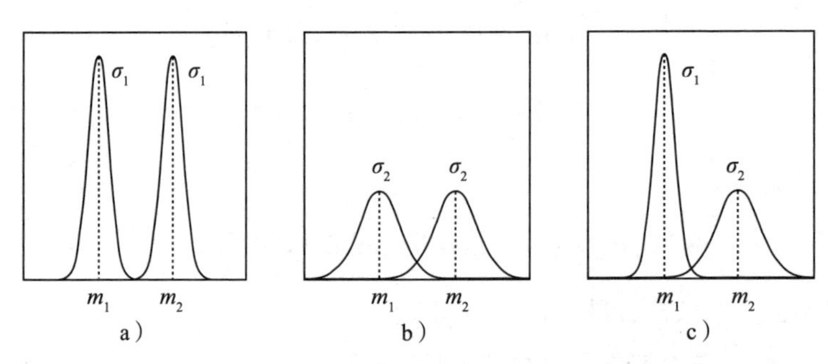

图 6.7　ω_1，ω_2 的欧几里得距离与马哈拉诺比斯泛距离

可知 $D_a \geqslant D_c \geqslant D_b$。

对于特征空间上 2 个类 (c=2) 均值之间的马哈拉诺比斯泛距离 $D_M(\mathbf{m}_1,\mathbf{m}_2)$，在类间方差和类内方差比 $J_\Sigma(w)$ 的最大值之间有

$$\lambda_1=\max\{J_\Sigma(w)\} \tag{6.140}$$

$$=P(\omega_1)P(\omega_2)D_M^2(\mathbf{m}_1,\mathbf{m}_2) \tag{6.141}$$

$$=P(\omega_1)D_M^2(\mathbf{m}_1,\mathbf{m})+P(\omega_2)D_M^2(\mathbf{m}_2,\mathbf{m}) \tag{6.142}$$

并且在式（6.143）的限制条件[⊖]下有式（6.144）成立（见习题 6.6）。

$$\boldsymbol{w}^t\sum{}_W\boldsymbol{w}=1 \tag{6.143}$$

$$D_M^2(\mathbf{m}_1,\mathbf{m}_2)=(\tilde{m}_1-\tilde{m}_2)^2 \tag{6.144}$$

⊖ 该限制条件相当于将式（6.175）的矩阵 $\mathbf{A}$ 看作 $d\times 1$ 的向量 $\boldsymbol{w}$，在 $\boldsymbol{\Sigma}_W=\mathbf{I}$ 的情况下，通常与归一化 $\|\boldsymbol{w}\|$=1 一致。

另外，在假设各类的模式数反映了该类的先验概率的情况下，有式（6.145）成立（在本节中 c=2）

$$P(\omega_i)=\frac{n_i}{n} \quad (i=1,\cdots,c) \tag{6.145}$$

则有

$$\Sigma_W=\frac{1}{n}\mathbf{S}_W \tag{6.146}$$

$$\Sigma_B=\frac{1}{n}\mathbf{S}_B \tag{6.147}$$

所以有

$$J_\Sigma(\boldsymbol{w})=J_S(\boldsymbol{w}) \tag{6.148}$$

（2）针对多类的线性判别法

上一节讲述了将由 2 个类 (c=2) 特征向量构成的 d 维特征空间变换为一维空间的方法。本节将讲述将其扩展到多类 ($c>2$) 的线性判别法[㊀]。即通过变换特征空间的维度，从 d 维到 $\tilde{d}(\leqslant c-1)$ 维[㊁]。

在进行一般性的讨论之前，首先考虑一下 $\tilde{d}=1$ 的情况。也就是将费希尔方法的 2 个类扩展到多类。

即使在多类的情况下，使用的评价标准也与式（6.98）相同，但式（6.81）的 $\Sigma_{i=1,2}$ 必须设为 $\Sigma_{i=1}^{c}$。

即

$$\mathbf{S}_W=\sum_{i=1}^{c}\mathbf{S}_i \tag{6.149}$$

$$=\sum_{i=1}^{c}\sum_{\boldsymbol{x}\in\mathcal{X}_i}(\boldsymbol{x}-\mathbf{m}_i)(\boldsymbol{x}-\mathbf{m}_i)^t \tag{6.150}$$

$$\mathbf{S}_B=\sum_{i=1}^{c}n_i(\mathbf{m}_i-\mathbf{m})(\mathbf{m}_i-\mathbf{m})^t \tag{6.151}$$

㊀ 扩展到多类的线性判别法称为正准判别法或重判别法。

㊁ 严格地说，也必须满足 $\tilde{d}<\bar{d}$ 这一条件，但由于这是默认条件，所以省略了。

在多类的情况下必须注意的是，$\mathbf{S}_B$ 不能像式（6.83）那样进行变形。在多类的情况下，由 $\mathbf{S}_B$，$\mathbf{S}_W$ 应该满足的条件，可以推导出式（6.102），得到特征值问题。如前文所述，以 2 个类为对象的费希尔方法不需要求解特征值问题，可以通过式（6.106）直接求出 $\boldsymbol{w}$。但是，在多类的情况下，必须解决式（6.102）的特征值问题。

这里，作为具体的例子，考虑在二维 (d=2) 特征空间上分布着 $\omega_1,\omega_2,\cdots,\omega_5$ 这 5 类 (c=5) 学习模式的情况。图 6.8 所示为这 5 类模式的分布状况，每个类有 100 种模式，它们呈二维正态分布。每个类的二维正态分布都具有不同的均值和协方差矩阵，分布的轮廓用细线表示。从图 6.8 可以看出，这些分布不是各向同性的。

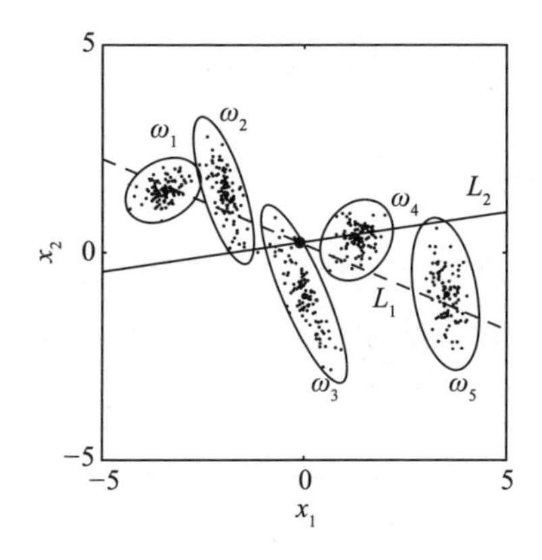

图 6.8　二维特征空间上的 5 个类的分布

对图 6.8 中的模式进行 KL 展开求出的主轴 (L_1) 用虚线表示。另外，通过求解式（6.102）的特征值问题得到的特征向量中，对应于最大特征值的特征向量的轴 (L_2) 用实线表示。设定这两个轴都通过所有模式的均值（图 6.8 中的黑色圆点）。图 6.9 给出了模式投影到所求出的两个轴 L_1 和 L_2 上时的分布状况。在轴 L_1 上可以看到各类之间的重叠，而在轴 L_2 上各类被比较好地分离。因此，可以确认线性判别法对于不同类的识别是有效的。

以上讨论的是 $\tilde{d}=1$ 的情况，下面将处理 $\tilde{d}\geqslant 2$ 的一般情况。设用于降维的 $(d,\tilde{d})$ 矩阵为 $\mathbf{A}$[⊝]。和 2 个类一样，将类内协方差矩阵 Σ_W 和类间协方差矩阵 Σ_B 定

⊝　如果矩阵为 $(d,1)$，则与式（6.84）中的 $\boldsymbol{w}$ 一致。

义为㊀（习题 6.6）：

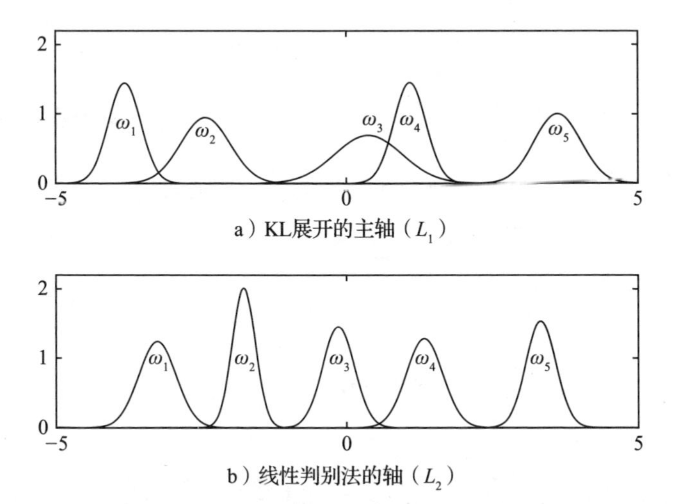

a）KL展开的主轴（L_1）

b）线性判别法的轴（L_2）

图 6.9　在两个轴 L_1，L_2 上的投影（相对于图 6.8 的五个类）

$$\Sigma_W \stackrel{\text{def}}{=\!=} \sum_{i=1}^{c} P(\omega_i)\Sigma_i \tag{6.152}$$

$$= \sum_{i=1}^{c}\left(P(\omega_i)\frac{1}{n_i}\sum_{x\in\mathcal{X}_i}(\boldsymbol{x}-\mathbf{m}_i)(\boldsymbol{x}-\mathbf{m}_i)^t \right) \tag{6.153}$$

$$\Sigma_B \stackrel{\text{def}}{=\!=} \sum_{i=1}^{c} P(\omega_i)(\mathbf{m}_i-\mathbf{m})(\mathbf{m}_i-\mathbf{m})^t \tag{6.154}$$

$$= \frac{1}{2}\sum_{i=1}^{c}\sum_{j=1}^{c} P(\omega_i)P(\omega_j)(\mathbf{m}_i-\mathbf{m}_j)(\mathbf{m}_i-\mathbf{m}_j)^t \tag{6.155}$$

$$= \sum_{i=1}^{c}\sum_{j<i} P(\omega_i)P(\omega_j)(\mathbf{m}_j-\mathbf{m}_j)(\mathbf{m}_i-\mathbf{m}_j)^t \tag{6.156}$$

类内散布矩阵 $\mathbf{S}_W$，类间散布矩阵 $\mathbf{S}_B$ 也可以同样定义为

$$\mathbf{S}_W \stackrel{\text{def}}{=\!=} \sum_{i=1}^{c}\sum_{x\in\mathcal{X}_i}(\boldsymbol{x}-\mathbf{m}_i)(\boldsymbol{x}-\mathbf{m}_i)^t \tag{6.157}$$

㊀ 类内协方差矩阵 Σ_W 有时也称为池化协方差矩阵。另外，有时也会用其不偏估计量来代替 Σ_W，但由于通常 n 足够大，所以在实用上没有太大差异。

$$=\sum_{i=1}^{c}\mathbf{S}_i=\sum_{i=1}^{c}n_i\,\Sigma_i \tag{6.158}$$

$$\mathbf{S}_B \overset{\text{def}}{=} \sum_{i=1}^{c} n_i(\mathbf{m}_i-\mathbf{m})(\mathbf{m}_i-\mathbf{m})^t \tag{6.159}$$

这样定义的Σ_W，Σ_B，$\mathbf{S}_W$，$\mathbf{S}_B$与全协方差矩阵Σ_T，全散布矩阵$\mathbf{S}_T$之间有如下的关系成立：

$$\Sigma_T \overset{\text{def}}{=} \sum_{i=1}^{c}\left(P(\omega_i)\frac{1}{n_i}\sum_{\boldsymbol{x}\in\mathcal{X}_i}(\boldsymbol{x}-\mathbf{m})(\boldsymbol{x}-\mathbf{m})^t\right) \tag{6.160}$$

$$=\Sigma_W+\Sigma_B \tag{6.161}$$

$$\mathbf{S}_T \overset{\text{def}}{=} \sum_{\boldsymbol{x}\in\mathcal{X}}(\boldsymbol{x}-\mathbf{m})(\boldsymbol{x}-\mathbf{m})^t \tag{6.162}$$

$$=\mathbf{S}_W+\mathbf{S}_B \tag{6.163}$$

与上一节所述相同，对于先验概率，当$P(\omega_i)=n_i/n$成立时，有如下的关系成立：

$$\Sigma_W=\frac{1}{n}\mathbf{S}_W \tag{6.164}$$

$$\Sigma_B=\frac{1}{n}\mathbf{S}_B \tag{6.165}$$

因此，使用散布矩阵的公式化相当于在使用协方差矩阵的公式化中式（6.145）成立的特殊情况，以下使用协方差矩阵来表示。

心得

先验概率的确定法

在类内协方差矩阵的定义（式（6.114））中，先验概率$P(\omega_i)$作为未知参数存在。并且，当式（6.145）成立时，如本节（1）所述，从类间散布与类内散布的比的最大标准求出的子空间与从类间方差与类内方差的比的最大标准求出的子空间相同。因此，前者可以视为后者的特殊情况。

比较这两种情况时，费希尔方法中先验概率$P(\omega_i)$没有出现在公式中，那么先验概率是如何反映出来的呢？从式（6.81）和式（6.83）可以看出，$\mathbf{S}_W$，$\mathbf{S}_B$是将各项按模式数相加的形式。因此，模式数 (n_i) 多的类对 $\mathbf{S}_W$，$\mathbf{S}_B$ 的贡献更大，这与用协方差矩阵表示时 $P(\omega_i)=n_i/n$ 的效果相同。那么，作为实际应用问题，令 $P(\omega_i)=n_i/n$ 有多大的可行性呢？遗憾的是，关于这个疑问，只能说取决于问题本身。

在实际应用中，经常通过以下方法之一来确定 $P(\omega_i)$。

①令 $P(\omega_i)=n_i/n$ 的方法。

总体随机采样模式的 n_i/n 与 $P(\omega_i)$ 是成比例的，因此这是一种极为自然的方法。然而，能够实现完全随机采样的情况反而很少，在多数情况下，收集模式存在相当大的偏差。

②令 $P(\omega_i)=1/c$ 的方法。

这种方法是在先验概率估计不可行的前提下，从平等对待各个类的角度进行处理。在文字识别中多采用这种方法。

③用完全不同的方法预先估计 $P(\omega_i)$ 的方法。

由于特定的错误识别所带来的损失非常大，必须要更正确地识别特定的类，这时通常会准备更多该类的学习模式。这一方法相当于将特定的类的 $P(\omega_i)$ 估计得较大。

如何确定先验概率是与识别单元的设计有关的问题，可参考 5.4 节（1）、8.2 节（3）和 9.1 节（3）的“心得”。

求变换后的空间上的类内协方差矩阵 $\tilde{\Sigma}_W$ 和类间协方差矩阵 $\tilde{\Sigma}_B$，由于 $\mathbf{y}=\mathbf{A}^t\boldsymbol{x}$，所以将式（6.119）和式（6.122）中的 $d\times 1$ 的向量 $\boldsymbol{w}$ 置换为 $d\times\tilde{d}$ 的矩阵 $\mathbf{A}$，得到

$$\tilde{\Sigma}_W=\mathbf{A}^t\Sigma_W\mathbf{A} \tag{6.166}$$

$$\tilde{\Sigma}_B=\mathbf{A}^t\Sigma_B\mathbf{A} \tag{6.167}$$

$$\tilde{\Sigma}_T=\mathbf{A}^t\Sigma_T\mathbf{A} \tag{6.168}$$

这里，需要使用类之间的分离度的评价函数 $J(\mathbf{A})$，但与 2 个类情况下定义的式（6.119）和式（6.122）中的 ϕ_W,ϕ_B 不同，$\tilde{\Sigma}_W,\tilde{\Sigma}_B$ 不是标量，而是 $\tilde{d}$ 阶方阵。

因此，可以考虑以下评价标准 $J(\mathbf{A})$ 作为候选：

$$J_1(\mathbf{A}) \stackrel{\text{def}}{=\!=} \frac{\mathrm{tr}(\tilde{\Sigma}_B)}{\mathrm{tr}(\tilde{\Sigma}_W)} \tag{6.169}$$

$$J_2(\mathbf{A}) \stackrel{\text{def}}{=\!=} \mathrm{tr}(\tilde{\Sigma}_W^{-1}\tilde{\Sigma}_B) \tag{6.170}$$

$$J_3(\mathbf{A}) \stackrel{\text{def}}{=\!=} \frac{\det(\tilde{\Sigma}_B)}{\det(\tilde{\Sigma}_W)} = \det(\tilde{\Sigma}_W^{-1}\tilde{\Sigma}_B) \tag{6.171}$$

$$J_4(\mathbf{A}) \stackrel{\text{def}}{=\!=} \log\left(\frac{\det(\tilde{\Sigma}_T)}{\det(\tilde{\Sigma}_W)}\right) \tag{6.172}$$

式中，$\det(\mathbf{A})$ 表示矩阵 $\mathbf{A}$ 的行列式。另外，因为 $\det(\tilde{\Sigma}_B)$ 有时会变成 0，式（6.172）中的 $\tilde{\Sigma}_T$ 代替了 $\tilde{\Sigma}_B$。

费希尔方法讨论的情况是从 d 维空间到一维空间的变换，这里要讨论的是从 d 维空间到 $\tilde{d}$ 维空间的变换。在这种情况下，以类内方差尽可能小、类间方差尽可能大的变换为目标的想法也是一样的。式（6.169）～式（6.172）中表示的评价式都是在 $\tilde{d}$ 维空间上反映了上述想法的形式。但是，由于是以多维空间为对象，所以不能像式（6.124）那样单纯地以一维轴上的类间方差与类内方差的比作为评价值。

模式在该轴上投影分布时的方差可表示它的分布状况，而方差正是由分布的协方差矩阵 Σ 求出的特征值。假设从各轴求出的 $\tilde{d}$ 个特征值为 $\lambda_1,\cdots,\lambda_{\tilde{d}}$，则可以用 $\sum_{i=1}^{\tilde{d}}\lambda_i$ 或 $\prod_{i=1}^{\tilde{d}}\lambda_i$ 来评价 $\tilde{d}$ 维空间中分布的广度。并且，由于有（参见文献 [永田 87] 和 [吉本 11]）

$$\sum_{i=1}^{\tilde{d}}\lambda_i = \mathrm{tr}(\Sigma) \tag{6.173}$$

$$\prod_{i=1}^{\tilde{d}}\lambda_i = \det(\Sigma) \tag{6.174}$$

可知 $J_1(\mathbf{A}) \sim J_4(\mathbf{A})$ 作为评价式是适当的。式（6.174）中给出的协方差矩阵的行列式 $\det(\Sigma)$ 也称为广义方差。

已知这些最大化问题等价于在式（6.175）的条件下使分子最大化，这可以

归结于完全相同的特征值问题[⊖]

$$\tilde{\Sigma}_W = \mathbf{A}^t \Sigma_W \mathbf{A} = \mathbf{I} \quad (6.175)$$

$$\Sigma_B \mathbf{A} = \Sigma_W \mathbf{A\Lambda} \quad (6.176)$$

式中，$\mathbf{\Lambda}$是$\tilde{d}$维对角矩阵。因此，对应于$\Sigma_W^{-1}\Sigma_B$的特征值中从大到小的$\tilde{d}$个特征值$\lambda_1,\cdots,\lambda_{\tilde{d}}$的特征向量成为变换后的空间的基。一般在特征值问题中，特征值可以唯一确定，但特征向量不是唯一确定的[⊜]。因此，希望对特征向量施加某种制约，能够唯一地确定解[⊜]。在此，将式（6.175）的归一化条件作为约束条件。式（6.169）～式（6.172）所示的$J_i(\mathbf{A})$的最大值使用$\Sigma_W^{-1}\Sigma_B$的特征值后分别为

$$\max\{J_1(\mathbf{A})\} = \frac{1}{\tilde{d}}\sum_{i=1}^{\tilde{d}}\lambda_i \quad (6.177)$$

$$\max\{J_2(\mathbf{A})\} = \sum_{i=1}^{\tilde{d}}\lambda_i \quad (6.178)$$

$$\max\{J_3(\mathbf{A})\} = \prod_{i=1}^{\tilde{d}}\lambda_i \quad (6.179)$$

$$\max\{J_4(\mathbf{A})\} = \sum_{i=1}^{\tilde{d}}\log(\lambda_i + 1) \quad (6.180)$$

证明参照习题6.5。

从特征空间的降维观点出发，降维后的空间维度不一定非得是$\tilde{d}(=c-1)$，可以是从大的维度开始选择，对应于任意一个（$\tilde{d}$以下）特征值的特征向量所扩张的子空间。在第6.5节（2）中，叙述了使用累计贡献率来评价通过KL展开求出的子空间的方法，与此类似，上面所述的评价值J可以看作是评价空间的判别能

⊖ 由于等式（6.161）成立，即使用$(\tilde{\Sigma}_T,\tilde{\Sigma}_W)$或$(\tilde{\Sigma}_B,\tilde{\Sigma}_T)$或替换式（6.169）～（6.172）中$J(\mathbf{A})$的$(\tilde{\Sigma}_B,\tilde{\Sigma}_W)$组合，问题的本质也不会改变。这是因为，如果使用$\Sigma_T=\Sigma_W+\Sigma_B$的关系将公式（6.176）变形，就会得到$\Sigma_B\mathbf{A}(\mathrm{I}+\mathbf{\Lambda})=\Sigma_T\mathbf{A\Lambda}$，所以式（6.176）可以变形为$\Sigma_B\mathbf{A}=\Sigma_T\mathbf{A\Lambda}'$。因此，式（6.176）和它的变形是等价的特征值问题。但是，$\mathbf{\Lambda}'$是$\tilde{d}$维对角矩阵，如果$\mathbf{\Lambda},\mathbf{\Lambda}'$的$(i,i)$分量为$\lambda_i,\lambda_i'$，则有$\lambda_i'=\lambda_i/(1+\lambda_i)$。

⊜ 例如，在关于矩阵Σ的特征值问题$\Sigma\boldsymbol{x}=\lambda\boldsymbol{x}$中，如果$x$是特征向量，则乘以常数$a$后$ax$也是特征向量。

⊜ 经常应用的是将特征向量的范数设为1的归一化处理。

力的量。从各轴能够各自独立处理，并且其评价值具有加性[⊖]的观点来看，期望 J_2 和 J_4 作为空间判别能力的评价值是可取的。J_1 表示除了空间维度以外的各轴的平均评价值。因此，当新加入相当于小特征值的特征向量作为新的子空间时，尽管实际判别力相应上升，但 J 值反而下降。另外，评价值 J_3 在采用接近 0 特征值的特征向量时，会接近 0。J_2，J_3，J_4 在坐标的正则线性变换中保持不变，具有作为空间判别力的评价值的性质。因此，这些评价值不受 6.2 节所述的特征量归一化的影响。进而，由于式（6.174）成立，J_3 成为 2 个类情况下最自然的一般化。另外，J_2 的最大值与马哈拉诺比斯泛距离有式（6.181）成立（参见习题 6.6）。

$$\max\{J_2(\mathbf{A})\} = \sum_{i=1}^{c} P(\omega_i) D_M^2(\mathrm{m}_i, \mathrm{m}) = \sum_{i=1}^{c}\sum_{j<i} P(\omega_i)P(\omega_j) D_M^2(\mathrm{m}_i, \mathrm{m}_j) \tag{6.181}$$

在这里，无论选择哪个 J 作为例子，使 J 最大化的特征向量都是一样的，所以求出的子空间与选择 J 无关。但是，在利用 J 作为空间判别能力的评价，或者作为 5.2 节中举例的特征的评价时，就需要选择适当的 J。此外，在将一个模式组分成若干个集群的聚类中，为了确定最佳集群，也使用了本书所述的评价值。

在多类的情况下，如上所述求出的子空间在类间分离这一点上有时未必具有足够的判别能力，尤其在多类的识别中使用线性判别法时需要注意（关于这一点，已经在第 5.2 节中叙述了）。因此，就像在 4.3 节（2）中将 2 个类的识别函数扩展到多类一样，结合本节（1）中所述的用于判别 2 个类的费希尔方法来进行多类识别更加可靠。

心得

判别分析、相关分析、平方误差最小化学习

正如本节开头所述，线性判别法在统计学领域被称为判别分析，作为多变量数据的分析方法之一被广泛使用。正如费希尔在其原论文 [Fis36] 中指出的那样，判别分析可以视为相关分析的特殊情况。

如 3.1 节（2）中所述，在 2 个类的识别中通过平方误差最小化学习来确定

⊖ 当对轴（一维空间）a_1 的评价值为 $J(a_1)$，对轴 a_2 的评价值为 $J(a_2)$，对由 a_1 和 a_2 构成的二维子空间的评价值为 $J(a_1, a_2)$ 时，指的是 $J(a_1, a_2)=J(a_1)+J(a_2)$ 成立。

权重向量的方法，相当于将监督信号作为目的变量的多元回归分析。另外，如在9.1节（1）中所述，通过最小二乘法学习得到的权重向量 $\boldsymbol{w}$ 等价于通过费希尔方法得到的变换向量 $\boldsymbol{w}$。与此类似，多类线性判别法相当于典型相关分析的特殊情况。典型相关分析包含多元回归分析这一特殊情况，可进行特征空间中的模式分布和判别空间中的模式分布之间的相关分析。详见文献[大津 81]、文献[柳井 18]、文献[柳井 86]等。

（3）线性判别法和空间变换

正如此前所讨论的，线性判别法是通过空间的线性变换来求得类间方差与类内方差的比最大的 $\tilde{d}(\leqslant c-1)$ 维子空间的方法，是考虑了识别的特征空间的变换法。这里，从空间变换的观点来论述用 $(d,\tilde{d})$ 矩阵 $\mathbf{A}$ 表示的这个变换所具有的意义。实际上，这个空间变换 $\mathbf{A}$ 可以分成两个阶段，即 $\mathbf{A}=\mathbf{A}_1\mathbf{A}_2$。

由于 Σ_W 是对称矩阵，所以存在满足式（6.182）的 d 阶方阵 $\mathbf{A}_1$（参见习题6.7）。

$$\mathbf{A}_1^t \Sigma_W \mathbf{A}_1 = \mathbf{I}_d \tag{6.182}$$

式中，$\mathbf{I}_d$ 是 d 阶单位矩阵。另外，式（6.183）中的 Σ_B 是阶数为 $\tilde{d}$ 的非负对称矩阵[⊖]，所以 $\mathbf{A}_1^t \Sigma_B \mathbf{A}_1$ 也是非负对称矩阵，设以 $\mathbf{A}_1^t \Sigma_B \mathbf{A}_1$ 的 $\tilde{d}$ 个特征向量为列的 $(d,\tilde{d})$ 矩阵为 $\mathbf{A}_2$，设以对应特征值为分量的 $\tilde{d}$ 维对角矩阵为 $\mathbf{\Lambda}$，则有

$$(\mathbf{A}_1^t \Sigma_B \mathbf{A}_1)\mathbf{A}_2 = \mathbf{A}_2\mathbf{\Lambda} \tag{6.183}$$

$$\mathbf{A}_2^t\mathbf{A}_2 = \mathbf{I}_{\tilde{d}} \tag{6.184}$$

式（6.184）中，$\mathbf{I}_{\tilde{d}}$ 是 $\tilde{d}$ 维单位矩阵。用这样定义的 $\mathbf{A}_1$ 和 $\mathbf{A}_2$ 可将 $\mathbf{A}$ 定义为

$$\mathbf{A} \overset{\text{def}}{=} \mathbf{A}_1\mathbf{A}_2 \tag{6.185}$$

式（6.185）中的 $\mathbf{A}$ 满足用式（6.175）和式（6.176）表示的特征值问题的条件。由式（6.182）可得

$$\tilde{\Sigma}_W = \mathbf{A}^t \Sigma_W \mathbf{A} = \mathbf{A}_2^t(\mathbf{A}_1^t \Sigma_W \mathbf{A}_1)\mathbf{A}_2 \tag{6.186}$$

$$= \mathbf{A}_2^t\mathbf{I}_d\mathbf{A}_2 = \mathbf{A}_2^t\mathbf{A}_2 = \mathbf{I}_{\tilde{d}} \tag{6.187}$$

⊖ 当存在满足 $Y=X_tX$ 的矩阵 X 时，对称矩阵 Y 是非负定值。

进而，由式（6.175）和式（6.182）可得

$$(\mathbf{A}_1^t)^{-1} = \Sigma_W \mathbf{A}_1 \tag{6.188}$$

将式（6.188）乘以式（6.183），可得

$$\text{左边} = (\mathbf{A}_1^t)^{-1}(\mathbf{A}_1^t \Sigma_B \mathbf{A}_1)\mathbf{A}_2 = \Sigma_B \mathbf{A} \tag{6.189}$$

$$\text{右边} = \Sigma_W \mathbf{A}_1\mathbf{A}_2\mathbf{\Lambda} = \Sigma_W \mathbf{A}\mathbf{\Lambda} \tag{6.190}$$

则式（6.176）成立，重新写为式（6.191）:

$$\Sigma_B \mathbf{A} = \Sigma_W \mathbf{A}\mathbf{\Lambda} \tag{6.191}$$

根据上述结果，变换 $\mathbf{A}$ 可分为 $\mathbf{A}_1$ 和 $\mathbf{A}_2$ 两个阶段的变换。并且从表达式（6.182）的意义来看，第一变换 $\mathbf{A}_1$ 是进行类内方差 Σ_W 的归一化的变换，也称为白化。另外，从式（6.183）可以认为第二变换 $\mathbf{A}_2$ 是在用 $\mathbf{A}_1$ 归一化后的空间中对类均值 $\mathbf{A}_1^t\Sigma_B\mathbf{A}_1$ 进行 KL 展开的变换。也就是相当于对共计 c 个模式进行 KL 展开。详见习题 6.8。进而，从式（6.187）可知

$$\tilde{\Sigma}_B = \mathbf{A}^t\Sigma_B\mathbf{A} = \mathbf{A}_2^t(\mathbf{A}_1^t\Sigma_B\mathbf{A}_1)\mathbf{A}_2 = \mathbf{A}_2^t\mathbf{A}_2\mathbf{\Lambda} = \mathbf{\Lambda} \tag{6.192}$$

式中，$\mathbf{A}$ 是 Σ_W 和 Σ_B 同时对角化的变换，也称为同时对角化，一般可以对维度相等的任意两个对称矩阵进行对角化㊀。

上述的 $\mathbf{A}_1$ 和 $\mathbf{A}_2$ 的变换如图 6.10 所示。图 6.10a 表示 2 个类的特征向量在二维特征空间上的分布。以下是通过线性判别法根据图 6.10a 中给出的分布来确定子空间的过程。

首先，将 ω_1, ω_2 在图 6.10a 的特征空间上的分布进行重心一致地重叠，并设为分布为 ω_{1+2}，如图 6.10 中的 (a-1) 所示。求 $\mathbf{A}_1$ 变换，使得分布 ω_{1+2} 对各轴呈各向同性，如图 6.10 中的 (a-2) 所示，也就是使分布的协方差矩阵为单位矩阵的常数倍。在这个例子中，相当于在 $\boldsymbol{x}_1=\boldsymbol{x}_2$, $\boldsymbol{x}_1=-\boldsymbol{x}_2$ 方向乘以常数的变换。

接着，通过对图 6.10a 的特征空间进行 $\mathbf{A}_1$ 变换，得到图 6.10b 的归一化空间。通过此变换得到的归一化空间的轴为 z_1，z_2。然后，对该归一化空间中的每

㊀ 同时对角化是模式识别中有用的工具之一。文献 [Fuk90] 对这一工具进行了解释。

个类的平均值，即归一化空间上的 $\mathbf{m}_1',\mathbf{m}_2'$ 实施 KL 展开，得到的子空间是连接 $\mathbf{m}_1',\mathbf{m}_2'$ 的轴 D_N，并经过 $\mathbf{A}_2$ 变换得到 6.10c 的判别空间的轴为 y。

最后，在归一化空间上考虑由归一化空间上投影到 y 上的相同点的点列构成的线段 $L_1'L_2'$，将其移到图 6.10a 的特征空间，就是图 6.10d 中的 L_1L_2。线段 L_1L_2 在判别空间上被映射到相同的点上，因此求出的判别轴 D 是与之垂直的轴。如果两个分布的协方差矩阵和先验概率相等，则通过 2 个类均值的中点垂直于 D 的平面确定为划分 2 个类的最佳决策边界 $D^{\perp}$。

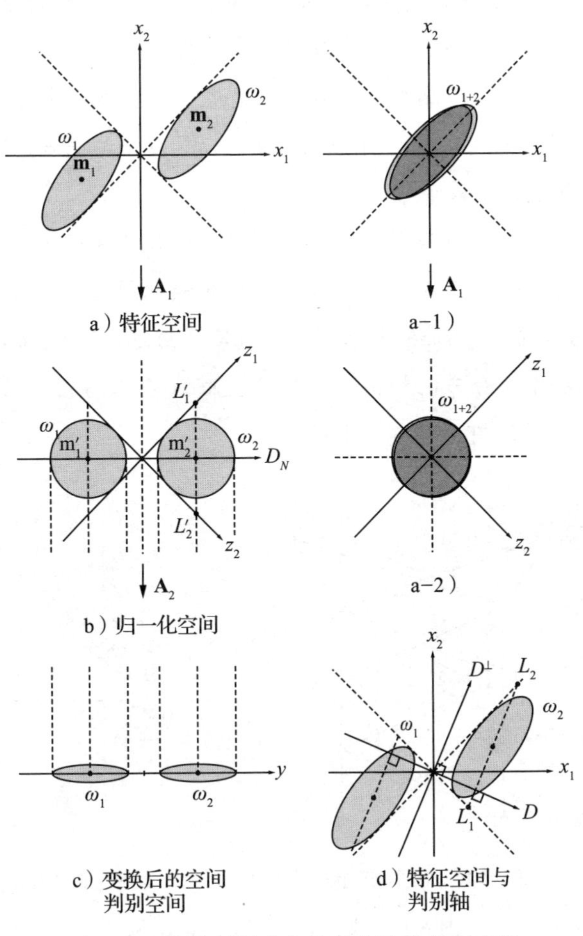

图 6.10　线性判别法中的两个阶段空间变换

心得

特征空间的非线性变换——多层神经网络

上述的特征空间的变换方法是以线性变换为基础的变换方法，如果去掉线性这一限制，当然可以期待进行多种多样的变换。但在数学上得到较好的预测大多是基于线性限制，在核方法普及之前，可以说几乎所有的研究和实际使用的技术都是在这个框架中进行的。

作为为数不多的利用非线性方法进行特征空间变换的方法，3.3 节中所述的使用多层神经网络的方法是众所周知的。图 6.11 所示为非线性空间变换的示例，图 6.11a 由分别具有 d 个神经元的输入层、输出层和具有 $\tilde{d}(<d)$ 个神经元的中间层（第 2 ～ 4 层）构成的沙漏型神经网络，通过学习实现输出与输入值相同的恒等映射。于是，学习后的中间层神经元输出表示为 $\tilde{d}$ 维的向量，可以看作是原始 d 维特征向量的维度压缩表示。

在这种情况下，当在 3 层神经网络实现输出与输入相同模式的恒等映射时，在中间层得到的子空间的近似能力与 KL 展开相比较差 [船橋 90]，因此通常使用 5 层以上的多层神经网络进行实验。如果使用这种非线性方法，就可以对图 6.11b 那样具有歪曲分布的特征向量确定歪曲轴 N。然而，该方法本质上存在以下两个问题，而且还有很多不明晰的地方。

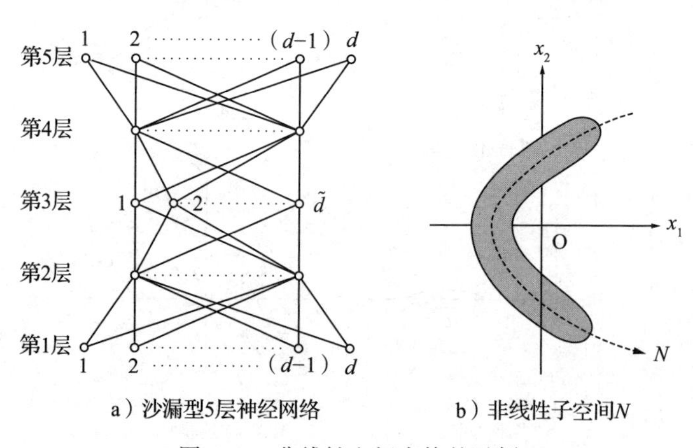

a）沙漏型5层神经网络　　b）非线性子空间N

图 6.11　非线性空间变换的示例

第一，使用多层神经网络时最大的问题是，通常为了以任意精度实现任意映射，需要无限多个参数（中间神经元的数量等）。此时，以一定的有限精度实现映射的必要条件是未知的。另外，寻找最优解的方法也是未知的，从而只能得到用于寻找局部最优解的学习算法（参见 3.3 节）。

第二，通过这种方法变换的特征空间的特性有很多不明晰的地方。有研究使用这种方法进行特征空间的变换，再利用变换后的特征向量对面部图像进行人物识别，但是与 KL 展开不一定对识别有效的原因基本相同，沙漏型多层神经网络所变换的空间也不能保证对识别有效。

6.5 KL 展开的适用法

(1) KL 展开与线性判别法

6.3 节所述的 KL 展开和 6.4 节所述的线性判别法都是用于模式识别的降维方法，但其产生的效果实际上完全不同。如前所述，KL 展开是求得“最佳近似整体模式分布”的子空间的方法，而线性判别是求得“使各类模式分布的分离度最大”的子空间的方法。因此，这两个方法要根据目的正确地区分使用。

KL 展开是为了尽可能最大限度地反映特征向量的分布整体所具有的信息而降低特征空间维度的方法，因此当多个类存在于特征空间上时，通过 KL 展开变换的空间不一定是识别这些类的有效空间。图 6.12 给出了一个例子。图中灰色表示的两个区域分别表示属于类 ω_1 和 ω_2 的模式的二维特征向量的分布。由 KL 展开决定的主轴是 P，在这个轴上两个分布的分离度不好。将两个分布分开的最好的轴是 D，与 P 完全不同。这是因为 KL 展开完全没有考虑到类的识别。另一方面，线性判别是考虑了不同类的分布的分离度的空间变换方法

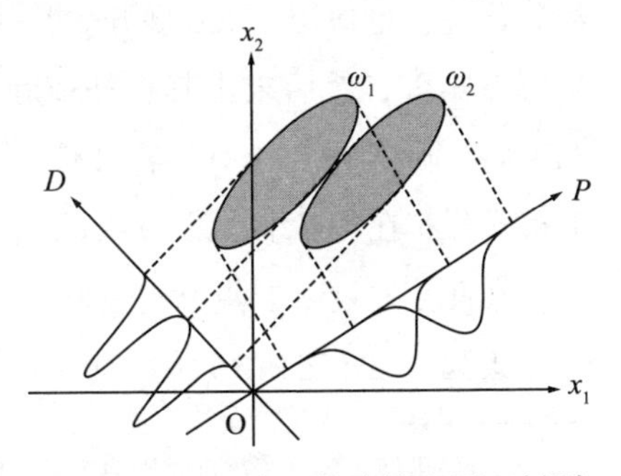

图 6.12　用于表示的降维和用于判别的降维

之一。基于 KL 展开的降维与基于线性判别的降维在性质上的区别在于，前者是用于表示或压缩的降维，而后者是用于判别的降维。关于同样的情况，在 9.1 节（2）的“心得”中也有论述（也可参见习题 6.2、6.3）。

然而，尽管 KL 展开是一种没有考虑识别的降维法，却在模式识别的处理中被广泛使用。其理由如下。

第一，比如，为了进行以文字识别和语音识别为代表的高级识别，通常需要高维的特征向量。因此，作为摆脱维度诅咒的手段，降维是必不可少的。

第二，在最初选定的特征中，有可能包含具有相关性的特征组。特别是在高维的特征向量中，在没有注意到的情况下，包含高度相关的特征组的风险性极高。当存在相关性非常高的两个特征时，协方差矩阵具有接近于 0 的特征值，因此通过 KL 展开减少特征空间的维数意味着减少冗余信息。另外，在存在相关性强的特征组时，逆矩阵的计算误差往往会变大，通过 KL 展开的降维也可以防止这种情况的发生。

但是，如图 6.12 所示，通过 KL 展开来减少特征空间的维度，总是存在遗漏识别中重要信息的危险，这一点必须注意。

（2）KL 展开与学习模式数

简单总结一下 KL 展开与学习模式数的关系中应该注意的点。

对于特征空间的维度，必须准备足够数量的学习模式，这一点在 4.4 节中已经叙述过，也适用于 KL 展开。在执行 KL 展开时，首先需要从学习模式中求出协方差矩阵，然后求出其特征值和特征向量。如果学习模式数 n 在维度 d 以下 $(n \leqslant d)$，则第 $(d-n+1)$ 个特征值为 0[⊖]。也就是说，虽然看起来是 d 维，但实际上模式分布在比 d 维小的 $(n-1)$ 维子空间中。

在此，通过以下两个实验来调查学习模式数对 KL 展开的计算有什么影响。

实验 1 首先在 16 维特征空间上人为生成多维正态分布的模式。调查通过

⊖ 如果模式数小于维度，则协方差矩阵必然不再是正则的，其特征值中包含 0。作为标准库，准备了各种求特征值、特征向量的程序，但需要注意的是，如果矩阵不是正则的，也会中断处理。

KL 展开求得的主轴与正确主轴之间的偏差，随着模式数的增加会发生怎样的变化。将两个轴所成的角设为 θ，用 $\cos\theta$ 来评价偏差。当主轴方向与正确方向一致时，取最大值 1。

结果如图 6.13 中的（a）所示。横轴表示模式数 n，纵轴表示 $\cos\theta$。在这个示例中，当模式数等于维度（n=16）时，$\cos\theta$=0.285，求出的主轴与正确方向有 θ=73.4° 的偏差。即使模式数达到维度的约 6 倍（n=100）时，$\cos\theta$=0.581，θ=54.5°，误差依然很大。无论如何，如上所述，从这个例子中也可以看出，与维度相比，需要准备足够的模式数。

在现实中，经常能看到这样的例子，特征的维度从数百到数千不等，而模式数最多只能与维度差不多，有时甚至更少。尽管如此，为什么上面说的问题却不太严重呢？为了调查这一点，进行了如下实验。

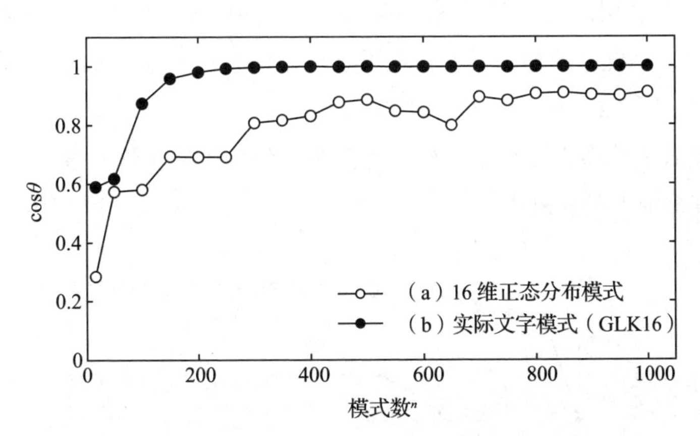

图 6.13　模式数与主轴方向精度的关系

实验 2　这里不使用人工的特征向量，而是使用从实际的文字模式中得到的特征向量进行和上述操作一样的实验。使用的是 GLK16（附录 A.4）。每个类的模式数为 1 000 种，从中选择文字“5”。在此，将使用全部 1 000 种模式求出的主轴就视为是正确的主轴。

结果如图 6.13 中的（b）所示。这种情况与前面的示例不同，即使模式数比较少，所求的主轴也与正确的在方向上基本一致。这种差异的产生，是由于以下原因。

也就是说，在现实问题中，很难准备相互独立的特征，而是一定会有相关的情况［参照本节（1）］。即使打算追加新的特征，实际上它也可以用已经准备好的特征的线性组合来大致描述，这样的情况经常发生。在这个例子中，从 Glucksman 特征的性质来看，可以认为特征之间具有相关性的东西占了相当大的一部分。图 6.14 显示了特征数量与累计贡献率[⊖]的关系。图 6.14 中的（b）是 GLK16 的曲线图，从图中可以看出，前 10 个特征的累计贡献率几乎达到 99%，所以即使是 16 维的特征空间，实际上模式分布在 10 维左右的子空间中。因此，即使是少数模式，也求出了比较准确的主轴。像这样，当表面上看维数较大，但实际上模式分布在维度更小的空间时，这个实际上的维度被称为固有维度。

图 6.14 中的（a）显示的是多维正态分布模式的累计贡献率曲线。这种情况与图 6.14 中的（b）不同，累积贡献率不会在中途急剧增大而饱和。因为在图 6.14 的（a）中使用的是人工模式，16 个特征之间的独立性很高，固有维度也被认为接近 16。因此，要想在相同精度下求出主轴，图 6.14 中的（a）所需的模式数要远远多于图 6.14 中的（b）。

即使模式只分布在更低维数的子空间中，但为了确认这一事实，必须注意，需要比维度多的大量的模式。

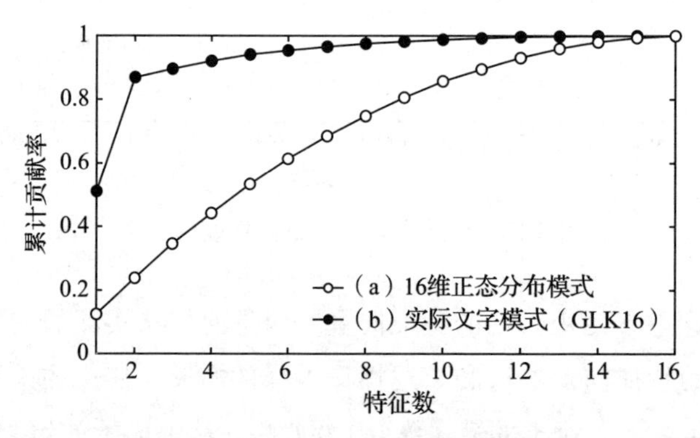

图 6.14　特征数与累计贡献率的关系

⊖ 是指将特征值按从大到小的顺序相加到某个数的值，占特征值总和的比例。目标是得出仅用有限的主要分量就能在多大程度上忠实地描述原始分布。与 100% 的差相当于与原始分布的误差。

心得

统计分析用库——其可用性与危险性

市面上有很多用于统计计算的库，使用时，只要提供数据，就能输出合理的分析结果。然而，随意地使用这种软件库是极其危险的。数据输入错误、计算误差的累积、数据可靠性问题等，导致错误结果的危险因素有不少。有必要确认解析得出的结果是否妥当。为此，需要对每个步骤进行踏实的验证，正确理解分析方法，对数据结果具有出色的直觉。

习题

6.1* 不使用 trace 运算，演示出使式（6.35）的 $\tilde{\sigma}^2(\mathbf{A})$ 最大的 $\mathbf{A}=(\mathbf{u}_1,\cdots,\mathbf{u}_{\tilde{d}})$ 是式（6.45）的特征值问题的解。

6.2 假设在二维特征空间上有 6 个学习模式 $\boldsymbol{x}_1,\boldsymbol{x}_2,\cdots,\boldsymbol{x}_6$，如下所示（数据与习题 2.2 相同）：

$$\boldsymbol{x}_1=(11,8)^t,\quad \boldsymbol{x}_2=(10,10)^t,\quad \boldsymbol{x}_3=(6,3)^t,$$
$$\boldsymbol{x}_4=(6,5)^t,\quad \boldsymbol{x}_5=(2,8)^t,\quad \boldsymbol{x}_6=(1,2)^t$$

现在，利用向量 $\mathbf{u}$ 进行如下的变换：

$$y=\mathbf{u}^t\boldsymbol{x}\quad(\boldsymbol{x}=\boldsymbol{x}_1,\cdots,\boldsymbol{x}_6)$$

将学习模式从二维特征空间变换到一维特征空间。

① 通过 KL 展开求出尽可能保存原空间的分布状况的 $\mathbf{u}$。其中，$\mathbf{u}$ 被归一化为 $\|\mathbf{u}\|=1$。

② 在图上绘制出由上面求出的 $\mathbf{u}$ 确定的投影轴（主轴）。但投影轴通过所有模式的平均 $\mathbf{m}$。

6.3 假设在二维特征空间上有习题 6.2 中的 6 个学习模式。其中，$\boldsymbol{x}_1,\boldsymbol{x}_2,\boldsymbol{x}_3$ 属于类 ω_1，$\boldsymbol{x}_4,\boldsymbol{x}_5,\boldsymbol{x}_6$ 属于类 ω_2。现在，考虑使用向量 $\boldsymbol{w}$ 进行如下的变换：

$$y=\boldsymbol{w}^t\boldsymbol{x}\quad(\boldsymbol{x}=\boldsymbol{x}_1,\cdots,\boldsymbol{x}_6)$$

通过 y 的值尽可能有效地分离上述两个类的学习模式。

① 通过费希尔方法求出向量 $\boldsymbol{w}$。其中，$\boldsymbol{w}$ 被归一化为 $\|\boldsymbol{w}\|=1$。再在图上绘制求出的投影轴 y，并在 y 轴上投影模式 $\boldsymbol{x}_1,\boldsymbol{x}_2,\cdots,\boldsymbol{x}_6$。这里假设投影轴 y 通过原点。

② 将上述的投影轴 y 与习题 6.2 中求出的 KL 展开的主轴进行比较。

③ 在投影轴 y 上设置式（6.110）所示的阈值 $-w_0$，求出并在图上绘制用于识别这两个类的决策边界。

④ 将投影轴 y 定为 $\mathbf{m}_1-\mathbf{m}_2$ 的方向，将两个类的学习模式投影在 y 轴上，并与①的结果进行比较。

6.4 类 ω_1, 类 ω_2 的模式分布在 d 维空间上。对这些模式应用费希尔方法，用向量 $\boldsymbol{w}$ 表示得到的轴。这里，使用式（6.3）所示的用于归一化的变换矩阵 **A**，将所有模式映射到新空间上。

① 在这个变换后的空间中应用费希尔方法，用向量 $\boldsymbol{v}$ 表示得到的轴，并证明 $\boldsymbol{v}\propto\mathbf{A}^{-1}\boldsymbol{w}$ 的关系成立。

② 式（6.98）中给出的费希尔评价标准值，对 $\boldsymbol{w}$ 和 $\boldsymbol{v}$ 来说是等价的，这说明在应用费希尔方法时，不需要通过式（6.3）中的 **A** 进行归一化处理。

6.5 证明式（6.177）～式（6.180）。

6.6 回答下面的①～④题。

①证明式（6.82）与式（6.83）相等。

②证明式（6.140）～式（6.142），以及式（6.144）成立。

③证明式（6.154）～式（6.156）成立。

④证明式（6.181）成立。

6.7 证明大小为 $d\times d$ 的实对称矩阵 **S** 可以用 d 阶方阵 **A** 表示为 $\mathbf{A}^t\mathbf{S}\mathbf{A}=\mathbf{I}$，其中 **I** 是 d 次单位矩阵。同样，给出 **S** 可以用 d 阶方阵 **B** 表示为 $\mathbf{S}=\mathbf{B}^t\mathbf{B}$。

6.8 假设在二维特征空间上有 10 个学习模式 $\boldsymbol{x}_1,\boldsymbol{x}_2,\cdots,\boldsymbol{x}_{10}$，$\boldsymbol{x}_1\sim\boldsymbol{x}_5$ 属于类 ω_1，$\boldsymbol{x}_6\sim\boldsymbol{x}_{10}$ 属于类 ω_2。因此，$n_1=n_2=5$，$n=n_1+n_2=10$。下面假设 $P(\omega_i)=n_i/n\,(i=1,2)$。

$$
\begin{aligned}
&\boldsymbol{x}_1=(1,0)^t, &&\boldsymbol{x}_2=(3,2)^t, &&\boldsymbol{x}_3=(2,-1)^t, &&\boldsymbol{x}_4=(-1,-2)^t,\\
&\boldsymbol{x}_5=(0,1)^t, &&\boldsymbol{x}_6=(-1,0)^t, &&\boldsymbol{x}_7=(1,2)^t, &&\boldsymbol{x}_8=(0,-1)^t,\\
&\boldsymbol{x}_9=(-3,-2)^t &&\boldsymbol{x}_{10}=(-2,1)^t,
\end{aligned}
$$

① 在二维特征空间上绘制上述模式，并根据定义分别求出变化矩阵 $\mathbf{S}_1,\mathbf{S}_2,\mathbf{S}_B,\mathbf{S}_W,\mathbf{S}_T$ 以及协方差矩阵 $\Sigma_1,\Sigma_2,\Sigma_B,\Sigma_W,\Sigma_T$。

② 对上述模式应用 KL 展开求主轴，在二维特征空间上绘图。

③ 应用线性判别法，为了识别上述 2 个类，求出最佳判别轴，并在二维特征空间上绘图。

④ 对各类的均值和全均值的马哈拉诺比斯泛距离的平方值进行平均，确认式（6.142）是否成立。另外，求类 ω_1, ω_2 的均值间的马哈拉诺比斯泛距离。

⑤ 将线性判别法确定的变换矩阵 $\mathbf{A}$，如式（6.185）分解为 $\mathbf{A}=\mathbf{A}_1\mathbf{A}_2$，求出 $\mathbf{A}_1$ 和 $\mathbf{A}_2$。另外，在由变换矩阵 $\mathbf{A}_1$ 确定的归一化空间上绘制原来的模式。进而确认式（6.192）是否成立。

⑥给出通过线性判别法求得决策边界的过程。

CHAPTER 7

第 7 章

子空间法

7.1 子空间法的基础

第 6 章阐述了通过对特征空间进行线性变换来进行特征选择的方法。通过设置识别器，就构成了识别系统。而本章叙述的子空间法，是不分离特征选择和识别模块，利用特征空间的线性变换本身进行识别的有趣方法。

这种方法的历史始于 20 世纪 60 年代，渡边（Satoshi Watanabe）等人在多维特征空间中绘制了许多特征向量时注意到，在很多情况下，特征向量是偏向分布在特征空间中维度非常小的子空间中的[⊖]。利用这个特征向量偏向分布的性质，在进行识别时，只关注实际数据分布的子空间即可。

渡边首先提出了一种利用所有类的特征向量创造子空间，只着眼于该子空间进行识别的方法，称之为 SELFIC 法。通过利用该子空间，可以减少数据量。这种方法虽然是独立于 KL 展开而提出的，但实际上与第 6 章所述的 KL 展开有着很深的联系。

那么，如果不着眼于所有类，而只着眼于一个类的分布，结果会怎样呢？这种情况下，一般还可以在更低维度的空间中表示分布。子空间法是指，为每个类准备了表示该类的低维子空间，通过比较未知模式在哪个子空间中最能近似表示，来识别未知模式的方法。在此，通过 KL 展开等方式从学习模式中为每个类独立

⊖ 文献 [渡辺 78] 详细叙述了子空间法的开发过程。

求出子空间。子空间法有时也称为子空间分类法，但在此仅称其为子空间法。

在具有代表性的子空间法中，只是通过所关注的类的学习模式来创建该类的子空间。因此，即使最适合表示该类，但由于没有考虑其他类的分布，所以未必是最适合用于判别不同类的空间。因此，作为该方法的拓展，也提出了在考虑其他类的分布的同时创建该类的子空间的方法。在本章的后半部分也将对其方法进行说明。

7.2 CLAFIC 法

对于子空间法，人们提出了各种各样的改良方法 [Oja83]。但是，其基本方法是渡边在 1969 年提出的 CLAFIC（CLAss-Featuring Information Compression）法。在 CLAFIC 法中，首先为每个类求出自相关矩阵的特征值和特征向量。接着，从中只选取与大的特征值对应的特征向量。最后，利用这些特征向量创建子空间，并利用该子空间识别未知模式。如果特征向量可以在每个类不同的低维子空间中进行近似，那么通过这种方法就可以识别输入模式。

在此设 c 个类 $\omega_1, \omega_2,\cdots, \omega_c$ 的各个子空间为 $\mathbf{L}_1, \mathbf{L}_2,\cdots, \mathbf{L}_c$，其维度为 $d_1, d_2,\cdots, d_c$。对于每个类 ω_i，设构成子空间 $\mathbf{L}_i$ 的 d_i 个 d 维规范正交向量为 $\mathbf{u}_{i1},\cdots,\mathbf{u}_{id_i}$。根据 $\mathbf{u}_{ik}$ 的规范正交性，构成了如下的子空间：

$$\mathbf{u}_{ik}^t\mathbf{u}_{il} = \delta_{kl} \tag{7.1}$$

式中 δ_{kl} 表示 delta：

$$\delta_{kl} = \begin{cases} 1 & (k = l) \\ 0 & (k \neq l) \end{cases} \tag{7.2}$$

现在着眼于类 ω_i，将表示从 d 维特征空间到 d_i 维子空间的变换的矩阵设为 $\mathbf{A}_i$，则可以写成：

$$\mathbf{A}_i = (\mathbf{u}_{i1},\cdots,\mathbf{u}_{id_i}) \tag{7.3}$$

由式（7.1）有

$$\mathbf{A}_i^t\mathbf{A}_i = \mathbf{I} \tag{7.4}$$

式中，$\mathbf{I}$ 是单位矩阵。在原 d 维空间中，观察投影到子空间的 d_i 维特征向量 $\mathbf{A}_i^t\boldsymbol{x}$，则为 $\mathbf{A}_i\mathbf{A}_i^t\boldsymbol{x}$。也就是说，从原来的空间到子空间 $\mathbf{L}_i$ 的变换可以用正交投影矩阵来表示（参见式（6.68））：

$$\mathbf{P}_i = \mathbf{A}_i\mathbf{A}_i^t = \sum_{j=1}^{d_i}\mathbf{u}_{ij}\mathbf{u}_{ij}^t \tag{7.5}$$

图 7.1 所示为从三维空间到二维子空间 $\mathbf{L}_i$ 的投影。

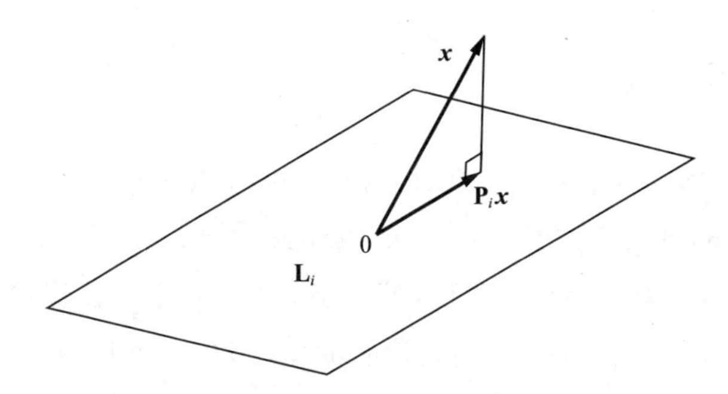

图 7.1　向量 $\boldsymbol{x}$ 在子空间 $\mathbf{L}_i$ 上的投影

此外，根据式（7.4）和式（7.5）可得

$$\mathbf{P}_i\mathbf{P}_i = \mathbf{P}_i \tag{7.6}$$

$$\mathbf{P}_i^t = \mathbf{P}_i \tag{7.7}$$

并且，$\boldsymbol{x}$ 对子空间 $\mathbf{L}_i$ 的正交投影为 $\mathbf{P}_i\boldsymbol{x}$，其长度的平方 $\|\mathrm{P}_i\boldsymbol{x}\|^2$ 为

$$\|\mathbf{P}_i\boldsymbol{x}\|^2 = \boldsymbol{x}^t\mathbf{P}_i\mathbf{P}_i\boldsymbol{x} \tag{7.8}$$

$$= \boldsymbol{x}^t\mathbf{P}_i\boldsymbol{x} \tag{7.9}$$

这个长度可以看作是未知向量 $\boldsymbol{x}$ 与类 ω_i 的相似度。也就是说，如果将相似度设为 $S_i(\boldsymbol{x})$，则可以表示为

$$S_i(\boldsymbol{x}) = \boldsymbol{x}^t\mathbf{P}_i\boldsymbol{x} \tag{7.10}$$

使用这种相似度，识别规则可以表示为下式：

$$\max_{i=1,\cdots,c}\{S_i(\boldsymbol{x})\} = S_k(\boldsymbol{x}) \quad \Rightarrow \quad \boldsymbol{x}\in\omega_k \tag{7.11}$$

这样，特征向量就被识别为具有最大投影分量的子空间类。通过将式（7.11）与式（2.3）进行比较，可知 $S_i(\boldsymbol{x})$ 可用作识别函数。

投影矩阵的使用方法很好说明，但实际子空间法的计算中，利用规范正交向量 $\mathbf{u}_{ij}$ 比使用投影矩阵更有效率。式（7.8）可以改写为

$$\|\mathbf{P}_i\boldsymbol{x}\|^2=\boldsymbol{x}^t\mathbf{P}_i\boldsymbol{x} \tag{7.12}$$

$$=\boldsymbol{x}^t\left(\sum_{j=1}^{d_i}\mathbf{u}_{ij}\mathbf{u}_{ij}^t\right)\boldsymbol{x} \tag{7.13}$$

$$=\sum_{j=1}^{d_i}(\boldsymbol{x}^t\mathbf{u}_{ij})^2 \tag{7.14}$$

也就是说，作为相似度，只要计算 $\sum_{j=1}^{d_i}(\boldsymbol{x}^t\mathbf{u}_{ij})^2$，就可以识别出该值最大的类。

规范正交向量 $\mathbf{u}_{ij}(j=1,\cdots,d_i)$ 可如下求得。首先，计算属于类 ω_i 的模式 $\boldsymbol{x}$（模式数 n_i）的类自相关矩阵

$$\mathbf{R}_i=\frac{1}{n_i}\sum_{x\in\mathcal{X}_i}\boldsymbol{x}\boldsymbol{x}^t \tag{7.15}$$

设该类自相关矩阵的特征值由大到小排列时，第 j 个特征值为 $\lambda_{ij}(j=1,\cdots,d)$，与 λ_{ij} 对应的特征向量为 $\mathbf{u}_{ij}$。这个公式化与 6.3 节中所述的 KL 展开联系紧密。具体来说就是对属于所关注的类的模式不进行原点移动，通过均方误差最小标准求出子空间。也就是说，当属于类 ω_i 的模式 $\boldsymbol{x}$ 投影到 d_i 维的子空间时，使原始模式分布的均方误差最小的空间是由上面求出的从 $\mathbf{u}_{i1}$ 到 $\mathbf{u}_{id_i}$ 的规范正交向量所构成的子空间。假设模式 $\boldsymbol{x}$ 的维度为 d_i，则式（7.15）中自相关矩阵的大小为 $d_i\times d_i$，当 d_i 较大时，运算所需的计算量也会增大。当模式数 n_i 小于 d_i 时，可避免这一问题，提高计算效率。详细内容请参见本章习题。

在子空间法中，如何设定每个类的维度是重要的问题。使用实际数据计算 $\mathbf{R}_i$ 的特征值时，特征值 $\lambda_{ij}(\lambda_{i1}\geqslant\cdots\lambda_{ij}\geqslant\cdots\geqslant\lambda_{id}\geqslant 0)$ 随着 j 的增大而逐渐趋近于零，因此可以将子空间的维度设为适当的值。但是，如果维度过低，能够表示各类的近似精度就会降低。而如果维度过高，类间子空间的重叠会增加，识别能力也会下降。要找出最佳维度，只能依靠实验。在这种情况下，可以考虑以某个固定的维度 d_0 作为结点，或者以 ω_i 的维度 d_i 来结束等。确定 d_i 的一种方法是使用累计

贡献率：

$$a(d_i)=\frac{\sum_{j=1}^{d_i}\lambda_{ij}}{\sum_{j=1}^{d}\lambda_{ij}} \tag{7.16}$$

即对所有的类选择共同的参数 κ，满足式（7.17）的维度 d_i 是按类选择的方法[Oja83]。

$$a(d_i)\leqslant\kappa\leqslant a(d_i+1) \tag{7.17}$$

另一方面，根据应用的不同，有时也必须判定未知向量不属于任何类。该判定被称为剔除，但识别规则的式（7.11）中没有剔除这一判定。导入剔除时，可以考虑以下方法。即将用范数归一化的向量 $\boldsymbol{x}$ 投影到所有的子空间，其长度的最大值为

$$\max_i\left\{\frac{\boldsymbol{x}^t\mathbf{P}_i\boldsymbol{x}}{\boldsymbol{x}^t\boldsymbol{x}}\right\} \tag{7.18}$$

当上式的值小于某个阈值时判定为剔除的方法。

作为另一种剔除方法，渡边使用了以下方法。例如，在2个类问题的情况下，如果有

$$\frac{\boldsymbol{x}^t\mathbf{P}_1\boldsymbol{x}}{\boldsymbol{x}^t\mathbf{P}_2\boldsymbol{x}}>\tau \tag{7.19}$$

则判定 $\boldsymbol{x}$ 属于 ω_1，如果有

$$\frac{\boldsymbol{x}^t\mathbf{P}_1\boldsymbol{x}}{\boldsymbol{x}^t\mathbf{P}_2\boldsymbol{x}}<\frac{1}{\tau} \tag{7.20}$$

则判定 $\boldsymbol{x}$ 属于 ω_2，如果都不是，则剔除。渡边把这个 τ 称为保真度。

7.3 子空间法和相似度法

（1）复合相似度

作为文字识别[橋本82]的一种方法，饭岛等人提出了复合相似度法[飯島89]。这个方法现在被定位为子空间法的一种变体，但是由饭岛等人独立于子空

间法而开发出来的。

复合相似度的定义为

$$S_i(\boldsymbol{x})=\sum_{j=1}^{d}\frac{\lambda_{ij}(\boldsymbol{x}^t\mathbf{u}_{ij})^2}{\lambda_{i1}\boldsymbol{x}^t\boldsymbol{x}} \tag{7.21}$$

这里的各符号的意义与前一节的子空间法中所使用的相同。另外，该表达式的分母 $\boldsymbol{x}^t\boldsymbol{x}$ 不依赖于类，因此可以省略，但为了将值归一化而引入。子空间法和复合相似度法的区别在于，如果比较两者的公式就会知道，复合相似度法中各特征向量都乘以了 $\lambda_{ij}/\lambda_{i1}$ 的系数。也就是说，根据特征值为其赋予了权重。

在复合相似度法中，将该相似度为最大的类 ω_i 作为识别结果。复合相似度基本上是使 j 变化到 d，但一般来说，自相关矩阵的特征值 λ_{ij} 会随着 j 的增大而急剧变小，因此使用适当的值 $d_i(<d)$ 代替 d 的终结公式为

$$S_i(\boldsymbol{x})\simeq\sum_{j=1}^{d_i}\frac{\lambda_{ij}(\boldsymbol{x}^t\mathbf{u}_{ij})^2}{\lambda_{i1}\boldsymbol{x}^t\boldsymbol{x}} \tag{7.22}$$

用式（7.22）计算相似度，其值也基本不会改变。因此，在实际应用中，即使以式（7.3）中累计贡献率足够大的维度 d_i 来终止计算也绰绰有余了。

$$a=\frac{\sum_{j=1}^{d_i}\lambda_{ij}}{\sum_{j=1}^{d}\lambda_{ij}} \tag{7.23}$$

实际上，如果使用累计贡献率足够大的 d_i，结果与计算到维度 d 时几乎没有区别。这意味着 d_i 的取值不会像 CLAFIC 法那样对识别结果产生影响。另外，通过在适当的维度 d_i 终止计算，计算效率将得到提高。复合相似度法也被应用于语音识别等领域。

在此，来看一下实际的特征向量的模式。图 7.2 所示为因字体差异和噪声而发生各种变形的，32×32 像素所表示的模式的示例。该示例是通过扫描仪采集模式，进行二值化后显示的。通过以各像素为元素的 1 024 维特征向量来表示这种文字模式。图 7.3 中，对“本”这一活字文字的 40 个模式计算自相关矩阵的特征值和特征向量，从特征值大的一方取出 4 个，并将与之对应的特征向量表示为灰度图的结果。定性地说，可知在第 1 特征向量 $\boldsymbol{u}_1$ 中出现了接近各种文字的平均模式的结构，在第 2 特征向量 $\boldsymbol{u}_2$ 以后出现了在文字的轮廓部分的位置偏差

和模糊等散布分量。

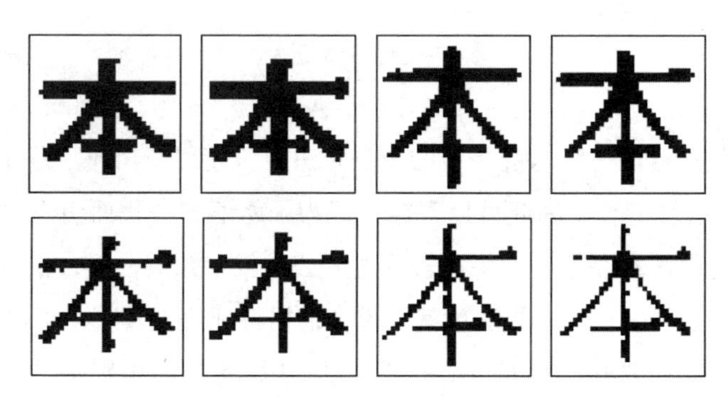

图 7.2 扫描仪输入的各种字体的活字文字“本”的示例

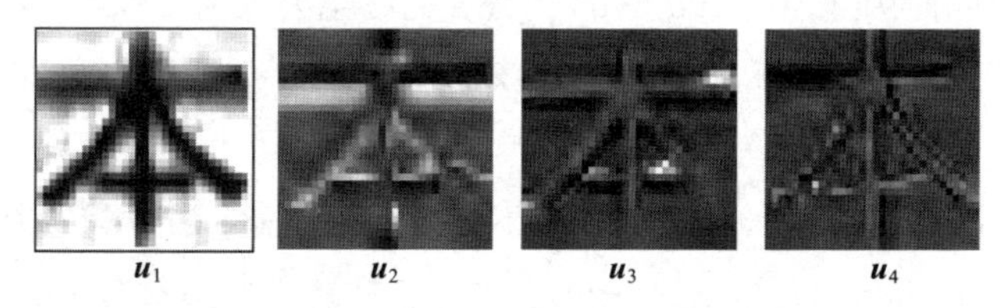

图 7.3 从 40 个“本”的活字文字模式制作的特征向量

(2)混合相似度

在复合相似度法和 CLAFIC 法中，仅根据某一类的模式创建该类的子空间。这是以高精度表示该类而得到的最佳子空间。但是为了进行类之间的判别，生成的子空间不一定会是最佳子空间。也就是说，如 6.5 节所述，适合表示原始数据的空间与适合分离多类数据的空间不同。饭岛等人提出的混合相似度方法 [飯島 89] 是在复合相似度法中导入类间分离功能。

例如，考虑相似的“木”和“本”的类。两者的整体形状极为相似。因此，在均匀观测图像整体的复合相似度法中，“木”相对于“木”的相似度与“木”相对于“本”的相似度是相近的值。这意味着在复合相似度法中两者之间产生错误识别的可能性很高。这里，“木”和“本”的区别在于有无一横的笔画。也就是说，如果在该图像中定义着眼于该横所在处的相似度，预计可以改善对两者的

判别。因此，饭岛等人对复合相似度法进行了扩展，提出了如下的混合相似度法。混合相似度表示为

$$S_i(\boldsymbol{x})=\sum_{j=1}^{d}\frac{\frac{\lambda_{ij}}{\lambda_{i1}}(\boldsymbol{x}^t\mathbf{u}_{ij})^2-\mu(\boldsymbol{x}^t\mathbf{v}_i)^2}{\boldsymbol{x}^t\boldsymbol{x}} \tag{7.24}$$

式中，$\mathbf{v}_i$ 表示相似类 ω_k 的平均模式 $\mathbf{m}_k$ 和类 ω_i 的学习模式集合之间的差分，定义为

$$\mathbf{v}_i=\frac{\mathbf{m}_k-\sum_{j=1}^{d}\mathbf{m}_k^t\mathbf{u}_{ij}\mathbf{u}_{ij}}{\sqrt{\mathbf{m}_k^t\mathbf{m}_k-\sum_{j=1}^{d}(\mathbf{m}_k^t\mathbf{u}_{ij})^2}} \tag{7.25}$$

另外，μ 是参数。混合相似度的公式与复合相似度的一样，通过在某个适当的维度 d_i 终止加法运算，可以提高计算效率。$\mathbf{v}_i$ 是将相似类的平均模式 $\mathbf{m}_k$ 投影到类 ω_i 的子空间的向量与原始向量的差分向量，其大小进行了归一化，如图 7.4 所示。图中，$\mathbf{L}_i$ 表示类 ω_i 的学习模式集合形成的子空间，$\mathbf{L}_i^\perp$ 表示其正交补空间。

混合相似度被认为是强调相似类之间的差异。图 7.5 所示为相对于“本”的“木”的 $\mathbf{v}_i$ 的示例。在这个例子中，可以看出强调了其差分部分的地方。也就是说，混合相似度对于相似类较多的汉字的识别对象是有效的。

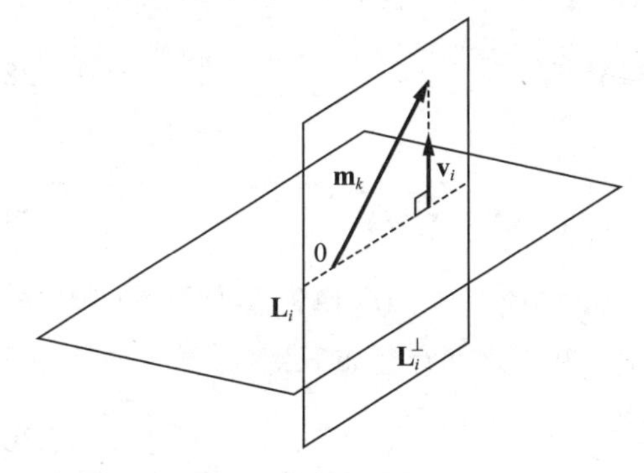

图 7.4 混合相似度中向量 $\mathbf{v}_i$ 的含义

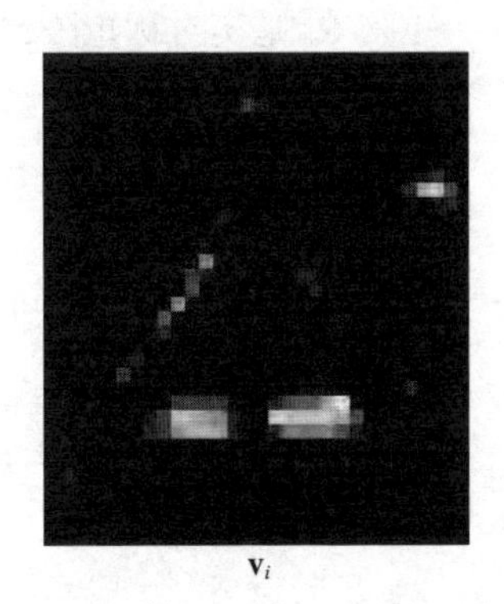

图 7.5 “本”相对于“木”的混合相似度的 $\mathbf{v}_i$ 的例子

7.4 正交子空间法

作为对子空间法的改良，除了上述方法以外，还提出了几种方法。这里将概述正交子空间法。和混合相似度法一样，这是考虑了类别间关系的方法 [Oja83]。

在子空间法中，所有类的子空间相互正交的情况称为正交子空间法。这意味着属于一类子空间的特征向量与其他类的子空间正交，即给出最低的相似度。这里，假设两个子空间 $\mathbf{L}_i$ 和 $\mathbf{L}_j$ 的 d 维正规正交向量分别为 $\mathbf{u}_{i1},\cdots,\mathbf{u}_{id_i}$ 和 $\mathbf{u}_{j1},\cdots,\mathbf{u}_{jd_j}$，则构成了如下的子空间：

$$\mathbf{u}_{ik}^t\mathbf{u}_{jl}=\delta_{kl}\delta_{ij}\quad(\forall k,l,\ \forall i,j) \tag{7.26}$$

式中，δ_{kl} 表示与式（7.2）相同的 delta。

也就是说，在正交子空间法中，在创建各类的子空间时，除了各基是规范正交向量的集合这一条件外，还要加上类间各基正交这一条件的式（7.26）。但是，由于这个条件相当苛刻，所以在存在多个类的情况下一般不可能产生这个基。但在 2 个类的情况下是可以的。

首先考虑 c 类的情况。设每个类的自相关矩阵为 $\mathbf{R}_1,\cdots,\mathbf{R}_c$，并设每个类的先验概率为 $P(\omega_1),\cdots,P(\omega_c)$。此时矩阵是全分布的自相关矩阵：

$$\mathbf{R}_0=P(\omega_1)\mathbf{R}_1+\cdots+P(\omega_c)\mathbf{R}_c \tag{7.27}$$

矩阵 $\mathbf{R}_0$ 是实对称矩阵，所以可以用 n 阶方阵 $\mathbf{A}$ 表示为（参考习题 6.7）：

$$\mathbf{A}\mathbf{R}_0\mathbf{A}^t=\mathbf{I} \tag{7.28}$$

也就是说，有

$$P(\omega_1)\mathbf{A}\mathbf{R}_1\mathbf{A}^t+\cdots+P(\omega_c)\mathbf{A}\mathbf{R}_c\mathbf{A}^t=\mathbf{I} \tag{7.29}$$

这里，例如仅限于 2 类的情况，$P(\omega_1)\mathbf{A}\mathbf{R}_1\mathbf{A}^t$ 和 $P(\omega_2)\mathbf{A}\mathbf{R}_2\mathbf{A}^t$ 具有相同的特征向量。另外，$\mathbf{A}\mathbf{R}_1\mathbf{A}^t$ 和 $\mathbf{A}\mathbf{R}_2\mathbf{A}^t$ 的特征值 λ_1 和 λ_2 之间存在如下关系：

$$\lambda_1+\lambda_2=1 \tag{7.30}$$

也就是说，这意味着相对于 $\mathbf{A}\mathbf{R}_1\mathbf{A}^t$ 的最大特征值的特征向量对于一个类来说是最重要的基向量，但是对于另一个类来说却是重要性最低的基向量。

通过使用上述方法创建的基，构成各类的子空间。在识别阶段，与 CLAFIC 法相同，计算输入模式与各类的子空间的相似度，将其值最大的类作为识别结果。

7.5 学习子空间法

目前为止所述的子空间法是根据自相关矩阵计算特征向量的方法。也就是说，不是看单个模式，而是决定使整个模式的均方误差最小的子空间。但是，该子空间并不一定最适合用于分离不同的类。由于错误识别通常发生在类别之间的边界附近，所以即使将整个模式的均方误差降至最小，这个判别的边界也不是最佳的。因此，科霍宁（Teuvo Kohonen）等人提出了一种逐次求出子空间的方法，以使学习模式的错误率最小，这种方法被称为学习子空间法 [Oja83]。

这里考虑类 ω_i 的学习模式 $\boldsymbol{x}$ 被错误地识别为不同于 ω_i 的类 ω_j 的情况。此时，为了避免这种错误识别，如果将类 ω_j 的子空间设为 $\mathbf{Z}$，则将 $\mathbf{Z}$ 稍微旋转，设为

$$\mathbf{Z}' = (\mathbf{I} + \gamma \boldsymbol{x}\boldsymbol{x}^t)\mathbf{Z} \tag{7.31}$$

式中，γ 是参数，表示将 $\boldsymbol{x}$ 的错误识别的影响程度反映在子空间的旋转上。例如如果

$$\gamma = -(\boldsymbol{x}^t\boldsymbol{x})^{-1} \tag{7.32}$$

则得到

$$\mathbf{I} + \gamma \boldsymbol{x}\boldsymbol{x}^t = \mathbf{I} - \frac{\boldsymbol{x}\boldsymbol{x}^t}{\boldsymbol{x}^t\boldsymbol{x}} \tag{7.33}$$

由于有

$$\left(\mathbf{I} - \frac{\boldsymbol{x}\boldsymbol{x}^t}{\boldsymbol{x}^t\boldsymbol{x}}\right)\boldsymbol{x} = 0 \tag{7.34}$$

因此 $\boldsymbol{x}$ 和旋转后的子空间是正交的。但是，由于只对一个学习模式进行了较大的修正，所以实际决定 γ 值时，要使修正量小于这个数值。

接着，对旋转后的子空间 $\mathbf{Z}'$ 进行正交化。在这里，实际上可以利用例如 gram schmidt 正交化法等。通过反复进行该处理，直到学习模式没有了，学习子

空间的创建就结束了。由于这个重复计算中加入了非线性处理，所以计算量很大，但也有人提出了效率较高的计算方法。在识别阶段，与 CLAFIC 法相同，计算输入模式与子空间之间的相似度，输出相似度值最大的类作为识别结果。这种方法被应用于音素识别等方面，其效果已得到证实。

本章对子空间法进行了说明。子空间法基本上是一种按每个类创建子空间，根据未知模式在哪个子空间中能有好的近似精度来进行识别的方法。从式（7.14）可以看出，可以认为子空间法是将模板匹配扩展到子空间的方法，适用于适合模板匹配的很多应用。在子空间法中，还有包括上述说明的方法在内的各种各样的改良方法。但是，一般来说很难在它们之间分出优劣。简单的 CLAFIC 法比其他改进后的复杂方法具有更高的识别精度的情况也并不少见。也就是说，在实际模式中，由于识别对象不同，类内的分布和类间的分布会有复杂的差异，因此不能一概而论哪种方法具有较高的识别精度。

另外，作为这个子空间法的一种发展形式，还有人提出用子空间中的流形来表现模式的变形的参数特征空间法 [MN95]。该方法不仅可以将未知模式简单地投影到子空间进行识别，还可以更精确地表示模式的变形，同时还可以评价变形程度。参数特征空间法被应用于物体识别和动态图像识别等领域。此外，还有人提出了在子空间法中组合核方法的核非线性子空间法 [前田 99]。

习题

这里有一个 $d \times n$ 的矩阵 $\mathbf{X}$。其中，$d \geqslant n$。设矩阵 $\mathbf{X}^t\mathbf{X}$ 的特征值和特征向量分别为 $\lambda_i, \mathbf{e}_i (i=1,2,\cdots,n)$，证明矩阵 $\mathbf{X}\mathbf{X}^t$ 的非零特征值和与其对应的特征向量分别为 λ_i，$\mathbf{X}\mathbf{e}_i / \sqrt{\lambda_i}$。

CHAPTER 8

第 8 章

学习算法的一般化

8.1 期望损失最小化学习

前面章节阐述了用于模式识别的代表性学习算法，本章将引入损失函数，在期望损失最小化的框架下，统一考察学习算法。本章的讨论，也是为在第 9 章阐明学习算法间的相互关系，以及与贝叶斯决策规则的关系而做准备。

现在考虑类总数为 c 个 $(\omega_1,\omega_2,\cdots,\omega_c)$ 的模式识别问题。假设将类 ω_i 的输入模式判定为类 ω_j 时的损失 $l(\omega_j\,|\,\omega_i)$ ⊖，并给定某个 x，判定该 x 为 ω_j 时的平均损失是将 $l(\omega_j\,|\,\omega_i)$ 用其所属类的后验概率加权平均后得出的，即

$$L(\omega_j\,|\,\boldsymbol{x})=\mathop{\mathrm{E}}_{\boldsymbol{x}\in\omega_i}\{l(\omega_j\,|\,\omega_i)\,|\,\boldsymbol{x}\} \tag{8.1}$$

$$=\sum_{i=1}^{c}l(\omega_j\,|\,\omega_i)P(\omega_i\,|\,\boldsymbol{x}) \tag{8.2}$$

式中，$\mathop{\mathrm{E}}_{x\in\omega_i}\{l\,|\,\boldsymbol{x}\}$ 表示在给定 $\boldsymbol{x}$ 的情况下关于该 $\boldsymbol{x}$ 的类 ω_i 的条件期望值。

对于输入 $\boldsymbol{x}$，决定输出某个类的决策规则用 $\Psi(\boldsymbol{x})$ 表示，则式（8.2）可以改写为

$$L(\Psi(\boldsymbol{x})\,|\,\boldsymbol{x})=\mathop{\mathrm{E}}_{\boldsymbol{x}\in\omega_i}\{l(\Psi(\boldsymbol{x})\,|\,\omega_i)\,|\,\boldsymbol{x}\} \tag{8.3}$$

⊖ 损失 $l(\omega_j\,|\,\omega_i)$ 是指引入像 $l(\omega_j\,|\,\omega_i)\neq l(\omega_i\,|\,\omega_j)$ 这样的不对称性。然而，在实际应用中，为了简单起见，大部分情况下损失都是相等的。

$$= \sum_{i=1}^{c} l(\Psi(\boldsymbol{x}) \mid \omega_i) P(\omega_i \mid \boldsymbol{x}) \tag{8.4}$$

因此，对于所有可能的输入 $\boldsymbol{x}$ 的损失 $L(\Psi)$ 为

$$L(\Psi) = \mathop{\mathrm{E}}_{\boldsymbol{x}}\{L(\Psi(\boldsymbol{x}) \mid \boldsymbol{x})\} = \mathop{\mathrm{E}}_{\boldsymbol{x},\omega_i}\{l(\Psi(\boldsymbol{x}) \mid \omega_i)\} \tag{8.5}$$

$$= \int L(\Psi(\boldsymbol{x}) \mid \boldsymbol{x}) p(\boldsymbol{x}) d\boldsymbol{x} \tag{8.6}$$

$$= \sum_{i=1}^{c} \int l(\Psi(\boldsymbol{x}) \mid \omega_i) P(\omega_i \mid \boldsymbol{x}) p(\boldsymbol{x}) d\boldsymbol{x} \tag{8.7}$$

$$= \sum_{i=1}^{c} P(\omega_i) \int l(\Psi(\boldsymbol{x}) \mid \omega_i) p(\boldsymbol{x} \mid \omega_i) d\boldsymbol{x} \tag{8.8}$$

式（8.5）中的 $\mathop{\mathrm{E}}_{\boldsymbol{x},\omega_i}$ 表示关于 $\boldsymbol{x}$ 和 ω_i 的期望值。另外，从式（8.7）到式（8.8）的变形使用了贝叶斯定理。上式中的 $L(\Psi)$ 被称为期望损失，从学习模式中求得最小化 $L(\Psi)$ 的决策规则的过程被称为期望损失最小化学习。在接下来的 8.2 节中将详细叙述关于损失的具体例子，在接下来的 8.3 节中将详细叙述利用学习模式实际求出决策规则的算法。

8.2　各种损失

（1）平方误差

假设决策规则 Ψ 对 $\boldsymbol{x}$ 输出 c 维向量⊖

$$\mathbf{y} = \Psi(\boldsymbol{x}) = (y_1, \cdots, y_i, \cdots, y_c)^t \tag{8.9}$$

如果，

$$y_k > y_j \qquad (\forall j \neq k) \tag{8.10}$$

则将模式 $\boldsymbol{x}$ 识别为类 ω_k。因此，在输入模式 $\boldsymbol{x}$ 和表示其所属类 ω_i 的 c 维监督向量 $\mathbf{t}_i$（参考 3.1 节（1））成对给出的监督学习中，确定 Ψ，以使作为对于 $\boldsymbol{x}$ 的识别

⊖ 这里，决策规则 $\Psi(\boldsymbol{x})$ 是向量，用式（8.10）间接表示输出类。另一方面，式（8.4）的 $\Psi(\boldsymbol{x})$ 直接表示输出类本身。以后会根据情况分别使用，注意不要混乱。

结果的 $\mathbf{y}(=\Psi(\boldsymbol{x}))$ 尽可能地与 $\mathbf{t}_i$ 一致。也就是说，如果使用平方误差作为损失函数，有

$$l(\Psi(\boldsymbol{x})\,|\,\omega_i)=\|\Psi(\boldsymbol{x})-\mathbf{t}_i\|^2 \tag{8.11}$$

则式（8.8）可以写为

$$L(\Psi)=\sum_{i=1}^{c}P(\omega_i)\int\|\Psi(\boldsymbol{x})-\mathbf{t}_i\|^2\,p(\boldsymbol{x}\,|\,\omega_i)d\boldsymbol{x} \tag{8.12}$$

上式表示平方误差的期望值，即均方误差。因此，将式（8.12）最小化的决策规则 Ψ 称为基于均方误差最小标准的决策，或简称为基于最小二乘法的决策。后文就用后者的称呼。假设 Ψ 为任意非线性函数，基于最小二乘法的决策与贝叶斯决策有密切的关系。关于这一点将在下一章详述。通常使用 c 维坐标单位向量 $\boldsymbol{t}_i=(0,\cdots,0,1,0,\cdots,0)^t$ 作为满足式（8.11）的对于类 ω_i 的监督向量，例如只有第 i 个元素为 1，其他为 0。

（2）0-1 损失

作为最简单且自然的损失函数，考虑下式所示的 $l(\omega_j\,|\,\omega_i)$。

$$l(\omega_j\,|\,\omega_i)=\begin{cases}0 & (j=i)\\ 1 & (j\neq i)\end{cases} \tag{8.13}$$

也就是说，在错误识别类 ω_i 的模式时赋予损失 1，在其他情况下赋予损失 0[⊖]。这时，式（8.2）变为

$$L(\omega_j\,|\,\boldsymbol{x})=\sum_{i\neq j}P(\omega_i\,|\,\boldsymbol{x})=1-P(\omega_j\,|\,\boldsymbol{x}) \tag{8.14}$$

由于 $L(\Psi)$ 的最小化等价于 $L(\Psi(\boldsymbol{x})\,|\,\boldsymbol{x})$ 的最小化，因此可以导出基于 0–1 损失标准的决策规则，即

$$P(\omega_k\,|\,\boldsymbol{x})=\max_i\{P(\omega_i\,|\,\boldsymbol{x})\}\ \text{的时候，}\ \Psi(\boldsymbol{x})=\omega_k \tag{8.15}$$

这个决策规则是为了达到式（5.17）中所述的误差最小值（贝叶斯误差），也就是贝叶斯决策规则。也就是说，使用 0-1 损失标准时，可以确认“期望损失最

⊖ 在 3.2 节（1）中所述的二值误差评价可以看作是基于 0–1 损失标准的学习。

小化就是后验概率最大化”。此时所得到的损失被称为贝叶斯风险。

由0-1损失标准可推导出贝叶斯决策规则，也就是Ψ在期望损失最小化的观点下做出最佳识别时的情况，需要注意的是，即使能够按照赋予学习模式的类标签进行识别，该识别器也不一定能实现贝叶斯决策规则。这是因为，当各类的分布相互重叠时，通过贝叶斯决策规则得到的类与类边界附近的学习模式的类标签不一定一致。解决这个问题的更实用的损失函数是连续损失标准。

心得

过度学习

用给定的学习模式学习识别器时，如果按照学习模式的类标签进行彻底的学习，与早期停止学习的情况相比，有时对测试模式的识别性能反而会恶化。这种识别性能的退化是由于通过彻底的学习，产生了比贝叶斯判定准则求出的类边界复杂得多的类边界。这个问题称为过度学习，一般来说，像神经网络一样，识别器的模型自由度越高，学习模式数越少，特征向量的维度越高，就越明显。

作为过度学习的解决方法，有一种被称为提前结束的简便方法，即取出一部分学习模式作为测试模式，在学习过程中评价测试模式的识别结果，当识别性能开始恶化时停止学习。学习的本质是对数据背后概率结构的估计。不仅是手头的学习模式，还以某种形式考虑未知模式的学习方法在实用上是极其重要的。

(3) 连续损失

0-1损失标准中，识别结果是通过“正确”还是“错误”的二值来判断的，而甘利 [Ama67][甘利 67] 在识别函数法的框架中提出了连续损失标准，不仅考虑了识别结果，还考虑了表示错误程度的错误分类度量。

假设类 ω_i 的识别函数是 $g_i(\boldsymbol{x};\boldsymbol{\theta})$。其中，$\boldsymbol{\theta}$是定义识别函数的参数。根据识别函数法的决策规则，使用c维向量

$$\Psi(\boldsymbol{x};\boldsymbol{\theta})=(g_1(\boldsymbol{x};\boldsymbol{\theta}),g_2(\boldsymbol{x};\boldsymbol{\theta}),\cdots,g_c(\boldsymbol{x};\boldsymbol{\theta})) \tag{8.16}$$

用下式表示：

$$\max_i \{g_i(\boldsymbol{x};\boldsymbol{\theta})\} = g_k(\boldsymbol{x};\boldsymbol{\theta}) \Rightarrow \boldsymbol{x} \in \omega_k \tag{8.17}$$

甘利提出了作为对$\boldsymbol{x} \in \omega_i$模式的错误分类度量

$$d_i(\boldsymbol{x}) = \sum_{j \in S_i} \frac{1}{m_i}(g_j(\boldsymbol{x};\boldsymbol{\theta}) - g_i(\boldsymbol{x};\boldsymbol{\theta})) \tag{8.18}$$

式中，S_i是大于类ω_i的识别函数值的识别函数的类号的集合，即：

$$S_i = \{j \mid g_j(\boldsymbol{x};\boldsymbol{\theta}) > g_i(\boldsymbol{x};\boldsymbol{\theta})\} \tag{8.19}$$

m_i表示S_i的元素数量。为了正确识别$\boldsymbol{x}(\in \omega_i)$，必须有$g_i(\boldsymbol{x};\boldsymbol{\theta}) > g_j(\boldsymbol{x};\boldsymbol{\theta})(\forall j \neq i)$。因此，式（8.18）在$d_i(\boldsymbol{x}) \leqslant 0$时，表示$\boldsymbol{x}$以$|d_i(\boldsymbol{x})|$的程度被正确识别，在$d_i(\boldsymbol{x}) > 0$时，表示$\boldsymbol{x}$以$d_i(\boldsymbol{x})$的程度被错误识别。

由于式（8.18）对于参数$\boldsymbol{\theta}$不能保证连续，因此作为最小化方法，与梯度型算法的亲和性不好。对此，提出了如下式所示的关于$\boldsymbol{\theta}$的连续错误分类尺度 [JK92]。

$$d_i(\boldsymbol{x}) = -g_i(\boldsymbol{x};\boldsymbol{\theta}) + \left[\frac{1}{c-1}\sum_{j \neq i} g_j(\boldsymbol{x};\boldsymbol{\theta})^{\eta}\right]^{1/\eta} \tag{8.20}$$

式中，η是正常数，随着该值变大，式（8.20）的右侧第 2 项中$g_j(\boldsymbol{x};\boldsymbol{\theta})(\forall j \neq i)$值最大的一项变为主导。当$\eta \to \infty$时，式（8.20）变为

$$d_i(\boldsymbol{x};\boldsymbol{\theta}) = -g_i(\boldsymbol{x};\boldsymbol{\theta}) + g_k(\boldsymbol{x};\boldsymbol{\theta}) \tag{8.21}$$

式中，$g_k(\boldsymbol{x};\boldsymbol{\theta}) = \max_{j \neq i}\{g_j(\boldsymbol{x};\boldsymbol{\theta})\}$。

通过引入错误分类尺度，如上所述，可以得到$\boldsymbol{x}$识别的好坏程度，因此可以将该程度反映在损失中。例如，作为损失，提出了如下式所示的函数 [JK92]。

$$l(\Psi(\boldsymbol{x}) \mid \omega_i) = \frac{1}{1 + \exp(-\xi d_i)} \tag{8.22}$$

式中，ξ是正常数。

使用上述损失函数时，随着$d_i(\boldsymbol{x})$变小，损失渐近于 0，相反，随着$d_i(\boldsymbol{x})$变大，损失渐近于 1，在$d_i(\boldsymbol{x}) = 0$附近，无论分类结果正确与否，都会受到相同程度的损失。这样，对于位于类边界附近且类标签与贝叶斯决策不同的学习模式也会造成适当的损失，从而得到比 0–1 损失更平滑的识别边界。平滑程度取决于参数ξ和η。当然，识别边界的平滑程度需要根据问题进行适当设定。如 4.5 节中

所述，该设定问题涉及超参数的确定问题，是与对未知模式的识别性能有关的实用上极其重要的问题。

心得

避免吃到毒苹果的方法

白雪公主吃了毒苹果，曾一度死去。如果白雪公主学会了模式识别，情况可能就不一样了。假设这里有两种判定法。

判定法 A：将所有的苹果判定为普通苹果。

判定法 B：提取苹果的特征，并以此为基础通过模式识别法来判定苹果是否为毒苹果。该模式识别法具有将 99% 的普通苹果正确识别为普通苹果，将 99% 的毒苹果正确识别为毒苹果的能力。

现在，假设 10 000 个苹果的苹果堆中含有 1%，即 100 个毒苹果。在这种情况下，应该采用哪种判定法呢？

首先，试着通过伴随着判定法的错误率来评估两者。判定法 A 会将 100 个毒苹果误判定为普通苹果，但会将剩下的 9 900 个正确判定为普通苹果，错误率为 1%。而使用判定法 B，100 个毒苹果中的 1 个被误判定为普通苹果，其余 9 900 个普通苹果中的 1%，即 99 个被误判定为毒苹果。因此，判定法 B 中错误判定的苹果数为 1+99=100 个，错误率仍为 1%。也就是说，从识别这堆苹果的错误率的观点来看，判定法 A 和判定法 B 是不分优劣的。

那么，下面从毒死率的角度来评价一下优劣。给 1 0000 个人每人发 1 个苹果，如果判定为普通苹果，就吃掉该苹果；如果判定为毒苹果，当然不吃，并扔掉。采用判定法 A、B，分别会有多少人拿到毒苹果而死亡呢？死亡的是接受了毒苹果，并且吃了判定结果是错误地判定为普通苹果的人，所以判定法 A 中所有接受毒苹果的人，即 100 人都牺牲了。另一方面，如果采用判定法 B，拿到毒苹果的 100 人中只有 1 人会中毒而死。作为交换，99 个人虽然得到了普通的苹果，但不能吃那个苹果。不用说，判定法 B 更优秀。因为，中毒的损失肯定比丢弃普通苹果的损失大得多。

根据错误率的评价，可以解释为与错判的种类无关，将错判带来的损失视为相同。在上述例子中，无论是将毒苹果判定为普通苹果，还是将普通苹果判定为毒苹果，都可以解释为带来了相同的损失 1。也就是说，错误率是采用 0-1 损失标准（式（8.13））时的期望损失。另外，平方误差标准（式（8.11））和连续损失标准（式（8.22））对每个类造成了不同的损失。但是，这些损失函数没有考虑主观因素，这点与 0-1 损失标准相同。也就是说，平方误差标准和连续损失标准是根据识别函数的输出值考虑了误判的程度，从这一点来看，可以解释为是 0-1 损失标准的高级化。

这里虽然引用了童话故事，但应该如何设定损失，实际上也是经常面临的现实问题。例如，在利用 X 射线影像进行医疗诊断中，将有异常的情况判断为正常，显然比相反的情况对患者来说损失更大。另外，在文字识别中，数字表示金钱时，将 1 错成 2 和将 1 错成 9，损失的程度是不同的，这是不言而喻的。更麻烦的是，损失的程度取决于站在谁的立场上衡量。例如，在上面举例的医疗诊断中，对于患者和医生来说，错误诊断越少越好，这一点是相同的，但是对于发生错误诊断所造成的损失的看法，两者有很大的不同。由此可见，定义损失函数是很困难的。因此，在实用上通常采用本节所述的，先以客观损失标准构成识别器，然后反映主观损失并加以修正的方法。以医疗诊断为例，将所有稍微可疑的东西都判定为异常，这种转移识别边界的处理就相当于这一情况。

学习了这些知识的白雪公主，为了保护自身安全，采取了判定所有苹果都是毒苹果的新判定法 C，决定不吃苹果。也就是说，将毒苹果误判为普通苹果的损失设为无限大。但是，白雪公主又面临着如何从众多的食物中分辨出苹果这一模式识别的新问题。这样一来，最后得出能采取的办法，就是不吃任何食物。但是，这个决断是否正确很难评估。因为，不吃东西而饿死的期望损失和吃东西而被毒苹果毒死的期望损失的比较，并不是那么简单。

8.3　概率下降法

到目前为止，已经详细论述了期望损失最小化学习。本节将讲述当 Ψ 使用参数 $\boldsymbol{\theta}$ 表示为 $\Psi(\boldsymbol{x};\boldsymbol{\theta})$ 时，用于实现期望损失最小化的 Ψ 的设计方法，即 $\boldsymbol{\theta}$ 的估计方法。

按照以往的标记，损失应记为 $l(\Psi(\boldsymbol{x};\boldsymbol{\theta})|\omega_i)$，但为了方便起见，下文记为 $l_i(\boldsymbol{x};\boldsymbol{\theta})$。此时，式（8.5）～式（8.8）中的 L 可以写成 $\boldsymbol{\theta}$ 的函数：

$$L(\boldsymbol{\theta}) = \underset{\boldsymbol{x},\omega_i}{\mathrm{E}}\{l_i(\boldsymbol{x};\boldsymbol{\theta})\} \tag{8.23}$$

$$= \sum_{i=1}^{c}\int l_i(\boldsymbol{x};\boldsymbol{\theta})P(\omega_i|\boldsymbol{x})p(\boldsymbol{x})d\boldsymbol{x} \tag{8.24}$$

因此，最佳 $\boldsymbol{\theta}$ 可以作为 $\partial L/\partial\boldsymbol{\theta}=0$ 的解而得到。然而，在只给出 n 个模式的实际应用中，由于 $p(\boldsymbol{x})$ 和 $P(\omega_i|\boldsymbol{x})$ 是未知的，所以 $\partial L/\partial\boldsymbol{\theta}$ 不能直接计算。因此，如下所示，考虑以给定的 n 个模式 $\boldsymbol{x}_1,\cdots,\boldsymbol{x}_n$ 代替 L 定义的经验损失的最小化。

具体来说，首先用表示 n 个模式分布的下式的经验分布函数[⊖]来近似式（8.24）的 $p(\boldsymbol{x})$。

$$p(\boldsymbol{x}) = \frac{1}{n}\sum_{p=1}^{n}\delta(\boldsymbol{x}-\boldsymbol{x}_p) \tag{8.25}$$

接下来，假设式（8.24）中的 $P(\omega_i|\boldsymbol{x})$ 基于给定的类标签为

$$P(\omega_i|\boldsymbol{x}) = \begin{cases} 1 & (\boldsymbol{x}\in\omega_i) \\ 0 & (\boldsymbol{x}\notin\omega_i) \end{cases} \tag{8.26}$$

则经验损失 $L_e(\boldsymbol{\theta})$ 由式（8.24）得到

$$\begin{aligned} L_e(\boldsymbol{\theta}) &= \frac{1}{n}\sum_{i=1}^{c}\sum_{p=1}^{n}\int l_i(\boldsymbol{x};\boldsymbol{\theta})v(\boldsymbol{x}\in\omega_i)\delta(\boldsymbol{x}-\boldsymbol{x}_p)d\boldsymbol{x} \\ &= \frac{1}{n}\sum_{p=1}^{n}\sum_{i=1}^{c} l_i(\boldsymbol{x}_p;\boldsymbol{\theta})v(\boldsymbol{x}_p\in\omega_i) \end{aligned} \tag{8.27}$$

式中，$v(\boldsymbol{x}\in\omega_i)$ 是如下的函数：

$$v(\boldsymbol{x}\in\omega_i) = \begin{cases} 1 & (\boldsymbol{x}\in\omega_i) \\ 0 & (\boldsymbol{x}\notin\omega_i) \end{cases} \tag{8.28}$$

这里假设 l_i 可微，L_e 关于 $\boldsymbol{\theta}$ 的导数为

$$\frac{\partial L_e}{\partial\boldsymbol{\theta}} = \frac{1}{n}\sum_{p=1}^{n}\sum_{i=1}^{c}\frac{\partial l_i(\boldsymbol{x}_p;\boldsymbol{\theta})}{\partial\boldsymbol{\theta}}\cdot v(\boldsymbol{x}_p\in\omega_i) \tag{8.29}$$

⊖ 这是在 n 个模式位置上建立 delta 函数，除以 n 使得总和为 1。

因此使得 $L_e(\boldsymbol{\theta})$ 最小的 $\boldsymbol{\theta}$，即使在 $\partial L_e / \partial\boldsymbol{\theta}=0$ 无法求解的情况下，也可以通过最速下降法以下式的形式依次估计：

$$\begin{aligned}\boldsymbol{\theta}(t+1)&=\boldsymbol{\theta}(t)-\rho(t)\frac{\partial L_e}{\partial\boldsymbol{\theta}}\\&=\boldsymbol{\theta}(t)-\rho(t)\frac{1}{n}\sum_{p=1}^{n}\sum_{i=1}^{c}\nabla l_i(\boldsymbol{x}_p;\boldsymbol{\theta}(t))\nu(\boldsymbol{x}_p\in\omega_i)\end{aligned}\tag{8.30}$$

式中，t 是表示第 t 次迭代的指标，$\rho(t)$ 是学习系数，为正值。另外，令

$$\nabla l_i(x_p;\boldsymbol{\theta}(t))\underline{\underline{\mathrm{def}}}\left.\frac{\partial l_i(x_p;\boldsymbol{\theta})}{\partial\boldsymbol{\theta}}\right|_{\boldsymbol{\theta}=\boldsymbol{\theta}(t)}\tag{8.31}$$

仔细观察式（8.30），可以发现在 $\boldsymbol{\theta}$ 的修正中同时使用了所有的学习模式，这个公式表示批量学习。与此相对，也可以考虑在某个时刻只提出一个模式，每次修正 $\boldsymbol{\theta}$ 的在线学习，即在模式被依次给出的情况下进行自适应学习。其具体算法有以下所述的概率下降法 [Ama67][甘利 67]。

在概率下降法中，参数 $\boldsymbol{\theta}$ 的修正 $\delta\boldsymbol{\theta}$ 不是向 L_e 的减少方向修正，而是向关于 L_e 的期望值 $\mathrm{E}\{L_e\}$ 的减少方向修正。也就是说，对于某个 $\boldsymbol{x}$，$\boldsymbol{\theta}$ 可能会在 L_e 增加的方向上被修正，但是由于 $\mathrm{E}\{\delta L_e\}<0$，在某个时间内，从整体上提出的 $\boldsymbol{x}$ 来看，$\boldsymbol{\theta}$ 会在 L_e 减少的方向上被修正。可以说这是概率性的下降，恰似醉汉下坡的动作。也就是说，在某个时间点上看，有时会上坡，但从某个时间跨度上看，则是下坡的。

现在，假设第 t 次迭代中 $\boldsymbol{\theta}$ 的估计值为 $\boldsymbol{\theta}(t)$，当 $\boldsymbol{x}(t)$ 被提出时，在第（t+1）次中只修正了 $\delta\boldsymbol{\theta}$。即

$$\boldsymbol{\theta}(t+1)=\boldsymbol{\theta}(t)+\delta\boldsymbol{\theta}(t)\tag{8.32}$$

这里如果假设 $\delta\boldsymbol{\theta}(t)$ 是微小的，则 L_e 随着 $\delta\boldsymbol{\theta}(t)$ 的变化量为

$$\begin{aligned}\delta L_e(t)&=L_e(\boldsymbol{\theta}(t)+\delta\boldsymbol{\theta}(t))-L_e(\boldsymbol{\theta}(t))\\&\approx L_e(\boldsymbol{\theta}(t))+\delta\boldsymbol{\theta}(t)^t\nabla L_e(\boldsymbol{\theta}(t))+\mathcal{O}(|\delta\boldsymbol{\theta}(t)|^2)-L_e(\boldsymbol{\theta}(t))\\&\approx\delta\boldsymbol{\theta}(t)^t\nabla L_e(\boldsymbol{\theta}(t))\end{aligned}\tag{8.33}$$

式中，$\delta\boldsymbol{\theta}(t)^t$ 表示向量 $\delta\boldsymbol{\theta}(t)$ 的转置，$\mathcal{O}$ 表示计算的量值。另外，令

$$\nabla L_e(\boldsymbol{\theta}(t))\underline{\underline{\mathrm{def}}}\left.\frac{\partial L_e}{\partial\boldsymbol{\theta}}\right|_{\boldsymbol{\theta}=\boldsymbol{\theta}(t)}\tag{8.34}$$

注意，这里 $\nabla L_e(\boldsymbol{\theta}(t))$ 不取决于 $\boldsymbol{x}$，如果对式（8.33）取关于 $\boldsymbol{x}$ 和 ω_i 的期望值，就得到

$$\underset{\boldsymbol{x},\omega_i}{\mathrm{E}}\{\delta L_e(t)\} = \underset{\boldsymbol{x},\omega_i}{\mathrm{E}}\{\delta\boldsymbol{\theta}(t)\}^t \nabla L_e(\boldsymbol{\theta}(t)) \tag{8.35}$$

由于烦琐，下面省略下标 $\boldsymbol{x}$，ω_i。为了实现概率性的下降，只要 $\mathrm{E}\{\delta L_e(t)\} < 0$ 即可。为此，从式（8.35）到 $\mathrm{E}\{\delta\boldsymbol{\theta}(t)\}$，使用任意正定矩阵（设为实对称矩阵）[⊖] C，写成

$$\mathrm{E}\{\delta\boldsymbol{\theta}(t)\} = -\rho(t)\,\mathbf{C}\,\nabla L_e(\boldsymbol{\theta}(t)) \tag{8.36}$$

实际上，这时可以得到

$$\begin{aligned}\mathrm{E}\{\delta L_e(t)\} &= \mathrm{E}\{\delta\boldsymbol{\theta}(t)\}^t \nabla L_e(\boldsymbol{\theta}(t)) \\ &= -\rho(t)\,\nabla L_e(\boldsymbol{\theta}(t))^t\,\mathbf{C}\,\nabla L_e(\boldsymbol{\theta}(t)) < 0\end{aligned} \tag{8.37}$$

显然 $-\rho(t)\,\nabla L_e(\boldsymbol{\theta}(t))^t \mathrm{C} \nabla L_e(\boldsymbol{\theta}(t)) < 0$ 是根据正定矩阵的定义。
另外，根据式（8.23）有

$$\nabla L_e(\boldsymbol{\theta}(t)) = \mathrm{E}\{\nabla l_i(x(t);\boldsymbol{\theta}(t))\} \tag{8.38}$$

将式（8.38）代入式（8.36），可得到

$$\mathrm{E}\{\delta\boldsymbol{\theta}(t)\} = -\rho(t)\,\mathbf{C}\,\mathrm{E}\{\nabla l_i(x(t);\boldsymbol{\theta}(t))\} \tag{8.39}$$

因此，对 $x(t) \in \omega_i$ 进行对下的修正：

$$\delta\boldsymbol{\theta}(t) = -\rho(t)\,\mathbf{C}\,\nabla l_i(x(t);\boldsymbol{\theta}(t)) \tag{8.40}$$

这个修正的妥当性是基于后面叙述的随机近似法。根据式（8.32）和式（8.40），得到通过概率下降法的 $\boldsymbol{\theta}$ 的逐次估计算法的步骤如下。

步骤 1. 适当地确定 $\boldsymbol{\theta}(0)$。设 $t \leftarrow 0$（初始化）。

步骤 2. 迭代过程如下，直到满足适当的收敛条件[⊜]。

$$\begin{aligned}&\boldsymbol{\theta}(t+1) = \boldsymbol{\theta}(t) - \rho(t)\,\mathbf{C}\sum_{i=1}\nabla l_i(\boldsymbol{x}(t);\boldsymbol{\theta}(t))\nu(\boldsymbol{x}(t) \in \omega_i) \\ &t \leftarrow t+1\end{aligned} \tag{8.41}$$

⊖ 矩阵 $\mathbf{A}$ 为正定是指对于任意的 $\boldsymbol{x}$ 的二次型都为正，即 $\boldsymbol{x}^t\mathbf{A}\boldsymbol{x} > 0$。这里，设为最简单的正定矩阵，即设为单位矩阵即可。

⊜ 例如，$\|\boldsymbol{\theta}(t+1) - \boldsymbol{\theta}(t)\| / \|\boldsymbol{\theta}(t)\| < \mathrm{Thd}$（Thd 是阈值）。

当 $\rho(t)$ 满足以下条件时，理论上可保证 $\boldsymbol{\theta}$ 收敛于给定 L_e 的局部最小值的 $\boldsymbol{\theta}$。

$$\sum_{t=0}^{\infty}\rho(t)=\infty \text{ 且 } \sum_{t=0}^{\infty}\rho(t)^2<\infty \tag{8.42}$$

作为满足上式的 $\rho(t)$ 的候选之一，可以考虑

$$\rho(t)=\frac{1}{t} \tag{8.43}$$

从式（8.41）可知，在概率下降法中，每提出一种模式就会进行一次 $\boldsymbol{\theta}$ 的修正。并且，将式（8.30）与式（8.41）进行比较，就会发现两者的差异只是批量型还是在线型而已。实际上，为了使式（8.41）适用于批量型，在式（8.41）中将 $\boldsymbol{x}(t)$ 改写为 $\boldsymbol{x}_p$，赋值 $\frac{1}{n}\sum_{p=1}^{n}$，并且将 $\mathbf{C}$ 设为单位矩阵，就得到了式（8.30）。

另外，概率下降法可以解释为将随机近似法[⊖]在期望损失最小化学习的框架下的公式化。下面对此做简要说明[⊜]。

随机近似法的基本思想可以概括为以下的 Robbins-Monro 算法。现在，假设有 w 的函数 $f(w),h(w)$，考虑求 $f(w)=0$ 的根的情况。在这里，给出了 $(w,h(w))$ 对的集合，假设有

$$\mathrm{E}\{h(w)\}=f(w) \tag{8.44}$$

另外，$h(w)$ 的值是可以求出来的，但 $f(w)$ 的值是未知的。如果一次给出大量 $(w,h(w))$ 对的集合，就可以对 $f(w)$ 建模并估计 $f(w)=0$ 的根。但是，这里为了对应逐次给出模式的情况，要对一次观测一对 $(w,h(w))$ 数据的情况进行处理。式（8.44）以 ξ 为噪声值，等价于

$$\left.\begin{aligned} h(w)&=f(w)+\xi \\ \mathrm{E}\{\xi\}&=0 \end{aligned}\right\} \tag{8.45}$$

$f(w)$ 被称为 $h(w)$ 的回归函数。

这里，设 $f(w)=0$ 的根为 $\hat{w}$，假设 $f(w)$ 有以下关系：

⊖ 虽然从名字会联想到推测概率分布的方法，但从本文的说明可以看出，实际上和推断概率分布完全没有关系。这确实是个令人困惑的命名。

⊜ 关于随机近似法的基础以及在线性识别函数设计中的应用，在 [TG74] 的第 6 章中有详细的描述。

$$\begin{cases} f(w)>0 & (w>\hat{w}) \\ f(w)<0 & (w<\hat{w}) \end{cases} \tag{8.46}$$

上式的假设也不失一般性。因为，对于表示与此相反倾向的$f(w)$，只要将$-f(w)$再次设为$f(w)$，就能满足上式。

根据 Robbins-Monro 算法，$f(w)=0$的根可以通过如下的迭代来进行估计，

$$w(t+1)=w(t)-\rho(t)\cdot h(w(t)) \tag{8.47}$$

只要满足式（8.42）就可以保证算法的收敛性。关于收敛的证明可参考文献[Fuk90]。在 Robbins-Monro 算法中，即使不知道$f(w)$值，只要知道与式（8.44）的$h(w)$值，就可以由式（8.47）求出$f(w)=0$的根。

另一方面，概率下降法虽然不能计算∇L_e的值，但可以计算出式（8.38）相关的∇l_i的值。也就是说，式（8.38）相当于在式（8.44）中将h看作∇l_i，将f看作∇L_e，因此可以应用 Robbins-Monro 算法。结果得到了式（8.41）。只是，h、f是单变量的函数，而∇l_i、∇L_e是将向量θ的各要素作为变量的多变量函数。因此，要得到式（8.41），就需要使用将式（8.47）扩展为多变量的 Robbins-Monro 算法（可参照文献 [Fuk90]）。

总而言之，可以看出概率下降法的基本思想与随机近似法是共通的。

关于 Robbins-Monro 算法的实验，可参考习题 8.1。另外，在 3.1 节（3）中提到的威德罗・霍夫的学习规则也可以作为应用 Robbins-Monro 算法的结果而推导出来（习题 8.2）。

习题

8.1 考虑式（8.45）中定义的函数$h(w)$及其回归函数$f(w)$。其中，w是标量，令$f(w)=\cos(w)$ $(\pi\leqslant w\leqslant 2\pi)$。另外，式（8.45）的噪声值$\xi$由取$-0.1\leqslant\xi\leqslant 0.1$中的值的均匀随机数表示。反复应用 Robbins-Monro 算法的式（8.47）时，通过实验证明$w(t)$无限接近$f(w)=0$的根$w=3\pi/2$。其中，设初始值为$w(1)=3.5$，学习系数$\rho(t)$使用式（8.43）。

8.2* 考虑用线性识别函数对贝叶斯识别函数进行最小二乘近似。表明威德罗・霍夫的学习规则，在此过程中可以作为应用 Robbins-Monro 算法的结果导出。

CHAPTER 9

第 9 章

学习算法与贝叶斯决策规则

9.1 基于最小二乘法的学习

(1) 最小二乘解

本章将阐明基于最小二乘法的学习与判别法之间的关系，以及与贝叶斯决策规则之间的关系。

如 8.2 节（1）所示，最小二乘法的学习是求出最小化决策规则 Ψ 的学习法：

$$L(\Psi) = \mathrm{E}\{\| \Psi(\boldsymbol{x}) - \mathbf{t} \|^2\} \tag{9.1}$$

$$= \sum_{i=1}^{c} P(\omega_i) \int \| \Psi(\boldsymbol{x}) - \mathbf{t}_i \|^2 \, p(\boldsymbol{x} \mid \omega_i) d\boldsymbol{x} \tag{9.2}$$

在 8.3 节中所介绍的概率下降法，就是从学习模式求出 Ψ 的具体方法。实际上，式（9.2）最小化的 Ψ 的解析解是已经明确的 [大津 81]*㊀。本节将推导出 Ψ 的线性模型和非线性模型各自的解析解。

①线性模型。

为了方便，考虑 2 个类线性模型㊁。本来，识别函数是按类定义的，但如 2.3

㊀ 在非线性的情况下，由于解析解含有真实分布等的未知量，因此无法实际计算。如果知道解析解，就不需要使用概率下降法这样的算法，这样的判断未免过早，这一点要特别注意。事实上，解析解的推导是为了考察最小二乘法和贝叶斯决策规则、判别分析的关系等数理性质而准备的。

㊁ 在多类的情况下，由 $\mathbf{A} = \left[\mathbf{w}_1, \mathbf{w}_2, \cdots \mathbf{w}_{\tilde{d}}\right]$ 规定的线性映射是：
$\Psi(\boldsymbol{x}) = \mathbf{A}^t\mathbf{x} = (\Psi_1, \Psi_2, \cdots, \Psi_{\tilde{d}})^t \quad (\Psi_i = \mathbf{w}_i^t\mathbf{x}, i = 1, 2, \cdots \tilde{d})$
这种情况下的最优解也可以像 2 个类的情况一样推导出。详细内容请参考文献 [大津 81]。

节（1）所述，在2个类的情况下，可将识别函数 $g(\boldsymbol{x})$ 定义为

$$g(\boldsymbol{x}) = g_1(\boldsymbol{x}) - g_2(\boldsymbol{x}) = \mathbf{w}^t \mathrm{x} \tag{9.3}$$

此时，决策规则 $\Psi(\boldsymbol{x})$ 为

$$\Psi(\boldsymbol{x}) = \begin{cases} \omega_1 & (g(x) > 0) \\ \omega_2 & (g(x) < 0) \end{cases} \tag{9.4}$$

因此，式（9.2）可以写为

$$L(\Psi) = L(\mathbf{w}) \tag{9.5}$$

$$= P(\omega_1) \underset{x\in\omega_1}{\mathrm{E}} \{(\mathbf{w}^t \mathrm{x} - b_1)^2 | \ \omega_1\} + P(\omega_2) \underset{x\in\omega_2}{\mathrm{E}} \{(\mathbf{w}^t \mathrm{x} - b_2)^2 \,|\, \omega_2\} \tag{9.6}$$

式中，b_1, b_2 分别是类 ω_1, ω_2 的监督信号，$\underset{x\in\omega_1}{\mathrm{E}} \{(\mathbf{w}^t \mathrm{x} - b_1)^2 \,|\, \omega_1\}$ 表示在知道 $x \in \omega_1$ 的情况下 $(\mathrm{w}^t \mathrm{x} - b_1)^2$ 关于 x 的期望值。

进一步进行计算，为：

$$\begin{aligned} L(\mathbf{w}) = & P(\omega_1) \underset{x\in\omega_1}{\mathrm{E}} \{\mathbf{w}^t \mathbf{x}\mathbf{x}^t \mathbf{w} - 2\mathbf{w}^t \mathbf{x} b_1 + b_1^2 \,|\, \omega_1\} + \\ & P(\omega_2) \underset{x\in\omega_2}{\mathrm{E}} \{\mathbf{w}^t \mathbf{x}\mathbf{x}^t \mathbf{w} - 2\mathbf{w}^t \mathbf{x} b_2 + b_2^2 \,|\, \omega_2\} \\ = & \mathbf{w}^t \mathbf{R}_0 \mathbf{w} - 2\mathbf{w}^t \mathbf{r} + \mathrm{const.} \end{aligned} \tag{9.7}$$

式中，const. 表示与 $\mathbf{w}$ 不相关的项。另外，$\mathbf{R}_0$ 为

$$\mathbf{R}_0 \underline{\underline{\mathrm{def}}} \underset{x}{\mathrm{E}} \{\mathbf{x}\mathbf{x}^t\} \tag{9.8}$$

$$= \underset{x}{\mathrm{E}} \left\{ \begin{pmatrix} 1 & \boldsymbol{x}^t \\ \boldsymbol{x} & \boldsymbol{x}\boldsymbol{x}^t \end{pmatrix} \right\} = \begin{pmatrix} 1 & \mathbf{m}^t \\ \mathbf{m} & \mathbf{R} \end{pmatrix} = \begin{pmatrix} 1 & \mathbf{m}^t \\ \mathbf{m} & \sum_T + \mathbf{m}\mathbf{m}^t \end{pmatrix} \tag{9.9}$$

上式中，$\mathbf{R} = \mathrm{E}\{\boldsymbol{x}\boldsymbol{x}^t\}$ 是自相关矩阵，使用了式（6.56）。另外，$\mathbf{r}$ 为

$$\begin{aligned} \mathbf{r} &= P(\omega_1) b_1 \underset{x\in\omega_1}{\mathrm{E}} \{\mathbf{x} \,|\, \omega_1\} + P(\omega_2) b_2 \underset{x\in\omega_2}{\mathrm{E}} \{\mathbf{x} \,|\, \omega_2\} \\ &= P(\omega_1) b_1 \underset{x\in\omega_1}{\mathrm{E}} \left\{ \begin{pmatrix} 1 \\ \boldsymbol{x} \end{pmatrix} \middle| \omega_1 \right\} + P(\omega_2) b_2 \underset{x\in\omega_2}{\mathrm{E}} \left\{ \begin{pmatrix} 1 \\ x \end{pmatrix} \middle| \omega_2 \right\} \\ &= \begin{pmatrix} P(\omega_1) b_1 + P(\omega_2) b_2 \\ P(\omega_1) b_1 \mathbf{m}_1 + P(\omega_2) b_2 \mathbf{m}_2 \end{pmatrix} \end{aligned} \tag{9.10}$$

这里，通过将 $\mathbf{w}$ 的偏导数设为 $\mathbf{0}$，可以得到

$$\frac{\partial L(\mathbf{w})}{\partial \mathbf{w}} = 2\mathbf{R}_0\mathbf{w} - 2\mathbf{r} = \mathbf{0} \tag{9.11}$$

从而得到

$$\mathbf{R}_0\mathbf{w} = \mathbf{R}_0\begin{pmatrix} w_0 \\ \boldsymbol{w} \end{pmatrix} = \mathbf{r} \tag{9.12}$$

将式（9.9）、式（9.10）代入式（9.12），得到

$$\begin{pmatrix} \mathbf{m}^t\boldsymbol{w} + w_0 \\ \sum_T \boldsymbol{w} + \mathbf{m}(\mathbf{m}^t\boldsymbol{w} + w_0) \end{pmatrix} = \begin{pmatrix} P(\omega_1)b_1 + P(\omega_2)b_2 \\ P(\omega_1)b_1\mathbf{m}_1 + P(\omega_2)b_2\mathbf{m}_2 \end{pmatrix} \tag{9.13}$$

使用式（9.13）和 $\mathbf{m} = P(\omega_1)\mathbf{m}_1 + P(\omega_2)\mathbf{m}_2$ 的关系，对于 $\boldsymbol{w}$ 可以导出

$$\begin{aligned} \sum_T \boldsymbol{w} &= -(\mathbf{m}^t\boldsymbol{w} + w_0)\mathbf{m} + P(\omega_1)b_1\mathbf{m}_1 + P(\omega_2)b_2\mathbf{m}_2 \\ &= -(P(\omega_1)b_1 + P(\omega_2)b_2)\mathbf{m} + P(\omega_1)b_1\mathbf{m}_1 + P(\omega_2)b_2\mathbf{m}_2 \\ &= k_1\mathbf{m}_1 + k_2\mathbf{m}_2 \end{aligned} \tag{9.14}$$

其中，令

$$\left.\begin{aligned} k_1 &= -P(\omega_1)^2 b_1 - P(\omega_1)P(\omega_2)b_2 + P(\omega_1)b_1 \\ k_2 &= -P(\omega_2)^2 b_2 - P(\omega_1)P(\omega_2)b_1 + P(\omega_2)b_2 \end{aligned}\right\} \tag{9.15}$$

这里，通过使用 $P(\omega_1) + P(\omega_2) = 1$，得到

$$\left.\begin{aligned} k_1 &= P(\omega_1)P(\omega_2)(b_1 - b_2) \\ k_2 &= -P(\omega_1)P(\omega_2)(b_1 - b_2) \end{aligned}\right\} \tag{9.16}$$

将其代入式（9.14），求解 $\boldsymbol{w}$，可以得到

$$\boldsymbol{w} = P(\omega_1)P(\omega_2)(b_1 - b_2)\sum_T^{-1}(\mathbf{m}_1 - \mathbf{m}_2) \tag{9.17}$$

另外，由式（9.13）得到

$$\begin{aligned} w_0 &= -\mathbf{m}^t\boldsymbol{w} + P(\omega_1)b_1 + P(\omega_2)b_2 \\ &= -P(\omega_1)P(\omega_2)(b_1 - b_2)\mathbf{m}^t\sum_T^{-1}(\mathbf{m}_1 - \mathbf{m}_2) + \\ &\quad P(\omega_1)b_1 + P(\omega_2)b_2 \end{aligned} \tag{9.18}$$

综上可以得到决策规则 $\Psi(\boldsymbol{x})$ 为

$$\Psi(\boldsymbol{x}) = \begin{cases} \omega_1 & (\boldsymbol{w}^t\boldsymbol{x} + w_0 > 0) \\ \omega_2 & (\boldsymbol{w}^t\boldsymbol{x} + w_0 < 0) \end{cases} \tag{9.19}$$

式中需要注意的是，由于

$$\boldsymbol{w} \propto \sum_T^{-1}(\mathbf{m}_1 - \mathbf{m}_2) \tag{9.20}$$

因此 $\boldsymbol{w}$ 的朝向与 b_1,b_2 的取法无关，而 w_0 则取决于 b_1,b_2。即，根据监督向量的取法，决策边界的位置会发生变化。如 8.2 节（1）所述，通常将监督向量设为单位向量。因为这里以 2 类为对象，所以根据式（3.35）设各类的监督信号分别为 $b_1=+1,b_2=-1$，根据上述结果可以得到

$$\boldsymbol{w} = 2P(\omega_1)P(\omega_2)\sum_T^{-1}(\mathbf{m}_1 - \mathbf{m}_2) \tag{9.21}$$

$$w_0 = -2P(\omega_1)P(\omega_2)\mathbf{m}^t\sum_T^{-1}(\mathbf{m}_1 - \mathbf{m}_2) + P(\omega_1) - P(\omega_2) \tag{9.22}$$

这里提到的以 2 类为对象的线性模型的优化，是为了实现式（9.6）中定义的期望损失 $L(\mathbf{w})$ 最小化的处理。最终得到了式（9.21）和式（9.22），之前在其他章节中也导出过同样的结果。

例如，3.1 节的式（3.37）中定义的平方误差 $J(\mathbf{w})$ 的最小化与本节所述的尝试方法完全相同，其解作为平方误差最小化学习的最优解在式（3.40）中给出。式（3.40）与式（9.21）、式（9.22）一致，可以通过式子的变形简单地加以确认（习题 9.1）。

另外，在 4.3 节中介绍了使用式（4.28）定义的评估函数 $J=J(\tilde{m}_1,\tilde{m}_2,\tilde{\sigma}_1^2,\tilde{\sigma}_2^2)$ 求出最佳线性识别函数的方法。作为评估函数 J 的具体例子，习题 4.3 中选取了平方误差。其最优解也可以确认与式（9.21）、式（9.22）一致（习题 9.2）。

而且用 6.4 节中介绍的费希尔方法求出的 w，也和式（9.21）的形式相同。

由此可见，式（9.21）和式（9.22）是表示以 2 类为对象的最佳线性识别函数的总括算式。

②非线性模型。

如果将决策规则 Ψ 扩大到非线性模型，使用变分法可以轻松地推导出最小化式（9.2）的最优解 Ψ [大津 81]。也就是说，式（9.2）的最小化是将 Ψ 作为变函数的泛函数⊖ $L(\Psi)$ 的极值问题。现在，如果设

⊖ 当数 y 对应于某个区域内的 $\boldsymbol{x}$ 时，y 被称为变量 $\boldsymbol{x}$ 的函数，而当数 u 对应于某函数族中的一个函数 $u(\boldsymbol{x})$ 时，$u(\boldsymbol{x})$ 被称为变函数，u 被称为依赖于变函数 $u(\boldsymbol{x})$ 的泛函数，表示为 $v=v[u(\boldsymbol{x})]$。

$$F(\boldsymbol{x},\Psi(\boldsymbol{x}))\ \underline{\underline{\mathrm{def}}}\ \sum_{i=1}^{c}P(\omega_i)\|\Psi(\boldsymbol{x})-\mathbf{t}_i\|^2\ p(\boldsymbol{x}\mid\omega_i) \tag{9.23}$$

则，

$$L(\Psi)=\int F(\boldsymbol{x},\Psi(\boldsymbol{x}))\mathrm{d}\boldsymbol{x} \tag{9.24}$$

可以看出，这是最基本形式的泛函。因此，该停留解必须满足如下的欧拉方程

$$\frac{\partial}{\partial\Psi}F(\boldsymbol{x},\Psi(\boldsymbol{x}))=\mathbf{0} \tag{9.25}$$

具体计算后，得到

$$2\sum_{i=1}^{c}P(\omega_i)(\Psi(\boldsymbol{x})-\mathbf{t}_i)p(\boldsymbol{x}\mid\omega_i)=\mathbf{0} \tag{9.26}$$

通过求解 Ψ，得到下一个最优解 $\Psi^*(\boldsymbol{x})$。

$$\begin{aligned}\Psi^*(\boldsymbol{x})&=\sum_{i=1}^{c}\frac{P(\omega_i)p(\boldsymbol{x}\mid\omega_i)}{p(\boldsymbol{x})}\mathbf{t}_i\\&=\sum_{i=1}^{c}P(\omega_i\mid\boldsymbol{x})\mathbf{t}_i\end{aligned} \tag{9.27}$$

其中用到了贝叶斯定理：

$$\frac{P(\omega_i)p(\boldsymbol{x}\mid\omega_i)}{p(\boldsymbol{x})}=P(\omega_i\mid\boldsymbol{x}) \tag{9.28}$$

由此可知，在最小二乘法的学习下，非线性模型的最优解是以监督向量 $\mathbf{t}_i$ 的贝叶斯后验概率 $P(\omega_i\mid\boldsymbol{x})$ 为权重系数的线性组合来表示的。

（2） 最小二乘法与判别法

$L(\Psi)$ 的最小化直观上如图 9.1 所示，意味着在判别空间 $\mathcal{D}$ 上配置的监督向量 $\mathbf{t}_i$ 周围，通过 $\mathbf{y}=\Psi(\boldsymbol{x})$ 分别移动各类的模式 $\boldsymbol{x}$ 时的均方误差的最小化。也就是说，为了便于识别，将每个 $\mathbf{y}$ 集中在 $\mathbf{t}_i$ 周围。

从特征空间 $\mathcal{F}(\subset\mathcal{R}^d)$ 到对识别有效的更低维的新判别空间的映射被称为判别映射。Ψ 正是从特征空间到判别空间的映射，表示为 $\Psi:\mathcal{F}\to\mathcal{D}$，并且，当 Ψ 被限制为线性模型时，它就表示线性判别映射，当 Ψ 被扩大为非线性模型时，它表示非线性判别映射。前项求出的最小二乘解和这个判别法之间有密切的关系。

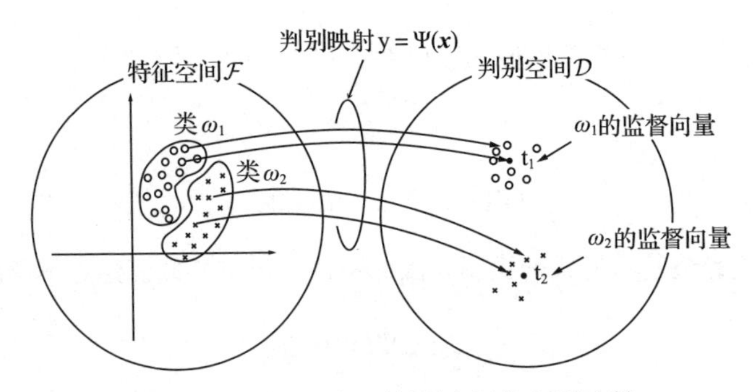

图 9.1 从特征空间到判别空间的判别映射

①最小二乘法和线性判别法。

如前文所述，将监督信号设为 $b_1=+1,b_2=-1$ 时的线性模型的最优解使用式（9.21）的 $\boldsymbol{w}$ 和式（9.22）的 w_0，用式（9.19）表示。这里，使用式（6.127），可知

$$\boldsymbol{w} \propto \sum\nolimits_W^{-1}(\mathbf{m}_1-\mathbf{m}_2) \tag{9.29}$$

这表示在 2 个类的情况下，通过最小二乘法学习求出的 $\boldsymbol{w}$ 与通过费希尔方法求出的投影轴相同。当 $\boldsymbol{w}^t\boldsymbol{x}+w_0>0$ 时是类 ω_1，当 $\boldsymbol{w}^t\boldsymbol{x}+w_0<0$ 时是类 ω_2，和费希尔方法的不同之处是还可以得到识别规则（判别边界）。

②最小二乘法和非线性判别法。

非线性判别法要求同时追求类间方差的最大化和类内方差的最小化，其最优解如式（9.30）所示，实际上与最小二乘法的形式相同⊖。

$$\Psi^*(\boldsymbol{x})=\sum_{i=1}^{c}P(\omega_i\mid\boldsymbol{x})\hat{\mathbf{t}}_i \tag{9.30}$$

式中，向量 $\hat{\mathbf{t}}_i$ 是从式（9.31）定义的交叉矩阵 $\boldsymbol{S}=[s_{ij}]$ 的特征值问题求出的。

$$s_{ij}=\int P(\omega_j\mid\boldsymbol{x})\,p(\boldsymbol{x}\mid\omega_i)\,\mathrm{d}\boldsymbol{x}=P(\omega_j\mid\omega_i) \tag{9.31}$$

式中，s_{ij} 表示给定类 ω_i 的模式 $\boldsymbol{x}$ 时将其识别为类 ω_j 的概率，即规定类分布之间的统计结构的一种类转移概率。

⊖ 非线性判别分析本身与本章的主要内容期望损失最小化学习没有直接关系，因此省略了最优解的推导。详细内容可参考文献 [大津 81]。

将式（9.30）与非线性模型下的最优解式（9.27）进行比较，可以发现除了监督向量部分以外，都具有相同的形状。在最小二乘法中，如前文所述，预先固定监督向量 $\mathbf{t}_i$ $(i=1,\cdots,c)$，将映射点 $\mathbf{y}_p \in \omega_i$ $(i=1,\cdots,c)$ 和其监督向量的平方误差 $\sum_{p,i}\|\mathbf{y}_p-\mathbf{t}_i\|^2$ 最小化。这里，固定 $\mathbf{t}_i$ 意味着提前固定类间方差，减小 $\sum_{p,i}\|\mathbf{y}_p-\mathbf{t}_i\|^2$ 意味着减小各类 $\mathbf{t}_i$ 周围的偏差，即减小类内方差。因此，借用判别分析的话，非线性模型的最优解可以解释为在事先固定类间方差的基础上进行类内方差的最小化。也就是说，基于最小二乘法的非线性判别映射在事先固定类间方差这一点上，相当于非线性判别分析的特殊情况，如果将该监督向量设为 $\hat{\mathbf{t}}_i$，则通过最小二乘法求出的非线性判别映射与非线性判别法完全一致。

心得

识别？判别？

在模式识别领域，经常使用“识别”“判别”等乍一看似乎是同义词的词语，但应该严格区分这些词语。识别和判别的区别如下。识别是指基于与预先给定的类相关的知识，确定未知模式属于哪个类的过程；判别是指，不一定包含像识别一样的决策过程，只是强调对识别有效的特征。例如，在识别“人”和“猴”时，从模式中提取“尾巴的有或无”这一对识别有效的判定标准称为判别。另外，该特征提取器相当于判别映射。

（3）最小二乘法与贝叶斯决策规则

①线性模型。

下面探讨基于最小二乘法的学习而求得的线性识别函数和贝叶斯决策规则之间的关系。对于式（9.6），令 $b_1=+1,\ b_2=-1$，可得到

$$L(\mathbf{w})=P(\omega_1)\int(\mathbf{w}^t\mathbf{x}-1)^2 p(\boldsymbol{x}\mid\omega_1)\mathrm{d}\boldsymbol{x}+ P(\omega_2)\int(\mathbf{w}^t\mathbf{x}+1)^2 p(\boldsymbol{x}\mid\omega_2)\mathrm{d}\boldsymbol{x} \tag{9.32}$$

此外，贝叶斯识别函数 $g_0(\boldsymbol{x})$，根据贝叶斯定理可以写为

$$g_0(\boldsymbol{x}) = P(\omega_1 \mid \boldsymbol{x}) - P(\omega_2 \mid \boldsymbol{x}) \\ = \frac{p(\boldsymbol{x} \mid \omega_1)P(\omega_1) - p(\boldsymbol{x} \mid \omega_2)P(\omega_2)}{p(\boldsymbol{x})} \tag{9.33}$$

$L(\mathbf{w})$ 则变为

$$L(\mathbf{w}) = \int (\mathbf{w}^t\mathbf{x} - 1)^2 P(\omega_1) p(\boldsymbol{x} \mid \omega_1) \mathrm{d}x + \\ \int (\mathbf{w}^t\mathbf{x} + 1)^2 P(\omega_2) p(\boldsymbol{x} \mid \omega_2) \mathrm{d}x \\ = \int (\mathbf{w}^t\mathbf{x})^2 p(\boldsymbol{x}) \mathrm{d}x - \\ 2\int \mathbf{w}^t\mathbf{x} g_0(\boldsymbol{x}) p(\boldsymbol{x}) \mathrm{d}\boldsymbol{x} + 1 \\ = \int (\mathbf{w}^t\mathbf{x} - g_0(\boldsymbol{x}))^2 p(\boldsymbol{x}) \mathrm{d}\boldsymbol{x} + \\ \left(1 - \int g_0^2(\boldsymbol{x}) p(\boldsymbol{x}) \mathrm{d}\boldsymbol{x}\right) \tag{9.34}$$

式（9.34）最右边的第 2项不取决于 $\mathbf{w}$，因此使 $L(\mathbf{w})$ 最小化的 $\mathbf{w}$ 是使第 1 项最小化的 $\mathbf{w}$，因此，像这样求得的线性识别函数 $g(\boldsymbol{x}) = \mathbf{w}^t\mathbf{x}$ 是贝叶斯识别函数 $g_0(\boldsymbol{x})$ 最小二乘近似的线性识别函数。

心得

贝叶斯识别函数的最小二乘近似线性识别函数是最好的线性识别函数吗？

如 5.3 节所述，贝叶斯识别函数是使错误率达到最小值，即贝叶斯误差的识别函数，可以视为理想的识别函数。此外，如本节所述，通过基于最小二乘法的学习，可以得到对贝叶斯识别函数进行最小二乘近似的线性识别函数。因此，该线性识别函数似乎就是使错误率最小的线性识别函数。

然而，如图 9.2 所示，这未必正确。图 9.2 中最小化错误率的线性识别函数的决策边界以 L 为例，而最小二乘近似的贝叶斯识别函数的线性识别函数的决策边界是 M，错误率不为 0。这是因为当使用平方误差最小标准时，模式数多的地方，即 $p(\boldsymbol{x})$ 大的地方的贡献变大。

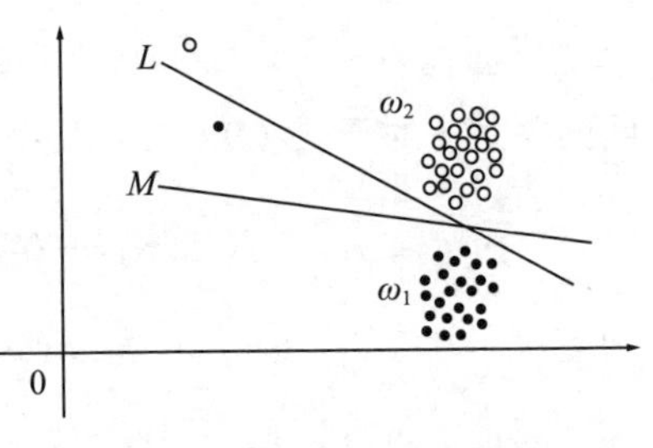

图 9.2　最佳线性识别函数

因此，从错误率的角度来看，对贝叶斯识别函数进行最小二乘近似的线性识别函数不一定是最好的线性识别函数。如图 9.2 所示，需要注意的是，即使是线性可分离的情况也一样。3.2 节（2）也讨论了同样的内容。

②非线性模型。

求解非线性模型最优解的式（9.27），也就是

$$\mathbf{y}^* = \Psi^*(\boldsymbol{x}) = \sum_{i=1}^{c} P(\omega_i \mid \boldsymbol{x})\mathbf{t}_i$$

上式是将最小二乘法和贝叶斯决策规则联系起来的极其重要的关系式。注意如果

$$P(\omega_i \mid \boldsymbol{x}) \geqslant 0 \text{ 且 } \sum_{i=1}^{c} P(\omega_i \mid \boldsymbol{x}) = 1 \tag{9.35}$$

可以看出，每个模式 $\boldsymbol{x}$ 在几何学上是通过最佳映射 $\Psi^*(\boldsymbol{x})$ 将各类的代表点 $\mathbf{t}_i$ 转移到以其贝叶斯后验概率的比内分的点。

$\mathbf{y}^*$ 所构成的空间是在 c 维空间上通过 c 个类的代表点 $\mathbf{t}_i (i=1,\ldots,c)$ 的 $(c-1)$ 维超平面，即 $(c-1)$ 维投影平面。并且，在不失一般性的情况下，作为对类 ω_i 的监督向量 $\mathbf{t}_i$，可以选择第 i 分量为 1，其他分量均为 0 的 c 维坐标单位向量[⊖]

$$\mathbf{t}_i = (\overset{1}{0},\cdots,0,\overset{i}{1},0,\cdots,\overset{c}{0}) \quad (i=1,\cdots,c) \tag{9.36}$$

此时，模式 $\boldsymbol{x}$ 通过最佳映射 $\mathbf{y}^* = \Psi^*(\boldsymbol{x})$，将第 i 分量转移到贝叶斯概率向量上

$$\Psi^*(\boldsymbol{x}) = (P(\omega_1 \mid \boldsymbol{x}),\cdots,P(\omega_c \mid \boldsymbol{x}))^t \overset{\text{def}}{=} \Psi_B(\boldsymbol{x}) \tag{9.37}$$

该向量设为类 ω_i 的贝叶斯后验概率。也就是说，从式（8.9）、式（8.10）可以看出，由最佳映射 $\mathbf{y}^* = \Psi_B(\boldsymbol{x})$ 确定的决策规则与贝叶斯决策规则完全一致。

下面来考察特征空间中的贝叶斯边界通过最佳判别映射 Ψ_B 在判别空间中是怎样的。如果对基于最小二乘法的非线性判别映射的映射点进行几何解释的话，例如，如图 9.3 所示，可以看出，是分布在 d 维特征空间 $\mathcal{F}$ 中的 3 类模式 $\boldsymbol{x} \in \mathcal{R}^d$，通过最佳判别映射 Ψ^* 被移到以 $\mathbf{t}_1,\mathbf{t}_2,\mathbf{t}_3$ 为顶点的三角形的边上和内部。

⊖ 此时，每个监督向量是 $(c-1)$ 维单体的顶点。由此可以确认，当 $c=2$ 时，判别函数可以是一维的。

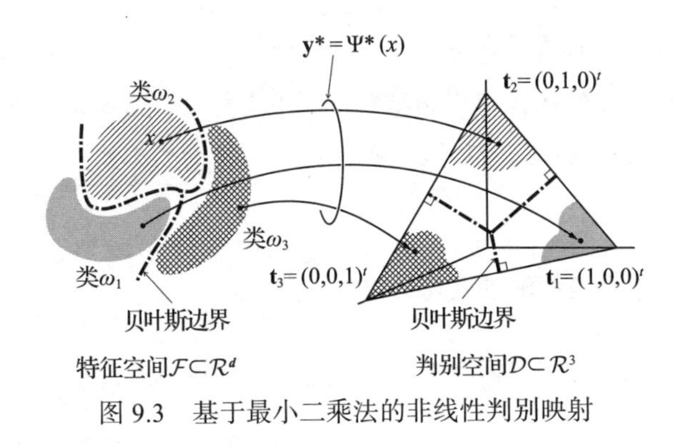

图 9.3　基于最小二乘法的非线性判别映射

因此，在判别平面上试着计算 $\mathbf{y}^*(=\Psi^*(\boldsymbol{x}))$ 与 $\mathbf{t}_i$ 的平方距离 D_i^2，得到㊀

$$\begin{aligned} D_i^2 &= \|\mathbf{y}^* - \mathbf{t}_i\|^2 \\ &= \|\mathbf{y}^*\|^2 - 2(\mathbf{y}^*)^t \mathbf{t}_i + 1 \\ &= \|\mathbf{y}^*\|^2 - 2P(\omega_i \mid \boldsymbol{x}) + 1 \end{aligned} \tag{9.38}$$

可知，关于 i 的平方距离 D_i^2 的最小化等价于关于 i 的后验概率 $P(\omega_i \mid \boldsymbol{x})$ 的最大化。这意味着，贝叶斯决策规则在特征空间 $\mathcal{F}$ 中是后验概率最大的类选择，而在判别空间 $\mathcal{D}$ 中是 $\mathbf{y}$ 和 $\mathbf{t}_i$ 的平方距离最小的类选择。因此，如图 9.3 所示，特征空间 $\mathcal{F}$ 中的贝叶斯边界（根据贝叶斯决策规则的边界）在 $(c-1)$ 维单体中成为简单的重心分割边界，在 $\mathcal{F}$ 中复杂的边界在 $\mathcal{D}$ 中也成为简单的线性识别边界。图 9.3 中用粗点画线表示贝叶斯边界。

图 9.4 和图 9.5 分别给出了基于最小二乘法的非线性判别映射的例子，是一维特征 2 个类和一维特征 3 类的情况。与图 9.3 所示相同，用粗点画线表示贝叶斯边界。首先，在图 9.4 中，由于是 2 个类的问题，$\boldsymbol{x}_i \in \mathcal{R}$ 通过最佳判别映射 $\mathbf{y}_i^* = \Psi^*(x_i)$ 被移到连接两点 $\mathbf{t}_1, \mathbf{t}_2$ 的线段上。并且，特征空间中的贝叶斯边界上的 x_3 确实被移至判别轴上的贝叶斯识别边界（$\mathbf{t}_1$ 和 $\mathbf{t}_2$ 的中点）上。x_2 本来是类 ω_2 的模式，但由于在特征空间中 $P(\omega_1 \mid x_2) > P(\omega_2 \mid x_2)$㊁，所以根据贝叶斯决策规则 x_2 被错误识别为类 ω_1。另一方面，因为即使在判别空间中也有 $\|\mathbf{t}_1 - \mathbf{y}_2\| < \|\mathbf{t}_2 - \mathbf{y}_2\|$，所以 $\mathbf{y}_2$ 确实被误识别为类 ω_1。

㊀ 注意 $(\mathbf{y}^*)^t \mathbf{t}_i = (P(\omega_1 \mid \boldsymbol{x}), \cdots, P(\omega_c \mid \boldsymbol{x}))(0, \cdots, 0, 1, 0, \cdots, 0)^t = P(\omega_i \mid \boldsymbol{x})$。

㊁ 贝叶斯定理，使用 $P(\omega) p(x \mid \omega) = P(\omega \mid x) p(x)$。

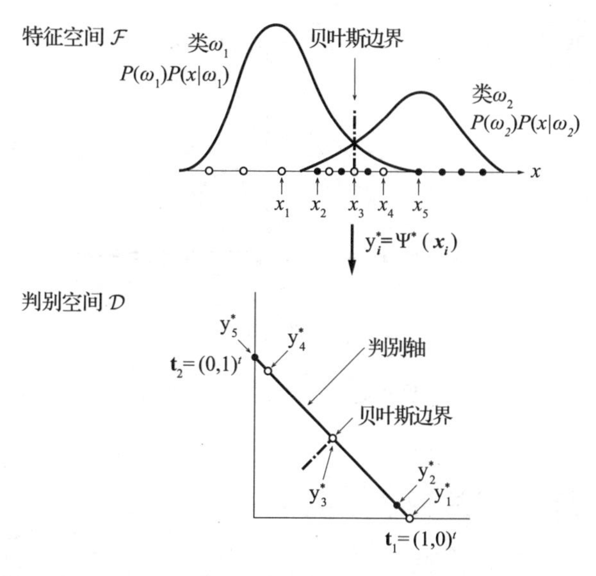

图 9.4　基于最小二乘法的非线性判别映射的例子 (d=1, c=2)

另外，由于图 9.5 是 3 类的问题，因此模式 x_i 通过最佳判别映射被移到以 3 点 $\mathbf{t}_1,\mathbf{t}_2,\mathbf{t}_3$ 为顶点的三角形的边上及内部。

由于从图中可得到 $P(\omega_1\,|\,x_5)=P(\omega_3\,|\,x_5)<P(\omega_2\,|\,x_5)$，在特征空间中类 ω_1 和 ω_3 的贝叶斯边界上的点 x_5 被移到上述三角形内部且满足 $\|\mathbf{t}_1-\mathbf{y}_5^*\|=\|\mathbf{t}_3-\mathbf{y}_5^*\|>\|\mathbf{t}_2-\mathbf{y}_5^*\|$ 的点 $\mathbf{y}_5^*$ 上。另外，对于 x_1,x_9，因为分别有 $P(\omega_1\,|\,x_1)=1$，$P(\omega_3\,|\,x_9)=1$，所以它们被移到 $\mathbf{y}_1^*=\mathbf{t}_1,\mathbf{y}_9^*=\mathbf{t}_3$ 上。

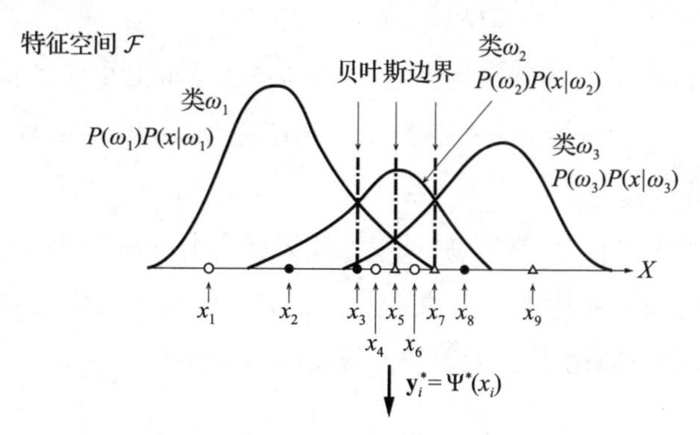

图 9.5　基于最小二乘法的非线性判别映射的例子 (d=1, c=3)

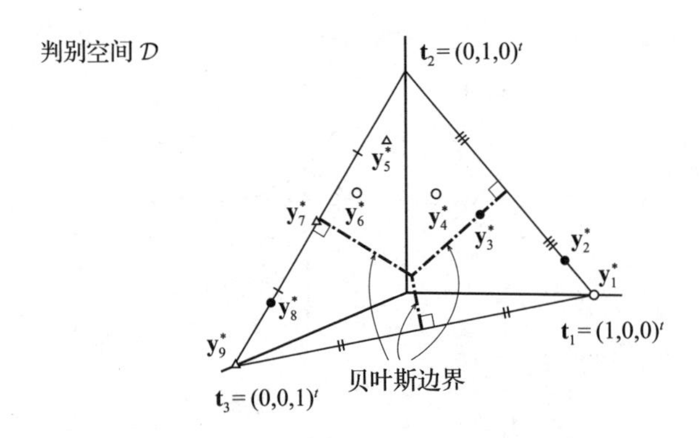

图 9.5　基于最小二乘法的非线性判别映射的例子 (d=1, c=3)（续）

9.2　最小二乘法和各种学习法

（1）最小二乘法与威德罗 · 霍夫学习规则

在利用线性识别函数进行模式识别中，将类 ω_i 的识别函数 g_i 定义为

$$g_i(\boldsymbol{x})=\mathbf{w}_i^t\mathbf{x} \tag{9.39}$$

并将 $\mathbf{x},\mathbf{w}_i$ 设定为：

$$\mathbf{x}=\begin{pmatrix}1\\ \boldsymbol{x}\end{pmatrix},\quad \mathbf{w}_i=\begin{pmatrix}w_{i0}\\ \boldsymbol{w}_i\end{pmatrix} \tag{9.40}$$

在学习中，确定参数 $\mathbf{w}_i(i=1,\cdots,c)$，使得对于类 ω_i 的模式 x 有

$$g_i(\boldsymbol{x})>g_i(\boldsymbol{x})\quad (\forall j\neq i) \tag{9.41}$$

尽管感知器的学习规则试图对每个类的模式 x 可以忠实地满足式（9.41），但在各类的分布不能线性分离的情况下，不能完全满足式（9.41），此时感知器的学习规则不收敛。

因此，为了解决这个问题，威德罗和霍夫提出了一种学习法，即对输入的各个学习模式预先设定希望的输出值（监督信号），使实际得到的识别函数值和监督信号值的平方误差最小化。威德罗 · 霍夫的学习规则，如式（3.17）所示，

$$J(\mathbf{w}_1,\mathbf{w}_2,\cdots,\mathbf{w}_c)=\frac{1}{2}\sum_{i=1}^{c}\|\mathbf{X}\mathbf{w}_i-\mathbf{b}_i\|^2 \tag{9.42}$$

是通过最速下降法最小化的方法导出的。式中，

$$\begin{cases} \mathbf{X} = (\mathbf{x}_1, \mathbf{x}_2, \cdots, \mathbf{x}_n)^t \\ \mathbf{b}_i = (b_{i1}, b_{i2}, \cdots, b_{in})^t \qquad (i = 1, 2, \cdots, c) \end{cases} \tag{9.43}$$

上式中的 n 是模式总数。在此，令

$$\Psi(\boldsymbol{x}) = (\mathbf{w}_1^t\mathbf{x}, \mathbf{w}_2^t\mathbf{x}, \cdots, \mathbf{w}_c^t\mathbf{x})^t \tag{9.44}$$

此外，将 $\mathbf{t}_i$ 设为式（9.36）的 c 维坐标单位向量，则式（9.42）通过稍微变形可改写为（习题 9.3）

$$J(\Psi) = \frac{1}{2}\sum_{p=1}^{n}\sum_{i=1}^{c} \| \Psi(\boldsymbol{x}_p) - \mathbf{t}_i \|^2 \cdot v(\boldsymbol{x}_p \in \omega_i) \tag{9.45}$$

式中，$v(\cdot)$ 是由式（8.28）定义的函数。

另一方面，在式（8.27）的经验损失中，如果将损失 $l_i(\boldsymbol{x}_p;\boldsymbol{\theta})$ 设为

$$l_i(\boldsymbol{x}_p;\boldsymbol{\theta}) = \| \Psi(\boldsymbol{x}_p) - \mathbf{t}_i \|^2 \tag{9.46}$$

则式（9.45）除了与识别器设计无关的常数倍外，与式（8.27）一致。也就是说，式（9.45）是用基于学习模式的经验损失近似了以平方误差为损失函数的期望损失。从以上可知，威德罗 · 霍夫的学习规则是用于实现基于最小二乘法的线性判别映射的规则。

（2） 最小二乘法与误差反向传播法

对于类数为 c 的模式识别问题使用多层（M 层）神经网络时，神经网络对于输入向量 x 的输出为非线性向量值函数：

$$\mathbf{y} = \mathbf{f}(\boldsymbol{x}, \mathbf{v}) \tag{9.47}$$

式中，$\mathbf{v}$ 是由所有权重构成的参数向量，$\mathbf{y}$ 是 c 维向量。在基于误差反向传播法的神经网络的学习中，对 $x \in \omega_i$ 修正权重，使其中第 i 分量为 1，其他分量为 0 的 c 维坐标单位向量 $\mathbf{t}_i$ 和 $\mathbf{f}(\boldsymbol{x}, \mathbf{v})$ 的平方误差最小化。这正是在将决策规则设为下式时基于最小二乘法的非线性识别函数的学习。

$$\Psi(\boldsymbol{x}) = \mathbf{f}(\boldsymbol{x}, \mathbf{v}) \tag{9.48}$$

因此，从 9.1 节的讨论可以得知，神经网络可以在其网络结构所能表示的范围内对贝叶斯识别函数进行最佳近似。换句话说，与线性识别函数相比，神经网络是能够更精确地近似贝叶斯识别函数的非线性识别函数。但需要注意的是，如果为了尽可能提高近似精度而使神经网络的中间神经元数量过多，反而会导致识别性能下降。这是因为，随着中间神经元数的增加，神经网络的自由度上升，对学习模式的变化和参数的初始值的变动，神经网络的输出变得非常敏感（方差会变大）。像神经网络这样的非线性模型，只有在熟悉这些性质并熟练使用的情况下才能发挥出其潜在性能，不应该随便使用。

引入权重衰减参数和集成学习是减少神经网络的方差，根据任务来实现适当稳定性的实用方法。前者是通过平滑神经网络中估计的函数来抑制方差，所谓正则化方法的一种。权重衰减参数是控制稳定性程度的参数，也被称为正则化参数。具体而言，如下式所示，对误差反向传播法中的通常的目标函数，增加神经网络权重的范数 $\|\mathbf{v}\|$ 的平方的常数 (λ) 倍[⊖]，结果作为新的目标函数。

$$J(\mathbf{v})=\sum_{i=1}^{c}\sum_{\boldsymbol{x}\in\omega_i}\|\mathbf{f}(\boldsymbol{x},\mathbf{v})-\mathbf{t}_i\|^2+\lambda\|\mathbf{v}\|^2 \tag{9.49}$$

由上式可知，右边第 2 项为正则化项，λ 为权重衰减参数。也就是说，右边第 2 项起到了惩罚项的作用，在学习中尽可能地使权重的范数变小。λ 的值越大，神经网络模型的自由度就越小，结果是产生了更平滑的识别边界。这里需要注意的是，作为正则化项，使用了权重范数，而不是通常正则化中使用的函数曲率。这种方法乍一看似乎作用是有限的，但是人们对其的合理性进行了理论上的解析。详细内容参见文献 [Bis95] 第 9 章、第 10 章。λ 值通过应用 4.5 节的超参数确定方法获得。

另外，后者的集成学习是，首先对于同一个任务，针对 M 个神经网络[⊜] $\mathbf{f}_1(\boldsymbol{x},\mathbf{v}),\cdots,\mathbf{f}_M(\boldsymbol{x},\mathbf{v})$ 使用学习模式进行独立学习；对于某个输入，使用上述这些神经网络的输出的平均值（一般是加权平均值）作为该输入的输出。即，在集

⊖ 也有设为绝对范数的。

⊜ 不需要是同一个模型。

成学习中，对 x 的输出 $\mathbf{f}_{\text{ens}}$ 使用线性权重 $\alpha_m(m=1,\cdots M)$，表示为[⊖]

$$\mathbf{f}_{\text{ens}}(\boldsymbol{x},\mathbf{v})=\sum_{m=1}^{M}\alpha_m\mathbf{f}_m(\boldsymbol{x},\mathbf{v}) \tag{9.50}$$

对于回归问题（由实数值的输入输出对 $(\boldsymbol{x}_i,y_i)(i=1,\cdots,N)$ 得到函数 $y=f(\boldsymbol{x};\theta)$ 的问题），文献 [上田97] 详细叙述了关于集成学习的泛化误差改善效果的解析结果。另外，关于分类问题文献 [Bre97] 中有详细说明。使用或打算使用神经网络作为识别器的读者有必要熟悉这些话题。

习题

9.1　证明式（3.40）所示的平方误差最小化学习的最优解的表示：

$$\mathbf{w}=(\mathbf{X}^t\mathbf{X})^{-1}\mathbf{X}^t\mathbf{b}$$

与式（9.21）和式（9.22）一致。

9.2*　在第 4 章的习题 4.3 中，得到以 2 类为对象的最佳线性识别函数的权重 $\boldsymbol{w},w_0$ 为：

$$\boldsymbol{w}=a\cdot\Sigma_W^{-1}(\mathbf{m}_1-\mathbf{m}_2)$$
$$w_0=-\mathbf{m}^t\boldsymbol{w}+P(\omega_1)-P(\omega_2)$$

通过式（6.134），证明上式与式（9.21）和式（9.22）一致。

9.3　由式（9.42）推导出式（9.45）(利用式（3.10）比较方便)。

⊖ 集成的方法有好几种。

附　录

A.1　感知器收敛定理的证明

以下将讨论两类的情况。

共准备 n 个学习模式 $x_1, x_2, \cdots, x_n$。其中，$x_p (p=1,\cdots,n)$ 为扩展特征向量。每个模式分别属于类 $\omega_1, \omega_2, \cdots$ 中的一个，并且这些是线性可分离的。

设使用了扩展权重向量 ω 的线性识别函数 $g(x)$ 为

$$g(x) = w^t x \quad \text{(A.1.1)}$$

为了使权重向量 w 有

$$\begin{cases} g(x) = w^t x > 0 & (\forall x \in \omega_1) \\ g(x) = w^t x < 0 & (\forall x \in \omega_2) \end{cases} \quad \text{(A.1.2)}$$

这里，如果对 $x \in \omega_2$ 的所有模式加上负号并进行变换，则式（A.1.2）可以总结为

$$g(x) = w^t x > 0 \quad (\forall x) \quad \text{(A.1.3)}$$

将感知器纠错过程中未能正确识别的学习模式依次记录为：

$$x^1, x^2, \cdots, x^k, \cdots \quad \text{(A.1.4)}$$

式中，x^k 表示未能正确识别的第 k 个模式，即：

$$x^k \in \{x_1, x_2, \cdots, x_n\} \quad (k=1,2,\cdots) \quad \text{(A.1.5)}$$

模式数为 $4(n=4)$ 时如附图 1 所示。即使是同一模式，如果在多个回合中不能正确识别，每次都要改变 x 右上角标的号码进行记录。例如，附图 1 中 x^3 和 x^5 都指向模式 x^4。

由于学习系数 $\rho(>0)$ 可以任意设定，为了方便，以下设为 $\rho=1$。

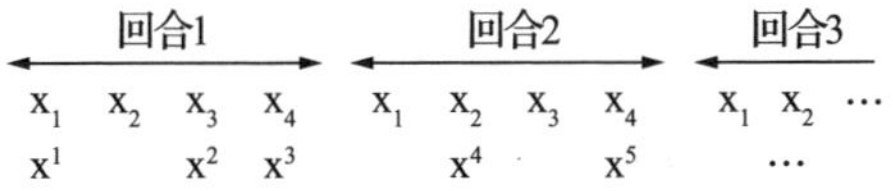

回合1				回合2				回合3		
x_1	x_2	x_3	x_4	x_1	x_2	x_3	x_4	x_1	x_2	…
x^1		x^2	x^3		x^4		x^5		…	

附图 1　学习过程中的模式的系列示例 ($n=4$)

任意设定权重向量的初始值 w^1，当出现无法正确识别的模式 x^k 时，根据感知器的学习规则，将权重向量 w^k 修正为 w^{k+1}，如式（A.1.6）所示。

$$\mathrm{w}^{k+1}=\mathrm{w}^k+\mathrm{x}^k \quad (k\geqslant 1) \tag{A.1.6}$$

这里，设解的权重向量之一为 $\hat{\mathrm{w}}$，则有

$$\hat{\mathrm{w}}^t\mathrm{x}_p>0 \quad (p=1,2,\cdots,n) \tag{A.1.7}$$

这里，如果使用常数 $\alpha(>0)$，由式（A.1.7）得到

$$\alpha\hat{\mathrm{w}}^t\mathrm{x}_p>0 \quad (p=1,2,\cdots,n) \tag{A.1.8}$$

所以权重向量 $\alpha\hat{\mathrm{w}}$ 也是其解。下面证明通过重复权重无限接近 $\alpha\hat{\mathrm{w}}$（见附图 2）⊖

从式（A.1.6）的两边减去 $\alpha\hat{\mathrm{w}}$，得到

$$(\mathrm{w}^{k+1}-\alpha\hat{\mathrm{w}})=(\mathrm{w}^k-\alpha\hat{\mathrm{w}})+\mathrm{x}^k \quad (k\geqslant 1) \tag{A.1.9}$$

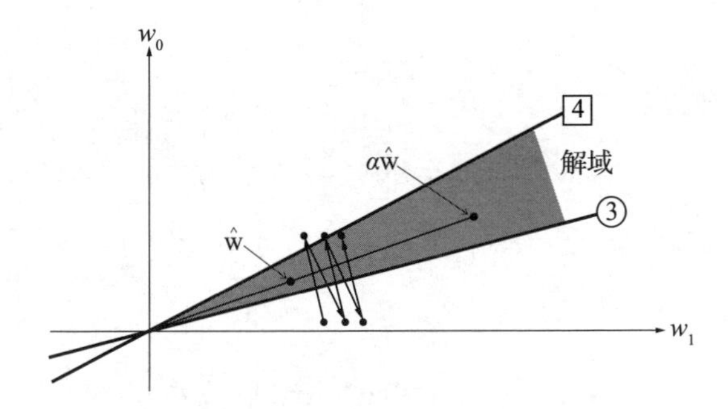

附图 2　通过学习移动权重向量

⊖ 如果 $\hat{\mathrm{w}}$ 的范数小，如附图 2 所示，每次重复时权重都会远离 $\hat{\mathrm{w}}$。使用 $\alpha\hat{\mathrm{w}}$ 而不是 $\hat{\mathrm{w}}$ 作为权重的解，是为了避免这种现象，α 是用于此的修正项。

两边取范数平方，可以得到

$$\begin{aligned}&\|\mathrm{w}^{k+1}-\alpha\hat{\mathrm{w}}\|^2\\&=\|\mathrm{w}^k-\alpha\hat{\mathrm{w}}\|^2+2(\mathrm{w}^k-\alpha\hat{\mathrm{w}})^t\mathrm{x}^k+\|\mathrm{x}^k\|^2 \quad (A.1.10)\\&=\|\mathrm{w}^k-\alpha\hat{\mathrm{w}}\|^2+2(\mathrm{w}^k)^t\mathrm{x}^k-2\alpha\hat{\mathrm{w}}^t\mathrm{x}^k+\|\mathrm{x}^k\|^2 \quad (A.1.11)\end{aligned}$$

如式（A.1.4）所示，x^k 是无法正确识别的模式，因此由式（A.1.3）得到

$$g(\mathrm{x}^k)=(\mathrm{w}^k)^t\mathrm{x}^k\leqslant 0 \quad (A.1.12)$$

因此，将式（A.1.11）进一步变形，可得到

$$\|\mathrm{w}^{k+1}-\alpha\hat{\mathrm{w}}\|^2\leqslant\|\mathrm{w}^k-\alpha\hat{\mathrm{w}}\|^2-2\alpha\hat{\mathrm{w}}^t\mathrm{x}^k+\|\mathrm{x}^k\|^2 \quad (A.1.13)$$

这里，设：

$$\beta\overset{\text{def}}{=}\max_{p=1,\ldots,n}\|\mathrm{x}_p\| \quad (A\ 1.14)$$

$$\gamma\overset{\text{def}}{=}\min_{p=1,\ldots,n}\hat{\mathrm{w}}^t\mathrm{x}_p>0 \quad (A.1.15)$$

则由式（A.1.13）得到

$$\|\mathrm{w}^{k+1}-\alpha\hat{\mathrm{w}}\|^2\leqslant\|\mathrm{w}^k-\alpha\hat{\mathrm{w}}\|^2-2\alpha\gamma+\beta^2 \quad (A.1.16)$$

这里，将 α 设定为

$$\alpha=\frac{\beta^2}{\gamma} \quad (A.1.17)$$

则如下关系成立，

$$\begin{aligned}\|\mathrm{w}^{k+1}-\alpha\hat{\mathrm{w}}\|^2&\leqslant\|\mathrm{w}^k-\alpha\hat{\mathrm{w}}\|^2-\beta^2 \quad (A.1.18)\\&\leqslant\|\mathrm{w}^{k-1}-\alpha\hat{\mathrm{w}}\|^2-2\beta^2 \quad (A.1.19)\\&\cdots\\&\leqslant\|\mathrm{w}^1-\alpha\hat{\mathrm{w}}\|^2-k\beta^2 \quad (A.1.20)\end{aligned}$$

即，

$$0\leqslant\|\mathrm{w}^{k+1}-\alpha\hat{\mathrm{w}}\|^2\leqslant\|\mathrm{w}^1-\alpha\hat{\mathrm{w}}\|^2-k\beta^2 \quad (A.1.21)$$

此时，增大 k 时，$\|\mathrm{w}^{k+1}-\alpha\hat{\mathrm{w}}\|^2$ 不可能为负，所以如果设

$$k_0 = \frac{\| \mathrm{w}^1 - \alpha \hat{\mathrm{w}} \|^2}{\beta^2} \tag{A.1.22}$$

则该处理在 k_0 以下的修正次数下必定收敛。　（证明结束）

A.2. 向量，矩阵的微分

下面来总结关于向量、矩阵的微分的公式。不过这里主要列举本文中使用的公式。其他公式或详细内容可参考文献 [Fuk90][DHS01][Bis06][石井 14] 的附录。

这里使用的表示法如下。其中，$\mathbf{A}=(a_{ij})$ 表示矩阵 $\mathbf{A}$ 的 (i,j) 分量是 a_{ij}。另外，标量函数是输出为标量的函数，向量函数是输出为向量的函数。

$\boldsymbol{x}=(x_1,x_2,\ldots,x_d)^t$	d 维向量
$\mathbf{y}=(y_1,y_2,\ldots,y_d)^t$	d 维向量
$\mathbf{a}=(a_1,a_2,\ldots,a_d)^t$	d 维向量
$f(\boldsymbol{x})$	以向量 $\boldsymbol{x}$ 为变量的标量函数
$f_i(\boldsymbol{x})\ (i=1,\ldots,m)$	以向量 $\boldsymbol{x}$ 为变量的标量函数
$\mathbf{f}(\boldsymbol{x})=(f_1(\boldsymbol{x}),\ldots,f_m(\boldsymbol{x}))^t$	m 维的向量函数
$\mathbf{A}=(a_{ij})$	$d\times d$ 的方阵
$\mathbf{B}=(b_{ij})$	$m\times d$ 的长方矩阵
$\mathbf{C}=(c_{ij})$	$d\times m$ 的长方矩阵
$\mathbf{X}=(x_{ij})$	$d\times m$ 的长方矩阵
$\lvert\mathbf{A}\rvert$	$\mathbf{A}$ 的行列式

向量和矩阵的微分定义如下：

$$\frac{\partial f}{\partial \boldsymbol{x}} \overset{\text{def}}{=} \left(\frac{\partial f}{\partial x_1},\cdots,\frac{\partial f}{\partial x_d}\right)^t \tag{A.2.1}$$

$$\frac{\partial \mathbf{f}}{\partial \boldsymbol{x}} \overset{\text{def}}{=} \left(\frac{\partial f_i}{\partial x_j}\right) = \begin{pmatrix} \frac{\partial f_1}{\partial x_1} & \cdots & \frac{\partial f_1}{\partial x_d} \\ \vdots & \ddots & \vdots \\ \frac{\partial f_m}{\partial x_1} & \cdots & \frac{\partial f_m}{\partial x_d} \end{pmatrix} \tag{A.2.2}$$

$$\frac{\partial f}{\partial \mathbf{X}} \stackrel{\text{def}}{=} \left(\frac{\partial f}{\partial x_{ij}}\right) = \begin{pmatrix} \frac{\partial f}{\partial x_{11}} & \cdots & \frac{\partial f}{\partial x_{1m}} \\ \vdots & \ddots & \vdots \\ \frac{\partial f}{\partial x_{d1}} & \cdots & \frac{\partial f}{\partial x_{dm}} \end{pmatrix} \tag{A.2.3}$$

式（A.2.1）是用向量对标量函数进行微分的表达式。式（A.2.2）是用向量对向量函数进行微分的表达式，其结果 $\partial \mathbf{f} / \partial \boldsymbol{x}$ 是 $m \times d$ 的矩阵。式（A.2.3）是用矩阵对标量函数进行微分的表达式。

作为用向量对标量函数进行微分的示例，有：

$$\frac{\partial}{\partial \boldsymbol{x}}(\mathbf{a}^t \boldsymbol{x}) = \frac{\partial}{\partial \boldsymbol{x}}(\boldsymbol{x}^t \mathbf{a}) = \mathbf{a} \tag{A.2.4}$$

$$\frac{\partial}{\partial \boldsymbol{x}}(\boldsymbol{x}^t \mathbf{A} \boldsymbol{x}) = (\mathbf{A} + \mathbf{A}^t)\boldsymbol{x} \tag{A.2.5}$$

作为用向量对向量函数进行微分的示例，有下式成立。

$$\frac{\partial}{\partial \boldsymbol{x}}(\mathbf{B}\boldsymbol{x}) = \mathbf{B} \tag{A.2.6}$$

作为用矩阵对标量函数进行微分的示例，有下式成立。

$$\frac{\partial}{\partial \mathbf{X}} \operatorname{tr}(\mathbf{XB}) = \frac{\partial}{\partial \mathbf{X}} \operatorname{tr}(\mathbf{BX}) = \mathbf{B}^t \tag{A.2.7}$$

$$\frac{\partial}{\partial \mathbf{X}} \operatorname{tr}(\mathbf{X}^t \mathbf{C}) = \frac{\partial}{\partial \mathbf{X}} \operatorname{tr}(\mathbf{C}\mathbf{X}^t) = \mathbf{C} \tag{A.2.8}$$

$$\frac{\partial}{\partial \mathbf{X}} \operatorname{tr}(\mathbf{X}^t \mathbf{A} \mathbf{X}) = (\mathbf{A} + \mathbf{A}^t)\mathbf{X} \tag{A.2.9}$$

$$\frac{\partial}{\partial \mathbf{A}} \log |\mathbf{A}| = (\mathbf{A}^{-1})^t \tag{A.2.10}$$

以上只记载了结果，但只要将两边按向量或矩阵的元素进行比较，就能简单地证明这些公式成立。

虽然不是微分运算，但下面的公式也经常被使用。

$$\boldsymbol{x}^t \mathbf{y} = \operatorname{tr}(\boldsymbol{x}\mathbf{y}^t) = \operatorname{tr}(\mathbf{y}\boldsymbol{x}^t) \tag{A.2.11}$$

$$|\mathbf{A}^{-1}| = |\mathbf{A}|^{-1} \tag{A.2.12}$$

A.3 Glucksman 特征

在此对 Glucksman 特征 [Glu67][橋本 82] 进行说明。该特征是 Herbert A. Glucksman 为了文字识别而设计的。这种特征提取法不是着眼于文字线，而是文字线以外的部分，即背景部分。首先对文字模式进行二值化，然后设定模式的外接四边形。以手写文字“5”为例，实施二值化并设定外接四边形的结果如附图 3 所示。下面用这个图来说明方法。设背景部分中存在的任意点为 **A**。从点 **A** 起，向上下左右方向延伸直线，统计与文字线交叉的次数。也就是说，对于各个方向，如果与文字线不交叉就分配 0，如果交叉一次就分配 1，如果交叉两次以上就分配 2。因此，对于附图 3 中的点 **A**，按照上下左右的顺序分配“1210”的符号。如在附图 3 中灰色区域（右侧）存在的点都被分配符号“1210”。同样，图中包含点 **B** 的灰色区域（左侧）被分配到符号“0101”。因为对各个方向都分配了 0、1、2 中的一个，所以在 4 个方向上一共是 $3^4 = 81$，每个点都会分配 81 种符号中的一个[⊖]。

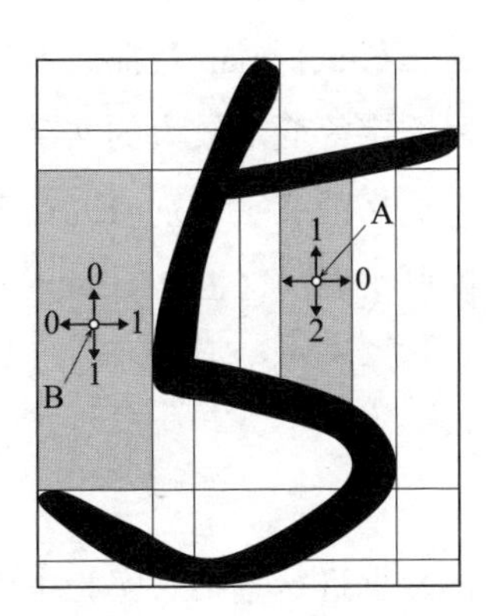

附图 3　Glucksman 特征

通过对背景部分的所有点实施上述处理，背景部分被分割为具有相同符号的多个区域。在图中，这些区域的边界用细线表示。求出各区域的面积，并表示为

⊖ 是从“0000”到“2222”共 81 种符号，但在外接四边形的内部，任何方向上都必定与文字线相交，因此不会产生符号“0000”的区域。

向量，这就是 Glucksman 特征。

如上所述，由于符号存在 81 种，因此对于一个字符模式，Glucksman 特征 $\boldsymbol{x}$ 被表示为 81 维（$d=81$）向量：

$$\boldsymbol{x}=(x_1,x_2,\ldots,x_{81})^t \tag{A.3.1}$$

这里，向量的每个元素 $x_j(j=1,\ldots,81)$ 是具有相应符号的区域的面积。

以上就是原始的 Glucksman 特征。本书对其作了部分修改，并准备了以下特征。

其中之一是，将交叉次数限定为 0、1 两种特征，而不是 0、1、2 的三种特征。也就是说，是将仅观测各方向有无文字线的结果作为向量表示的特征。在这种情况下，特征向量的维度 d 为 $d=2^4=16$。

另一个是，将交叉次数扩展到 0、1、2、3 的特征，此时特征向量的维度 d 为 $d=4^4=256$。

这些特征向量的元素 $x_j(j=1,\cdots,d)$ 都表示对应的符号区域的面积。在本书中，将 x_j 以外接四边形的面积归一化为 $0<x_j<1$ 而得到的 16、81、256 维的特征全部称为 Glucksman 特征。Glucksman 特征原本是为了识别铅字文字而设计的方法，不一定适合识别手写文字等变形较大的文字。但是，这种着眼于背景部分而非文字线的新颖方法，对后来的文字识别研究产生了很大的影响。不需要复杂的预处理，只需简单处理即可实现，这也是 Glucksman 特征的一大优点。

A.4 实验用数据

下面对本书实验中使用的数据进行总结。实验中使用的是机器学习领域经常使用的手写数字模式的数据集 MNIST（Mixed National Institute of Standards and Technology database）。该数据准备了数字 0 ～ 9 共 10 个类，其中用于学习的模式 60 000 种，用于测试的模式 10 000 种[⊖]。从上述学习模式中每个类选择 1 000 种，共计 10 000 种作为本书实验中使用的学习模式。另外，从上述测试模式中

⊖ 但无论是学习模式还是测试模式，每个类的模式数并不相同，多少有些不同。

每类选择 800 种，合计 8 000 种作为本书实验中使用的测试模式。

各模式是具有 28 × 28 网格大小的多值图像，各网格具有 0 ～ 255 的值。将该多值图像的各网格的浓度值除以 255，归一化为 0 ～ 1 的值，作为原始模式使用。附图 4 所示为 MNIST 模式的一部分。如果将该原始模式直接视为特征向量，则其维度为 d=28 × 28=784。这样得到的实验用的学习模式和测试模式分别称为 MSH784 和 MSH784-T。

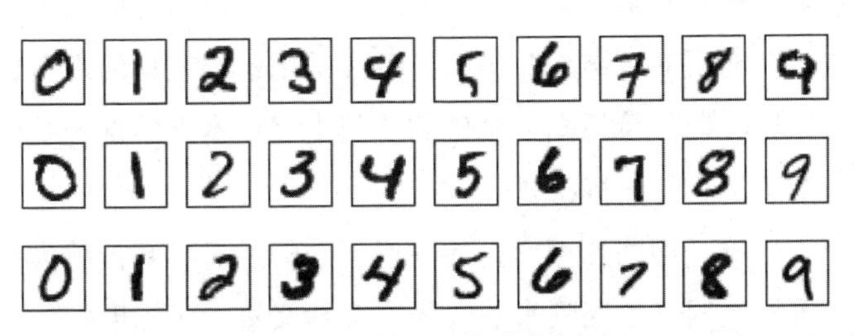

附图 4　MNIST 模式的例子

作为实验用特征向量，除上述数据外，还准备了 3 种数据。也就是说，在对原始模式进行二值化之后，通过 Glucksman 特征提取法，创建了维度 d 为 16、81、256 的 3 种特征向量。另外，二值化使用了大津的方法 [大津 80]。这 3 种实验数据分别被称为 GLK16、GLK81 和 GLK256。

结　语

本书的章节结构与初版相同，第 1 章到第 7 章介绍了模式识别的相关方法和基本概念，第 8 章和第 9 章介绍了可以将这些方法统一整理成基于贝叶斯决策规则的学习方法。在初版的“结语”中已经说过采用这种结构的理由，是想强调统计模式识别是以贝叶斯决策规则为基础的一门学问。本书的这种结构是解说模式识别的其他书籍所没有的独特特征。

曾经在第 2 次神经网络热潮盛行的时候，人们通过感知器致力于神经网络的研究，在第 3 次神经网络热潮到来的时候，突然又致力于深度学习，对非深度的神经网络和支撑其的基础知识表现出不感兴趣的倾向随处可见。

将新技术适用于各种应用是十分有价值的。为此，也许不用学习传统方法，只要快速掌握新技术就可以了。但是，本书作者不仅是希望读者熟练掌握新技术，而且能“自己创造”超越新技术的技术。为此，认真学习在模式识别和机器学习的历史中代代相传的经典和基本知识是非常重要的。本书执笔的目的是希望读者能够掌握这样的大视野，即以贝叶斯决策规则这一原则来统一俯瞰统计模式识别的基本技术。

自初版出版以来，作者们讨论了增加初版中没有提到的主题，作为增订、修订版出版的计划的话题。但是，既然初版运用的，有针对性地对基本主题进行重点解说的方针，得到广大读者的支持，就应该保持这种态度的意见沉淀下来。因此，尽管在计划时讨论了增加无监督学习，但仍保留了初版的结构，而将无监督学习作为独立的一本书 [石井 14] 出版。在编写此次修订版时，也是沿袭这一理念，以支持向量机和深度学习为代表的新技术将不包括在本书中，而计划单独出版。

在初版的“结语”中，列举了学习模式识别的参考书，在此也简单介绍一下。

推荐 [Fuk90]，在统计模式识别的论文中一定会被用作参考的书。对于初学者来说，这本书有些难懂，但如果认真去学习的话，它是本很好的参考书。特别是在第 5、6、7 章中详细叙述的有关错误率估计的内容，是其他书中没有涉及的专有内容。另外，实验例子也很丰富，从这个意义上来说这是一本有用的理论书。

[Nil65] 虽然是一本比较旧的书，但却是学习理论的好材料。其以感知器的学习规则为首的学习的基本想法，即使现在去重读也很有参考价值。

本书叙述过最近邻决策规则的重要性，论文集 [Das91] 收集了关于最近邻决策规则的历史性论文，在各论文的基础上加上文章开头的解说一起阅读，可以作为参考。

由毕肖普编写的 [Bis95]，在前半部分简明扼要地解说了神经网络和统计模式识别方法之间的关系，是同时学习两种知识的最佳书籍。不过，关于统计模式识别，它却始终停留在基础知识方面。这本书最大的特点是第 9、10 章的神经网络中的泛化技术及其贝叶斯解释。

该作者的 [Bis06] 是超过 700 页的大作，对核方法、集成学习、时间序列分析等机器学习技术的新话题也进行了详细讲解。作为教科书而言该书完整度很高。但是，虽说是教科书，对于初学者来说也有很多难以理解的部分，要读懂这本书需要付出相当的努力。

文献 [HTF09] 从数理统计学的立场解说了最近的模式识别方法。虽然作者是斯坦福大学的统计学大家，但是这本书不是数理统计学的专业书，而是面向模式识别的研究者写的。[DHS01] 也介绍了这些最新的方法，但这本书从数理统计学的角度对其进行了更深入的解说。

对于学习模式识别有一定程度的人推荐读 [大津 81]。这本文献作为学习特征提取理论的教科书具有充分的价值。在这本书的作者参与编写的 [大津 96] 中，也介绍了与 [大津 81] 基本相同的内容。但是，关于识别器的具体设计方法，这里推荐 [DH73] 和 [Fuk90]。

关于本书中未提及的重要主题——无监督学习，在前面提到的 [石井 14] 中已经有所论述，如果能结合本书一起阅读就再好不过了。

前言中提到了线性代数的重要性，下面列举一些学习线性代数的参考书。在至今出版的大量线性代数参考书中，作为标准教科书被广泛阅读的是 [斎藤 66]，通过这本教科书，读者可以掌握一遍线性代数的基础知识。同样，涉及线性代数的较全面的教科书，有世界闻名的畅销书 [Str16]。这本教科书所涉及的范围与其他标准教科书相同，但由于更详细地说明了各个主题，是一本超过 600 页的巨著。

包括上面列举的书在内，在一般的线性代数参考书中，学习模式识别时需要深入学习的内容和只需稍微浏览即可的内容混杂在一起，对于学习模式识别的人来说，则难以做出取舍。为了解决这样的问题，[金谷 18] 从模式信息处理特殊化的视角解说了线性代数。这本书以投影、奇异值分解、一般逆矩阵等在模式识别中发挥重要作用的概念为基轴编写而成，目标是对数据进行“几何学解释”。

本书的出版得到了多方的支持。感谢东邦大学名誉教授金子博先生，他在初版出版时牵线搭桥，并且在第 2 版的编写过程中也给予了宝贵的意见。另外，也衷心感谢在计划之初就给予大力协助的工学院大学教授大和淳司先生以及原冈山县立大学教授已故的矶崎秀树先生。关于许多对初版的评论，都尽可能地反映在这次的第 2 版中。借此机会向提出宝贵意见的各位表示感谢。

参考文献

[Ama67] S. Amari. A theory of adaptive pattern classifiers. *IEEE Trans.*, Vol. EC-16, pp. 299–307, 1967.

[Bis95] C. M. Bishop. *Neural Networks for Pattern Recognition.* Oxford Univ. Press, 1995.

[Bis06] C. M. Bishop. *Pattern Recognition and Machine Learning.* Springer-Verlag, 2006.（電子版が無償配布されている）
元田浩, 栗田多喜夫, 樋口知之, 松本裕治, 村田昇 監訳. パターン認識と機械学習（上・下）. シュプリンガージャパン, 2007, 2008. 丸善出版, 2012, 2012（再版）.

[Bre97] L. Breiman. Bias, variance, and arcing classifiers. *Technical Report, Stat. Dept., Univ. of California, Berkeley,* Vol. Tech. Report 460, 1997.

[CH67] T. M. Cover and P. E. Hart. Nearest neighbor pattern classification. *IEEE Trans. Inf. Theory,* Vol. IT-13, No. 1, pp. 21–27, 1967.

[Das91] B. V. Dasarathy. *Nearest Neighbor(NN) Norms: NN Pattern Classification Techniques.* IEEE Computer Society Press, 1991.

[DH73] R. O. Duda and P. E. Hart. *Pattern Classification and Scene Analysis.* John Wiley & Sons, Inc., 1973.

[DHS01] R. O. Duda, P. E. Hart, and D. G. Stork. *Pattern Classification (second edition).* John Wiley & Sons, Inc., 2001.
尾上守夫 監訳. パターン識別. アドコムメディア, 2001.

[ET93] B. Efron and R. J. Tibshirani. *An Introduction to the Bootstrap.* Chapman & Hall, 1993.

[Fis36] R. A. Fisher. The use of multiple measurements in taxonomic problems. *Ann. Eugenics,* Vol. 7, No. Part II, pp. 179–188, 1936. also in "Contributions to Mathematical SyStatistics". John Wiley, 1950.

[Fuk87] K. Fukunaga. Bias of nearest neighbor error estimation. *IEEE Trans. Pattern Anal. Mach. Intell.,* Vol.PAMI-9, No. 1, pp. 103–112, 1987.

[Fuk90] K. Fukunaga. *Introduction to statistical pattern recognition (2nd ed.).* Academic Press, Inc., 1990.

[Glu67] H. A. Glucksman. Classification of mixed-font alphabetics by characteristic loci. *IEEE Computer Conf.,* pp. 138–141, 1967.

[HTF09] T. Hastie, R. Tibshirani, and J. Friedman. *The Elements of Statistical Learning (2nd edition).* Springer-Verlag, 2009.（電子版が無償配布されている）
杉山将, 井手剛, 神嶌敏弘, 栗田多喜夫, 前田英作 監訳. 統計的学習の基礎—データマイニング・推論・予測. 共立出版, 2014.

[Hug68] G. F. Hughes. On the mean accuracy of statistical pattern recognizers. *IEEE Trans. Inf. Theory*, Vol. IT-14, pp. 55–63, 1968.

[JK92] B. H. Juang and S. Katagiri. Discriminant learning for minimum error classification. *IEEE Trans. Signal Process.*, Vol. SP-40, No. 12, pp. 3043–3054, 1992.

[Koh84] T. Kohonen. *Self-Organization and Associative Memory.* Springer-Verlag, 1984.

[MB92] G. J. McLachlan and K. E. Basford. *Mixture Models.* Marcel Dekker, 1992.

[MN95] H. Murase and S. K. Nayar. Visual learning and recognition of 3-d objects from appearance. *Int. J. Computer Vision*, Vol. 14, pp. 5–24,1995.

[MP69] M. Minsky and S. Papert. *Perceptrons.* MIT Press, 1969.
斎藤正男 訳. パーセプトロン. 東京大学出版会, 1971.

[MP88] M. Minsky and S. Papert. *Perceptrons – Expanded Edition.* MIT Press, 1988.
中野馨, 坂口豊 訳. パーセプトロン. パーソナルメディア, 1993.

[Nil65] N. J. Nilsson. *Learning Machines.* McGraw-Hill, 1965.
渡邊茂 訳. 学習機械. コロナ社, 1967.

[Oga92] H. Ogawa. Karhunen-Loève subspace. In *Proceedings of ICPR'92*, 1992.

[Oja83] E. Oja. *Subspace Methods of Pattern Recognition.* Research Studies Press Ltd., 1983.
小川英光, 佐藤誠 訳. パターン認識と部分空間法. 産業図書, 1986.

[Pet70] D. W. Peterson. Some convergence properties of a nearest neighbor decision rule. *IEEE Trans. Inf. Theory*, Vol. IT-16, No. 1, pp. 26–31, 1970.

[RM86] D. E. Rumelhart and J. L. McClelland. *Parallel Distributed Processing.* MIT Press, 1986.
甘利俊一 監訳. PDP モデル. 産業図書, 1989.

[Seb62] G. S. Sebestyen. *Decision-Making Processes in Pattern Recognition.* Macmillan, 1962.

[Str16] Gilbert Strang. *Introduction to Linear Algebra (5th ed.).* Wellesley-Cambridge Press, 2016.
松崎公紀, 新妻弘 訳. 線形代数イントロダクション（第 4 版）. 近代科学社, 2015.

[TG74] J. T. Tou and R. C. Gonzalez. *Pattern Recognition Principles.* Addison-Wesley Publishing Company, 1974.

[Wat69] S. Watanabe. *Knowing & Guessing — quantitative study of inference and information.* John Wiley & Sons, Inc., 1969.
村上陽一郎, 丹治信春 訳. 知識と推測—科学的認識論（新装版）. 東京図書, 1987.

[永田 87] 永田雅宜. 理系のための線型代数の基礎. 紀伊國屋書店, 1987.

[岡谷 15] 岡谷貴之. 深層学習. 講談社, 2015.

[甘利 67] 甘利俊一. 学習識別の理論. 信学誌, Vol. 50, pp. 1272–1279, 1967.

[吉本 11] 吉本武史, 山崎丈明. 線形代数学—理論・技法・応用. 学術図書出版社, 2011.

[橋本 82] 橋本新一郎. 文字認識概論. 電気通信協会, 1982.

[金谷 18] 金谷健一. 線形代数セミナー. 共立出版, 2018.

[佐藤 97] 佐藤理史. アナロジーによる機械翻訳. 共立出版, 1997.

[斎藤 66] 斎藤正彦. 線型代数入門. 東京大学出版会, 1966.

[小川 90] 小川英光. パターン集合を最良に近似する部分空間. 信学技法, Vol. PRU90–67, pp. 1–2, 1990.

[上田 97] 上田修功, 中野良平. アンサンブル学習における汎化誤差解析. 信学論, Vol. J77-DII-9, No. 9, pp. 2512–2521, 1997.

[人工 15] 人工知能学会編. 深層学習. 近代科学社, 2015.

[数藤 00] 数藤恭子, 大和淳司, 伴野明, 石井健一郎. 入店客計数のためのシルエット・足音・足圧による男女識別法. 信学論, Vol. J83 DI, No. 8, pp. 882–890, 2000.

[石井 14] 石井健一郎, 上田修功. 続・わかりやすいパターン認識—教師なし学習入門. オーム社, 2014.

[船橋 90] 船橋賢一. 3 層ニューラルネットワークによる恒等写像の近似能力ついての理論的考察. 信学論, Vol. J73–A, pp. 139–145, 1990.

[前田 99] 前田英作, 村瀬洋. カーネル非線形部分空間法によるパターン認識. 信学論, Vol. J82-DII-4, No. 4, pp. 600–612, 1999.

[前田 01] 前田英作. 痛快！サポートベクトルマシン—古くて新しいパターン認識手法. 情報処理, Vol. 42, No. 7, pp. 676–683, 2001.

[大津 80] 大津展之. 判別および最小 2 乗規準に基づく自動しきい値選定法. 信学論, Vol. J63-D, No. 4, pp. 349–356, 1980.

[大津 81] 大津展之. パターン認識における特徴抽出に関する数理的研究. 電総研研報, 第 818 号, 1981.

[大津 96] 大津展之, 栗田多喜夫, 関田巌. パターン認識—理論と応用. 朝倉書店, 1996.

[池田 83] 池田正幸, 田中英彦, 元岡達. 手書き文字認識における投影距離法. 情処学論, Vol. 24, No. 1, pp. 106–112, 1983.

[渡辺 78] 渡辺慧. 認識とパタン（岩波新書）. 岩波書店, 1978.

[飯島 89] 飯島泰蔵. パターン認識理論. 森北出版, 1989.

[柳井 86] 柳井晴夫, 高木広文. 多変量解析ハンドブック. 現代数学社, 1986.

[柳井 18] 柳井晴夫, 竹内啓. 射影行列・一般逆行列・特異値分解（新装版）. 東京大学出版会, 2018.